Paris
1830.

Rozet.

Cours élémentaire de géognosie

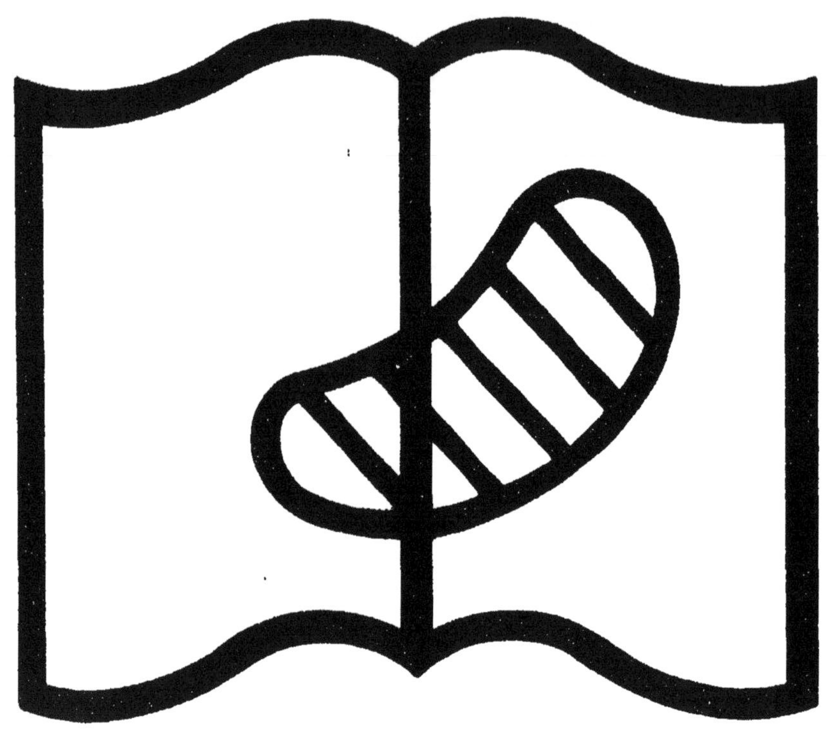

Symbole applicable
pour tout, ou partie
des documents microfilmés

Original illisible

NF Z 43-120-10

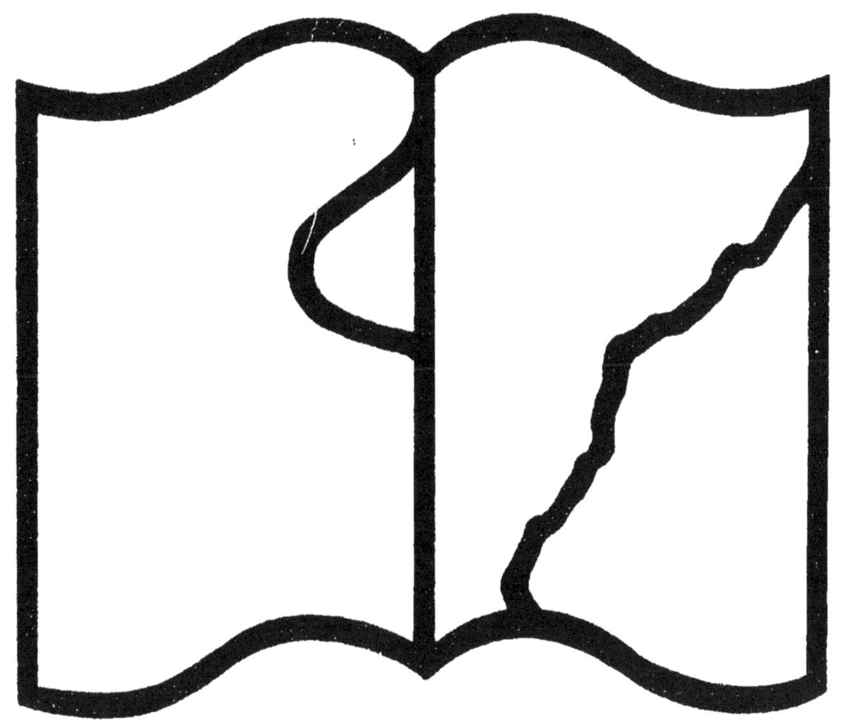

Symbole applicable
pour tout, ou partie
des documents microfilmés

Texte détérioré — reliure défectueuse

NF Z 43-120-11

COURS ÉLÉMENTAIRE

DE GÉOGNOSIE.

STRASBOURG, de l'imprimerie de F. G. LEVRAULT, imprim. du Roi.

COURS ÉLÉMENTAIRE

DE

GÉOGNOSIE,

FAIT AU DÉPÔT GÉNÉRAL DE LA GUERRE,

PAR M. ROZET,

LIEUTENANT AU CORPS ROYAL DES INGÉNIEURS GÉOGRAPHES, MEMBRE DE LA SOCIÉTÉ D'HISTOIRE NATURELLE DE PARIS, ETC.

PARIS,

Chez F. G. Levrault, rue de la Harpe, n.° 81,
et rue des Juifs, n.° 33, à Strasbourg.
Bruxelles, Librairie parisienne, rue de la Magdeleine, n.° 438.

1830.

PRÉFACE.

Je m'occupais depuis plusieurs années de rassembler les matériaux d'un ouvrage élémentaire de géognosie, lorsque je fus chargé de professer cette science au dépôt général de la guerre. Devant avoir un auditoire composé, en grande partie, d'anciens élèves de l'École polytechnique habitués aux leçons des plus illustres maîtres, ma position était difficile. Cependant, encouragé par l'indulgence que mes chefs et mes camarades me promirent, je travaillai avec ardeur à réunir les extraits de mes lectures pour en composer un corps de doctrine; et, enfin, au mois de Décembre dernier je commençai mon cours.

Ce cours fut suivi avec assiduité par un grand nombre d'officiers appartenant aux corps royaux des ingénieurs géographes et de l'état-major. Ces Messieurs comprirent très-bien les avantages qu'ils doivent retirer des connaissances géognostiques, et plusieurs m'engagèrent à faire imprimer mes leçons, afin de pouvoir mieux en profiter.

M. le général Marquis de Lachasse de Vérigny, directeur, par intérim, du dépôt général de la guerre, qui le premier a senti le besoin d'un cours de géognosie dans cet établissement, approuva cette idée, et promit de me continuer la protection dont il a bien voulu m'honorer.

Une liste de souscription fut présentée aux officiers qui avaient suivi mes leçons; et plus de quatre-vingts s'y inscrivirent.

Le succès dépassant de beaucoup mon espérance, je crus pouvoir être utile; ce qui me décida à courir les risques de la publicité. Si j'ai eu tort, je suis excusable; car mon seul but a été de propager et de faciliter l'étude d'une des plus belles sciences naturelles.

J'ai cherché à exposer aussi clairement que possible, les principes de la géognosie, en combinant les idées des grands maîtres, que je rapporte quelquefois textuellement. MM. d'Aubuisson, Cordier, Brongniart, de Humboldt, Beudant, de Bonnard, Voltz, etc., ont été mes principaux guides; et je n'ai associé mes observations à celles de ces hommes illustrés, que lorsqu'il était réellement impossible de faire autrement.

Je dois des remercîmens particuliers à M. Voltz pour toutes les communications qu'il a bien voulu me faire pendant mon séjour près de lui, et pour la peine qu'il s'est donnée en revoyant, avec moi, les épreuves de cet ouvrage.

Convaincu, autant que personne, qu'un dessin dit plus que cent pages d'écriture, je joins à ce volume un grand nombre de figures, dont les unes représentent la disposition théorique des diverses parties constituantes du globe terrestre, et les autres des profils pris dans la nature.

Des notions générales de minéralogie et de conchyliologie sont indispensables pour étudier la géognosie : j'ai exposé les premières en suivant presque textuellement M. Brongniart; quant aux secondes, la tâche était trop forte pour moi. Mais, à ma prière, M. Deshayes a bien voulu se charger de composer, tout exprès, un petit ouvrage sur les corps organisés fossiles, qui doit accompagner celui-ci; et, dans mes descriptions, j'ai eu soin de renvoyer à ses planches.

Ce cours étant particulièrement écrit pour les ingénieurs géographes, j'ai dû m'étendre beaucoup sur les relations qui existent entre les diverses inégalités de la surface du globe, et donner les caractères généraux des formes du sol occupé par chaque groupe géognostique.

Après la description d'une grande époque, je tire les conséquences géogéniques qui résultent de l'ensemble des faits exposés dans cette description; puis je réunis toutes ces conséquences pour en composer une théorie générale, que j'expose brièvement.

Enfin, j'ai jugé convenable de donner quelques idées sur la manière de faire la description géognostique d'une contrée.

Mon travail est tout-à-fait élémentaire, ainsi il ne doit présenter que les choses presque généralement admises. Ceux des lecteurs qui désirent de plus grands détails, pourront consulter l'ouvrage, en trois volumes, que publie maintenant M. d'Aubuisson.

Néeweiler (Bas-Rhin), le 10 Juillet 1829.

COURS ÉLÉMENTAIRE

DE

GÉOGNOSIE.

DISCOURS PRÉLIMINAIRE.

L'ÉTUDE de la constitution physique du globe terrestre et la recherche des lois qui ont déterminé la formation de ses différentes parties, est un problème qui demande toute l'application de l'esprit humain.

Dès l'antiquité la plus reculée, l'histoire nous montre les philosophes occupés à créer des systèmes pour expliquer les phénomènes de la nature et l'origine du monde. Ces systèmes, tous plus ou moins discordans, ont fait naître des discussions interminables, qui se sont continuées sans résultat jusqu'au commencement de ce siècle; et aujourd'hui, que toutes les hypothèses ont été épuisées, nous ne sommes guère mieux instruits sur les premières époques de notre planète que les prêtres égyptiens, qui vivaient plus de trois mille ans avant nous : les restes d'animaux marins, répandus en si grande abondance dans la croûte solide de la terre, leur avaient fait admettre sa fluidité primitive, son séjour prolongé sous les eaux, et reconnaître aussi que sa surface a éprouvé de grands bouleversemens, causés, suivant eux, par les déplacemens successifs de l'axe des pôles, qu'ils supposaient avoir été primitivement parallèle à celui de l'écliptique.

Si les tentatives que l'on a faites, pour donner une explication satisfaisante de la manière dont le globe a pu se former, ont eu si peu de succès, on doit plutôt l'attribuer à la marche suivie par les auteurs qui se sont occupés de cette question, qu'aux difficultés qu'elle présente réellement.

Jusqu'à ces derniers temps, les géologues, au lieu de commencer par acquérir une connaissance exacte de la structure intérieure de la terre et des principaux phénomènes qui se passent à sa surface, sur quelques faits particuliers, souvent mal constatés, et même sans sortir de leur cabinet, ont bâti des systèmes, parmi lesquels il n'en existe pas deux parfaitement d'accord. Tels furent, dans les premiers âges, les prêtres de l'Égypte, dont les doctrines, rapportées d'abord chez les Grecs par Thalès de Milet, professées et modifiées ensuite dans leurs écoles célèbres, se répandirent dans le reste de l'Europe.

Depuis les temps modernes, les géologues ont combattu les uns contre les autres avec un acharnement vraiment remarquable : aussitôt qu'une théorie paraissait, elle était réfutée et remplacée par une autre; et cette discordance d'opinions avait jeté un si grand ridicule sur la géologie, qu'on regardait comme des esprits creux tous ceux qui s'en occupaient.

Les belles découvertes de Bacon et de Newton

changèrent entièrement la manière d'étudier la philosophie naturelle : la géologie y gagna, en ce que ceux qui jusque-là ne s'étaient occupés que d'hypothèses, comprirent qu'il fallait observer la nature. Mais ce n'est que vers la fin du siècle dernier que les beaux travaux de Buffon, de Werner et de Saussure, donnèrent à la géologie un caractère de vérité qu'elle n'avait point encore eu. Ces grands hommes substituèrent les observations aux hypothèses, et l'on commença à s'occuper d'une autre science, la *géognosie*, ou étude des matériaux qui entrent dans la composition de la croûte solide du globe. Néanmoins cette étude doit remonter à la plus haute antiquité ; c'est elle qui, mal dirigée, a donné naissance à tous les systèmes géologiques.

Dès que les hommes commencèrent à vivre en société, ils employèrent de préférence les matériaux le plus à leur portée, ceux qui sont répandus à la surface du sol. Mais bientôt, leurs besoins augmentant, ils furent obligés de fouiller la terre pour en chercher d'autres, et surtout les métaux, qui ont eu une si grande influence dans les progrès de la civilisation.

L'intérieur de la terre contenant des choses de première nécessité pour l'homme, il dut mettre tous ses soins à les découvrir et bien étudier les circonstances de leurs gisemens, afin de les chercher avec plus de certitude. Aussi est-ce chez les ouvriers mineurs de l'Allemagne que la géognosie actuelle a pris naissance : long-temps avant les observateurs instruits, ils avaient reconnu une grande partie des lois géognostiques, qui servaient à les diriger dans leurs travaux.

Les premières observations publiées sont celles du Suédois Tylas, sur les grandes exploitations de l'Allemagne. Bientôt son exemple fut suivi par plusieurs minéralogistes. Lehman publia, en 1756, une description des terrains en couches du centre de l'Allemagne. Les écrits de Valérius et de Gerhard renfermaient déjà un grand nombre de faits sur les positions des gîtes de minerais; mais aucun des ouvrages qui parurent à cette époque ne contint une aussi grande masse d'observations que la Géographie physique de Bergmann : ce savant y réunit tout ce qui était alors connu sur les couches minérales et les filons métalliques.

Peu de temps après, on vit les voyageurs étudier avec soin le sol qu'ils parcouraient. Pallas, en Russie, observa une foule de faits nouveaux : il reconnut, à son grand étonnement, que le sol glacé de la Sibérie est jonché d'ossemens d'éléphans, de rhinocéros et d'autres habitans de la zone torride. Chez nous, Guettard et Monnet entreprirent la description de tout le royaume; et leurs travaux, sur les portions qu'ils explorèrent, méritent encore aujourd'hui d'être consultés. D'autres savans s'occupèrent de descriptions locales : Faujas de Saint-Fond fit celle du Dauphiné; Desmarest étudia les produits volcaniques de l'Auvergne; et Palassou, gravissant les Pyrénées, décrivit ces montagnes, qui ne présentent au premier coup d'œil que désordre et confusion.

Mais une entreprise beaucoup plus vaste fut exécutée par un de ces hommes envoyés pour tracer le chemin aux autres, et qui, s'ils ne vivent pas assez pour perfectionner, posent toujours des bases immuables.

Saussure, né en Suisse dans une condition très-indépendante, consacra une grande partie de son existence à l'étude de la constitution physique des Alpes. Il parcourut ces montagnes, le marteau à la main; et, dans son immortel ouvrage, le premier où les choses furent exposées avec autant de vérité que d'élégance, il ne se permit que les conclusions qui découlaient naturellement de la réunion des faits. Dans l'Agenda, inséré à la fin du huitième volume, il posa les véritables principes de la géognosie, ceux qui ont servi de guide aux observateurs actuels.

Deluc fut l'émule de Saussure, mais il ne l'imita point: ses observations, quoique très-exactes, ne lui servirent qu'à établir des systèmes et à réfuter ceux des autres.

Pendant que Saussure et d'autres savans parcouraient les montagnes, Werner, professeur de minéralogie à l'école des mines de Freyberg en Saxe, ayant senti de quelle importance il était de faire connaître les lois suivant lesquelles les espèces minérales sont disposées dans le sein de la terre, étudia avec un soin tout particulier le pays qu'il habitait. Il remarqua dans les roches des preuves de dépôts successifs; il établit les rapports entre les couches minérales, et les circonstances de leur gisement et de leur stratification; enfin, il restreignit la géologie à des faits, et composa un corps de doctrine qu'il nomma *géognosie*.

C'est donc le célèbre professeur de Freyberg qui, le premier, enseigna les principes de la géognosie; c'est lui qui inspira l'amour de cette science à de nombreux élèves, qui, au sortir de son école, se répandirent dans les deux mondes; gravissant les montagnes les plus élevées et descendant danc les mines les plus profondes, ils annoncèrent bientôt que les lois reconnues dans une petite partie de l'Allemagne, bien comprises, pouvaient s'étendre à toutes les contrées de la terre.

Freiesleben, Mohs, Raumer, Brocchi, d'Aubuisson, Charpentier, de Bonnard, etc., explorèrent les différentes parties de l'Europe avec autant de talent que de constance. M. de Humboldt pénétra dans le nouveau monde, et à son retour étonna l'univers par la grande quantité de ses travaux, non-seulement sur l'histoire naturelle, mais sur presque toutes les parties des connaissances humaines. M. de Buch parcourut la Norwége, l'Italie et les îles de l'Afrique. Enfin, on peut dire de Werner comme de Linné : « La terre a été couverte de ses disciples, « et, d'un pôle à l'autre, la nature a été interrogée « au nom d'un seul homme. »

Les élèves du célèbre Saxon répandirent partout la doctrine de leur maître : les géognostes naissaient sous leurs pas; un grand nombre de descriptions locales furent entreprises, et beaucoup exécutées avec un succès inattendu.

Mais c'est dans notre patrie que la science a été portée au degré de perfection où nous la voyons arrivée aujourd'hui.

L'école de Werner n'avait pas compris toute l'importance de l'étude des restes organiques renfermés dans les couches solides; et ce n'est que dans le commencement du dix-neuvième siècle que deux hommes, MM. Brongniart et Cuvier, dont les noms sont maintenant aussi célèbres que celui de Werner, donnèrent à la géognosie un nouvel essor par l'étude des restes organisés fossiles. La Description géologique des environs de Paris, publiée en 1810, montra quel parti le géognoste pouvait tirer de cette étude; et, dans leurs écrits, MM. Brongniart et Cuvier ont donné, pour la géognosie, des principes zoologiques presque aussi rigoureux et non moins importans que ceux de Werner. Ils nous ont appris que les restes organiques renfermés dans les couches solides sont les témoins des époques auxquelles elles ont été formées, et souvent même les indices des révolutions qui ont suivi ou précédé ces formations.

Enfin, les observations de MM. d'Aubuisson, Charpentier, Cordier, de Bonnard, Brochant, Beudant, de Humboldt, etc., confirmèrent une grande partie de ce qu'avaient avancé Werner, Brongniart et Cuvier.

Tandis que l'on s'occupait partout de l'étude exacte de l'intérieur de la terre, en Angleterre on fabriquait encore des hypothèses. Playfair soutenait avec autant de talent que d'énergie le système de

Hutton; et le célèbre Hall, par ses expériences sur les effets de la chaleur, appliquée à des corps soumis à de fortes pressions, donnait aux principales conséquences un haut degré de probabilité. C'est alors que Jameson, élève de Freyberg, vint créer à Édimbourg, sous les yeux même de Playfair et de Hall, la célèbre société wernérienne. Le choc fut violent, mais la lumière en jaillit. On abandonna les hypothèses, et bientôt on vit se former la société géologique de Londres, et plusieurs autres semblables dans les principales villes de la Grande-Bretagne.

Les Anglais, s'occupant de géognosie avec cette constance et cette sagacité qui les ont toujours distingués, furent bientôt aussi avancés que nous : les Transactions de la société géologique répandirent leurs progrès dans tout le monde savant ; et les Buckland, les Mac-Culloch, les Conybeare, devinrent aussi célèbres que leurs devanciers. Enfin parut ce fameux livre[1] qui jeta autant de jour sur les formations renfermant des coquilles que celui de MM. Brongniart et Cuvier.

Aujourd'hui l'impulsion est donnée; on a entièrement abandonné les idées systématiques. Dans tous les pays, de jeunes savans s'occupent avec ardeur de recueillir des faits exacts, et la solution du grand problème n'est peut-être pas éloignée.

La géognosie élève notre esprit, agrandit nos idées et tend à nous rapprocher de plus en plus du sublime auteur de la nature; elle nous révèle

1 *Outlines of the geology of England and Wales; London*, 1822.

l'ordre admirable de succession et de perfectionnement dans la création jusqu'à l'époque actuelle; elle démontre que les premières couches de l'écorce du globe ont été formées dans le sein des eaux et à des époques successives. Ces faits seuls suffiraient sans doute pour prouver l'importance de son étude. Que sera-ce donc, si l'on considère les services immenses que cette science a rendus aux arts, en donnant des principes fixes pour guider le mineur dans la recherche des substances minérales; et nous ne verrons plus aujourd'hui une foule de gens ruinés pour avoir entrepris des exploitations sans aucune chance de réussite.

Les espèces d'animaux et de végétaux fossiles étant extrêmement nombreuses, il est impossible au naturaliste de perfectionner la partie dont il s'occupe, sans le secours de la géognosie.

Cette science est de première nécessité aux ingénieurs des mines, des ponts et chaussées et aux ingénieurs militaires, dont les uns sont appelés à l'exploitation et les autres à la mise en œuvre des matériaux; aux ingénieurs géographes, constamment occupés de la description de la surface du globe; aux officiers d'état-major, et en général à tous ceux de l'armée, puisqu'elle leur apprend à bien connaître les formes et la nature du terrain sur lequel les troupes ont à manœuvrer.

L'étude de l'intérieur de la terre peut conduire, sinon à la solution du grand problème de la création, du moins à la connaissance des lois auxquelles ses différentes époques ont été soumises. Elle a déjà jeté un grand jour sur cette dernière partie : elle nous apprend que les êtres organiques sont allés, en se perfectionnant, depuis le commencement de la vie sur la terre jusqu'à l'apparition de l'espèce humaine. Elle nous montre, pendant le long intervalle qui a précédé la naissance de l'homme, l'équilibre de l'univers souvent troublé par des révolutions successives; mais depuis complétement rétabli, comme pour permettre à sa race de se répandre tranquillement sur la terre; en sorte que maintenant tout tend à prendre une stabilité parfaite, qui semble promettre à l'ordre actuel des choses une existence éternelle.

L'étude de la terre nous démontre l'existence d'une sagesse infinie, présidant à tout, et dont le principal but a été d'assurer le bonheur et la tranquillité du genre humain, qui est son dernier ouvrage, et celui dans lequel elle paraît avoir mis le plus de soins.

La plus belle application que l'on ait faite de la géognosie est sans contredit l'exploitation des mines : c'est d'après la connaissance et les relations réciproques des différentes roches que le mineur peut juger des probabilités et des chances de succès de ses entreprises; elle lui trace la route qu'il doit tenir dans ses travaux; et si la veine qu'il suit vient à lui échapper, elle lui donne encore des principes assez certains pour l'aider à la retrouver ou pour connaître si elle est épuisée.

Cette science montre à l'architecte les montagnes dans lesquelles il doit chercher les pierres de construction, les marbres, les chaux, les sables et les pouzzolanes ; elle indique au cultivateur les terrains propres à telle ou telle culture, et les roches qui peuvent servir à marner ses champs; au potier, les couches d'argile qu'il peut employer; enfin, au porcelainier, les gîtes de ces beaux kaolins qui sont travaillés maintenant avec tant de perfection.

Le géographe qui décrit la surface du globe sent à chaque pas le besoin d'être initié dans le secret de sa structure intérieure : les différens groupes de substances minérales affectent des formes différentes dans le sol qu'elles occupent, et les vallées y sont disposées suivant certaines lois. L'homme instruit qui fait la topographie d'un pays, ne peut pas se borner au travail graphique; il faut encore qu'il fasse connaître, dans un mémoire statistique, quelles sont ses ressources et ses différentes productions; jamais il ne parviendra à classer celles du règne minéral, s'il n'a aucune idée de la géognosie; il ne pourrait le faire en effet que d'après la nomenclature locale. De pareils travaux ne sauraient être utiles qu'aux habitans des contrées décrites, et seraient tout-à-fait dangereux pour les étrangers qui voudraient les étudier, parce que dans les divers pays on donne à la même substance des noms très-différens.

Les officiers de tous les corps de l'armée peuvent retirer de grands avantages de l'étude de la géognosie: d'abord elle est indispensable aux ingénieurs, dont les uns sont chargés de constructions, et les autres de figurer un pays que souvent ils ne peuvent parcourir que très-imparfaitement : alors cette science donne les moyens de deviner à peu près les accidens du sol.

Les officiers d'état-major font souvent le service des ingénieurs; ils sont chargés à chaque instant de reconnaître les routes praticables à telle ou telle arme, les endroits propres aux campemens, les points favorables pour le passage des rivières, etc.; et, dans tous ces cas, on ne peut disconvenir que la nature du sol sur lequel on opère, a la plus grande influence.

Les colonnes en marche ne sont pas toujours guidées par des officiers d'état-major ou par des ingénieurs; ainsi souvent les officiers de troupes sont obligés de faire une partie du service de ceux-ci; ils peuvent donc aussi retirer de grands avantages des connaissances géognostiques. Dans tous les cas elles donnent aux militaires l'habitude de bien juger les divers accidens du sol; et l'on sait de quelle importance cela peut être dans la stratégie.

Si je voulais développer ici toutes les applications de la géognosie, je serais obligé d'entrer dans des détails que ne comportent pas les bornes de cet ouvrage : ce que je viens d'exposer suffit pour en donner une idée, et surtout pour faire comprendre que, dans l'état actuel des connaissances humaines, il n'est pas permis aux corps savans de l'armée, *et particulièrement à vous, mes chers camarades*, d'en ignorer les principes.

INTRODUCTION.

§. 1. Le mot de *géognosie*, dérivé du grec, veut dire *connaissance de la terre;* aussi cette science s'occupe-t-elle de l'étude des différentes substances qui, par leur réunion, composent la planète que nous habitons. Après avoir considéré chaque substance isolément, la géognosie établit les rapports qui existent entre elles et l'ordre dans lequel elles sont disposées. Elle se borne à la connaissance des faits, et met tous ses soins à les constater rigoureusement; elle ne s'occupe point du tout des causes; et quand de la réunion d'un certain nombre de faits on veut déduire des conséquences plus ou moins probables, on rentre dans la *géogénie*, qui n'est et ne doit être que la conséquence pure et simple des études géognostiques. La géologie, au contraire, s'occupait plus particulièrement de la manière dont les choses ont été produites; et, presque sans avoir égard aux faits, elle créait une infinité de systèmes pour démontrer ce qui devait avoir été, et non ce qui est : voilà en quoi elle diffère essentiellement de la géognosie.

Dans le cours de nos leçons, nous exposerons les choses telles que la nature nous les présente, et nous établirons les rapports qui existent entre les diverses parties constituantes de la terre. La science positive ne date que de la fin du dernier siècle, et toute la terre n'a pas encore pu être étudiée : aussi quelques personnes prétendent-elles qu'il n'y a point de lois constantes dans la composition de la croûte du globe. C'est une erreur; car les observations faites en Amérique, en Europe, en Asie, même en Afrique et dans les îles de la mer du Sud, tendent de plus en plus à démontrer la généralité des lois reconnues pour la composition de la croûte du globe accessible à nos observations dans les diverses parties de l'Europe, en Allemagne, en France, en Angleterre, en Italie, etc. Cependant il ne faut pas vouloir trouver une identité complète entre les matériaux de pays très-éloignés les uns des autres, mais seulement certains rapports, que nous ferons connaître dans la suite. Et quand il serait vrai que la composition de la croûte du globe ne fût pas uniforme, l'étude de sa constitution servirait à faire connaître les anomalies, et on trouverait encore des lois; car la nature en a toujours suivi, une intelligence extraordinaire préside à toutes ses œuvres; à chaque pas nous en retrouvons des preuves, et tout nous révèle l'existence de la divinité.

Les principes que nous allons exposer sont établis sur des observations qui ont été faites, dans moins de quatre-vingts ans, en Europe et en Amérique. Par les découvertes ultérieures, ces principes subiront peut-être quelques modifications; mais ils ne seront jamais entièrement renversés, puisqu'ils se basent sur un grand nombre de faits parfaitement constatés. La géognosie est comme toutes les sciences déscriptives, elle se perfectionne à mesure que le nombre des observations augmente. Depuis moins d'un demi-siècle, combien n'avons-nous pas vu avancer la physique et la chimie, qui certainement, dans leur origine, ont propagé autant d'erreurs que la géologie!

Pour moi, la connaissance intime de l'intérieur de la terre est une science positive, utile, et qui peut conduire aux plus grands résultats: mon penchant naturel me porte à son étude, et j'emploierai tous mes efforts pour la propager.

L'étude de la constitution physique du globe exige une certaine masse de connaissances, sans lesquelles il est presque inutile de l'entreprendre. Il est indispensable d'avoir quelques notions de mathématiques et d'astronomie, de zoologie et de botanique, et de posséder assez bien l'oryctognosie, la chimie, la physique, la conchyliologie et la géographie.

Il est impossible d'exposer ici les principes de ces diverses sciences; d'ailleurs, l'état actuel de l'instruction publique permet de supposer, qu'à l'exception de la zoologie et de l'oryctognosie, le lecteur les possède toutes; et, afin de compléter ce qui est nécessaire pour l'étude de la géognosie, je donnerai de ces deux dernières les notions tout-à-fait indispensables au géognoste. L'ouvrage que M. Deshayes a bien voulu joindre à celui-ci, contient les principes de conchyliologie et la description des espèces fossiles les plus importantes.

§. 2. La masse de notre planète est composée de

trois substances parfaitement distinctes les unes des autres : l'une solide, que l'on nomme *terre ;* l'autre liquide, qui est l'*eau*, et qui environne la première de toutes parts ; enfin, la troisième gazeuse, l'*air*, qui forme autour des deux autres une enveloppe que l'on nomme *atmosphère*. Ces trois corps, réunis par l'action de la pesanteur, forment un tout, qui est le *globe terrestre* ou la *terre*.

Les observations astronomiques ont démontré que la terre n'est pas fixe dans l'espace, mais qu'elle se meut autour du soleil en décrivant une ellipse peu alongée, dont cet astre occupe l'un des foyers. Dans ce mouvement, la terre entraîne la lune, son satellite, qui fait douze révolutions autour d'elle pendant qu'elle en fait une autour du soleil. Outre ce mouvement de translation, qui se fait d'occident en orient, la terre en a un autre de rotation sur elle-même, autour d'un axe dont les extrémités sont les pôles. C'est de ce dernier, qui s'exécute encore d'occident en orient, que résultent les jours et les nuits. La durée de la révolution diurne étant de vingt-quatre heures, celle du globe autour du soleil se fait en 365 j. 5 h. 45′ et 43″. La distance moyenne de la terre au soleil est de 34,505,422 lieues. Dans ces deux mouvemens, les trois corps qui composent la terre sont emportés ensemble, et se meuvent tout-à-fait comme une masse qui aurait reçu une impulsion primitive, dont la direction ne passerait pas par son centre de gravité.

Les autres corps de notre système planétaire produisent, par leur influence, des perturbations dans le mouvement de translation ; mais l'étude de ces phénomènes est entièrement du ressort de l'astronomie.

Les observations géodésiques et astronomiques combinées ont fait reconnaître que le globe terrestre est un sphéroïde aplati aux pôles et renflé à l'équateur : la différence entre les deux axes, ou l'aplatissement, a été trouvée de $1/309$.

Le but de la géognosie étant l'étude détaillée des trois corps dont la réunion compose la terre, nous allons prendre chacun séparément, examiner sa constitution physique, les divers phénomènes qu'il présente et ceux qui peuvent résulter de l'action de ces mêmes corps les uns sur les autres.

DE L'ATMOSPHÈRE.

§. 3. De l'air atmosphérique. L'air est un corps gazeux, incolore, inodore, insipide et entièrement transparent. Ce gaz est indispensable à la vie de tout ce qui existe sur notre planète. Sa pesanteur, comparée à celle de l'eau, est de $1/773$. Il est composé en volume de quatre parties d'azote et une d'oxigène, plus 0,03 d'acide carbonique, que l'on y trouve toujours. Ces gaz ne sont pas combinés entre eux, mais seulement mélangés ; ce dont il est facile de s'assurer par l'expérience.

Cet air constitue une couche qui forme l'enveloppe extérieure du globe, et dont l'épaisseur est au moins de 59000^{m}.

L'air n'est pas le seul fluide élastique que l'on

trouve dans l'atmosphère : tous les corps gazeux à la température ordinaire y sont répandus en plus ou moins grande abondance, suivant les localités; il y a surtout constamment une certaine quantité de vapeur d'eau, dont on ne peut débarrasser l'air que par des moyens chimiques. Le calorique et l'électricité y existent aussi et s'y manifestent souvent.

Ainsi la composition du gaz atmosphérique est très-compliquée; mais c'est l'air pur qui en forme la principale partie.

Les molécules de ce gaz étant soumises à l'action de la pesanteur, la densité diminue en allant de bas en haut, et les dernières couches se trouvant extrêmement dilatées, l'épaisseur de l'atmosphère et sa forme sont très-difficiles à déterminer; mais, comme l'air est en équilibre autour de la terre, il est probable que la forme de l'atmosphère est la même que celle du globe: d'ailleurs c'est une masse fluide douée d'un mouvement de rotation autour d'un axe.

L'équilibre de l'atmosphère est une chose démontrée. La lune, par son attraction, y produit un mouvement périodique très-peu sensible, et qui doit correspondre exactement à celui que ce même astre occasionne dans la mer. Ce phénomène n'a point encore été bien étudié; mais M. Flaugerques m'a dit (en 1824), avoir des observations du baromètre qu'il continue depuis plus de trente ans, qui non-seulement démontrent les marées atmosphériques, mais encore établissent les lois suivant lesquelles les mouvemens s'effectuent.

On remarque encore dans l'atmosphère deux autres mouvemens réguliers et généraux, qui correspondent assez bien à leurs analogues dans la mer: l'un, par lequel la masse de l'air se meut d'orient en occident, et l'autre par lequel elle va des pôles à l'équateur. Ces deux mouvemens, qui produisent des vents réguliers très-sensibles entre les tropiques, sont le résultat de la révolution diurne du globe, combinée avec la chaleur du soleil et les marées atmosphériques.

La densité des couches atmosphériques diminuant à mesure que l'on s'élève, on conçoit qu'il doit en être de même de la température; c'est effectivement ce qui a lieu. Mais cette diminution ne se fait pas d'une manière constante et régulière : dans son ascension aérostatique du mois d'Août 1804, M. Gay-Lussac n'a vu le thermomètre baisser que de 3°,2 pour une hauteur de 2700^{m}, et dans celle du mois suivant il a baissé de 40°,25 pour une hauteur de 7000^{m}, ce qui donne, terme moyen, un degré de diminution pour 173^{m} de hauteur dans la dernière ascension.

Saussure fit au mois de Juillet, sur le col du Géant, à 3400^{m} au-dessus de la mer, des observations, qu'il continua pendant seize jours consécutifs, et d'où il conclut que la température diminue d'un degré pour cent toises d'élévation, ce qui correspond à 156^{m} pour un degré centigrade. En réunissant ce résultat avec celui de M. Gay-Lussac, et prenant la moyenne, on a 164^{m},5. Dans cet ouvrage nous prendrons 160^{m} exactement pour la hauteur correspondante à la diminution d'un degré centigrade.

On remarque aussi en s'élevant un décroissement sensible dans la quantité de vapeur d'eau; car l'hygromètre marche constamment vers zéro.

Les variations de température sur tel ou tel point produisent dans la masse de l'air des mouvemens plus ou moins considérables, que l'on nomme vents. L'expérience a prouvé que les vents soufflent dans une direction opposée à celle dans laquelle ils se propagent. Ainsi le vent du nord, qui souffle du nord au sud, se propage du sud au nord. On a aussi reconnu que les vents ordinaires ont une vitesse de 10 à 12^{m} par seconde, et les plus grandes tempêtes de 45^{m}.

Les eaux de la surface du globe, en se réduisant en vapeurs, se répandent dans l'atmosphère; la vapeur d'eau y existe sous deux états, invisible et visible. Dans le premier, ses molécules sont en quelque sorte combinées avec celles de l'air; dans le second, elles forment des amas que l'on nomme nuages. On croit que dans ceux-ci la vapeur existe sous forme de petites vésicules. Les nuages sont plus ou moins bas, suivant qu'ils sont plus ou moins condensés, et toutes les fois qu'ils se dilatent, ils s'élèvent. Quand ils touchent la surface de la terre, ils forment des brouillards pour ceux qu'ils environnent, et des nuages bas pour ceux qui en sont dehors.

Les vents transportent dans l'atmosphère les nuages dans toutes les directions; ceux-ci, en se choquant, s'électrisent, les uns résineusement et les autres vitreusement; et quand deux nuages d'électricité opposée s'approchent assez, il en résulte des explosions, qui produisent les éclairs et le tonnerre. C'est à l'électricité que Volta attribue la formation de la grêle : il suppose que dans les hautes régions de l'atmosphère, en vertu du froid, l'eau est en petits cristaux ; si deux nuages, dans cet état, et diversement électrisés, s'approchent, les petits cristaux d'électricité opposée voyageant de l'un à l'autre, s'agglomèrent, et lorsque le grêlon est assez gros pour que la force de la pesanteur l'emporte sur celle de l'électricité, il tombe sur la terre. On conçoit que dans ce phénomène les grêlons doivent être d'autant plus gros que les nuages sont plus chargés de fluide électrique.

Quand, dans les nuages, les molécules de vapeur d'eau sont très-rapprochées, ils descendent, et la moindre perturbation produit la précipitation. De là les pluies, qui sont plus ou moins abondantes, suivant que les nuages sont plus ou moins condensés. Les causes de cette précipitation sont expliquées dans tous les ouvrages de physique.

§. 4. Parmi les météores atmosphériques, celui qui intéresse le plus la géognosie, est le phénomène des *Aérolithes*. Il n'est personne qui n'ait entendu parler des pierres tombées du ciel.

Ce phénomène est toujours accompagné d'un grand dégagement de lumière et d'une détonation souvent très-forte ; et bientôt après la chute a lieu. La quantité de matériaux tombés est quelquefois très-considérable. Les aérolithes sont les mêmes partout. La forme est entièrement irrégulière ; la surface offre des angles de toutes parts ; les arêtes sont arrondies, comme si le corps avait éprouvé un commencement de fusion; l'extérieur est couvert d'une couche noirâtre, très-mince; la cassure est mate et inégale; l'intérieur est d'un gris cendré; à l'air il se couvre de taches de rouille, et exposé à la flamme du chalumeau, il noircit et se couvre de globules noirs. Les aérolithes raient le verre. La pesanteur spécifique varie de 3,3 à 4,3.

Dans toute la masse on remarque une grande quantité de fer en très-petits grains, en paillettes et en lingots, et quelques pyrites. Tous les morceaux sont plus ou moins magnétiques. Les diverses analyses ont démontré que la composition chimique est à très-peu près toujours la même, et qu'on y trouve, terme moyen :

Silice	45
Magnésie	15
Alumine	1
Chaux	1
Fer	35
Nickel	1
Chrôme	1
Soufre	1
Carbone très-peu.	
	100.

Parmi les pierres tombées du ciel, il existe souvent des masses de fer à l'état natif. Ce fer est toujours combiné avec une petite quantité de nickel, qui empêche qu'il ne s'oxide; dans les cavités de la masse on trouve une poussière jaune particulière.

Les grandes masses de fer natif, trouvées par Pallas en Sibérie, dans des lieux où il n'y avait pas une seule substance minérale, et celles de l'Amérique, sont regardées comme du fer météorique. Il est si malléable que les paysans en coupent des morceaux qu'ils vont vendre aux ouvriers, qui les emploient immédiatement. On a aussi trouvé du fer météorique en France, dans le département du Var.

On a fait beaucoup d'hypothèses pour expliquer le phénomène des aérolithes ; quelques auteurs les ont regardées comme des masses lancées par les volcans de la lune. On avait calculé qu'il suffit qu'un corps soit lancé de la lune avec quatre fois la force d'un boulet de canon, pour être porté hors de la sphère d'attraction de cette planète, et entrer dans celle de la terre ; mais on a démontré depuis qu'il n'y avait point de volcans dans la lune. L'explication qui me paraît la plus probable, est celle donnée par M. Gay-Lussac dans son cours de chimie à l'école polytechnique. Ce savant pense que dans l'espace se meuvent une infinité de masses n'appartenant à aucun système planétaire, et dans lesquelles les substances sont à l'état simple, c'est-à-dire non oxidées. Quand, par une cause quelconque, ces masses viennent à entrer dans la sphère d'attraction de la terre, en vertu de la pesanteur, elles se précipitent vers le centre ; en entrant dans l'atmosphère, les corps avides d'oxigène s'oxident avec une grande promptitude ; et de là le dégagement de lumière et la détonation. Cette hypothèse rend très-bien compte de tous les phénomènes que présentent les aérolithes.

Je regarde une grande partie des météores connus sous le nom d'*étoiles filantes*, comme de petites aérolithes qui tombent à chaque instant, mais qui ne sont visibles que la nuit : d'abord l'observation a démontré que ces phénomènes se passent dans l'atmosphère; et de plus, j'ai vu dans les Alpes une étoile filante tomber sur une montagne et s'y briser en plusieurs morceaux.

§. 5. Les agens atmosphériques exercent une action destructive sur les masses solides qui sont à la surface de la terre; ces agens agissent toujours chimiquement : leur action mécanique est beaucoup trop faible pour être sensible. [1]

Les vapeurs aqueuses répandues dans l'air font tomber en déliquescence tous les corps qui ont une grande affinité pour l'eau; tels sont certains sels, et particulièrement ceux à bases de potasse et de soude. Ces mêmes vapeurs, en se combinant avec quelques substances, changent entièrement leur état d'agrégation; les marnes, certains calcaires et beaucoup d'oxides métalliques, se trouvent ainsi réduits en poussière au bout d'un temps plus ou moins long. L'acide carbonique de l'air se combine avec plusieurs oxides métalliques, et il en résulte des carbonates qui sont souvent beaucoup moins solides que les oxides qui les ont produits; c'est ce qui arrive pour le cuivre, etc.

L'oxigène dans l'atmosphère n'étant que mélangé

---

1 Dans cet article je ne considère pas l'action de l'eau pluviale, que je renvoie au chapitre suivant.

avec l'azote, tous les corps qui ont plus d'affinité pour lui que ce dernier, doivent nécessairement le lui enlever; aussi beaucoup de substances s'oxident au contact de l'air, et beaucoup d'autres déjà oxidées absorbent une nouvelle quantité d'oxigène: par exemple, le fer pur finit par s'oxider au contact de l'air; l'oxide minimum passe au maximum; le sulfure de fer passe à l'état d'oxide, et souvent même à l'état de sulfate, par la transformation d'une partie du soufre en acide.

Ces différentes actions n'ont lieu qu'à la surface des corps ou à une très-petite profondeur, en sorte qu'au bout d'un certain temps la même masse se trouve composée de deux parties entre lesquelles il n'existe plus de liaison : ces parties se séparent; la plus superficielle, entraînée par une cause quelconque, laisse à découvert la portion de la masse qu'elle préservait du contact de l'air, et ce fluide, agissant de nouveau, produit des résultats semblables, et dont la période dure jusqu'à ce qu'un corps vienne s'opposer tout-à-fait à son contact. Cette action, qui est très-lente, produit cependant, avec le temps, des effets extrêmement sensibles, dont nous parlerons en traitant de la structure intérieure de la terre.

Les objets qui sont à la surface du globe, par leur influence sur les nuages, donnent souvent lieu à des décharges électriques, et alors le fluide se précipite dans l'intérieur de la terre, en suivant la route la plus conductrice de l'électricité. Dans toutes les décharges, même celles que l'on produit artificiellement, il y a un dégagement de chaleur très-considérable : les fils conducteurs sont souvent fondus, et des diaphragmes, interposés entre deux conducteurs, percés. L'électricité atmosphérique, en tombant sur la terre, produit des phénomènes analogues ; comme la chaleur est énorme, elle fond les substances les plus réfractaires. Depuis peu (en 1827), M. le docteur Fiedler a découvert que dans les plaines sablonneuses de l'Allemagne où la foudre était tombée, en s'enfonçant elle avait fondu tout le sable quarzeux dans le voisinage du passage de l'étincelle, et qu'il en était résulté un boyau très-dur, *Fulgurite*, qui s'étendait depuis la surface jusqu'au point où le fluide, ayant rencontré une couche humide, s'était dispersé. En frappant le sommet des montagnes, la foudre renverse quelquefois des masses de rochers; mais ce qui se présente le plus fréquemment, ce sont des traces de fusion qu'elle laisse sur les pierres qu'elle a frappées. Saussure observa sur la cime du Mont-Blanc des masses d'amphibole schisteux et un bloc de syénite portant des bulles vitreuses, qu'il regardait comme produites par la foudre. M. Ramond dans les Pyrénées et M. de Humboldt en Amérique, ont remarqué des roches sur lesquelles la foudre avait imprimé de pareils indices de fusion. Nous ne pousserons pas plus loin l'examen des effets de l'électricité, qui sont plus curieux qu'utiles pour la géognosie; il n'entre point dans notre sujet de décrire avec détail l'action des agens atmosphériques; il nous suffit de parler de ce qui peut avoir une influence sensible sur les grandes masses minérales.

DE L'EAU.

§ 6. L'eau est un liquide parfait, sans couleur, sans odeur, très-transparent et réfractant fortement la lumière. Elle est composée en volume de 1 d'oxigène et de 2 d'hydrogène. Elle se dilate par la chaleur et se condense par le froid; mais ces variations ne se font pas comme celles des autres substances : le maximum de densité de l'eau pure est à 4° du thermomètre centigrade; au-dessus et au-dessous de ce point elle se dilate, même lorsqu'elle passe à l'état solide. La densité de l'eau est prise pour terme de comparaison de toutes les autres densités, dont l'unité est le poids d'un centimètre cube de ce liquide sous la pression de $0^{m},76$ et à 4°.

On a cru pendant fort long-temps que l'eau et les liquides en général n'étaient pas compressibles; cependant des expériences faites dans ces derniers temps ont démontré que cette loi n'était pas rigoureuse et que tous les liquides se laissaient un peu comprimer.

L'eau que l'on trouve dans la nature est toujours mélangée d'une certaine quantité d'air nécessaire aux êtres organisés qui y vivent; cet air, qui forme ordinairement le $\frac{1}{35}$ du volume de l'eau, est plus oxigéné que celui de l'atmosphère : on y trouve 68 d'azote et 32 d'oxigène. De même qu'on ne peut avoir de l'air privé d'eau sans employer des moyens chimiques, de même on ne peut obtenir de l'eau privée d'air sans ces mêmes moyens; ainsi il y a une grande affinité entre ces deux corps.

Dans la nature l'eau n'est jamais pure, elle contient toujours quelques corps en dissolution, comme des sels et certains acides : celle des puits de Paris renferme du carbonate et du sulfate de chaux, celles des environs de Montmorency contiennent de l'acide hydrosulfurique, celle de Selz de l'acide carbonique, etc.

Sur la surface de la terre l'eau existe sous deux états : liquide et solide; et en vapeurs elle est répandue dans l'atmosphère comme nous l'avons déjà dit. Nous allons étudier ces deux états de l'eau, non pas comme on le fait en physique et en chimie, mais dans ce qui a rapport à la géognosie.

De l'eau à l'état liquide.

§. 7. *Des mers.* L'eau répandue à la surface de la terre en couvre plus des trois quarts; mais son volume est environ dix mille fois plus petit que celui de la masse solide. A l'inspection d'une mappemonde on remarque qu'elle baigne de toutes parts les continens; c'est à cette grande étendue d'eau qui nous environne que l'on a donné le nom de *mer*.

La mer n'est pas répandue d'une manière uniforme à la surface du globe; tout le monde sait que l'hémisphère austral contient beaucoup plus d'eau que l'hémisphère boréal, ce dont on peut, du reste, facilement s'assurer en comparant les points situés à égale distance de l'équateur dans chacun.

La mer a une couleur propre, qui est le plus ordinairement verte dans l'Océan, et bleue dans la Méditerranée. L'eau a toujours une saveur amère et salée, qui indique que ce n'est pas de l'eau pure. L'analyse chimique y a fait reconnaître 0,025 à 0,03 de *sel marin* (*chlorure de sodium*), quelques millièmes de *chlorure de magnésium*, de *sulfate de soude* et de *sulfate de magnésie*, et enfin des traces de *sulfate* et de *carbonate de chaux*, de *carbonate de magnésie* et très-rarement d'*acide carbonique*; c'est à la présence des sels magnésiens qu'il faut attribuer l'amertume des eaux marines, et non au bitume, comme on l'avait d'abord cru.

Suivant les observations de M. Gay-Lussac, la salure de la mer est à peu près la même à toutes les latitudes; elle ne paraît pas non plus varier avec le temps.

Les eaux douces qui sont portées dans la mer par les fleuves, diminuent la salure dans les parages de l'embouchure seulement : c'est ce qui fait que l'eau de mer est quelquefois potable à l'embouchure des grands fleuves, comme à celle de la Plata; enfin, les grandes pluies et la fonte des glaces diminuent localement la salure de la mer d'une manière très-sensible.

Les mers sont en équilibre autour du centre de la terre. M. de Laplace a démontré que cela résultait de ce que la densité moyenne de la mer est moindre que celle de la terre; et si, par une cause quelconque, cet équilibre vient à être troublé, il se rétablit bientôt.

Par leur attraction sur la terre, la lune et le soleil produisent des mouvemens périodiques dans la masse des mers, que l'on nomme le flux et le reflux. Dans ce phénomène les eaux de la mer montent sur les côtes pendant six heures, puis baissent pendant le même temps, remontent ensuite, etc. La hauteur à laquelle la mer s'élève sur les différens points des côtes n'est pas la même partout; cette hauteur dépend tout-à-fait des circonstances locales : par exemple, à Saint-Malo elle s'élève de 60 à 70 pieds, et à Brest, qui n'en est éloigné que de trente-cinq lieues, elle ne s'élève qu'à 40 pieds. Non-seulement dans des contrées éloignées, mais sur la même côte, les heures des marées des différens points ne sont pas les mêmes : dans la Manche, par exemple, la marée arrive une heure plus tard à Calais qu'à Boulogne, et ces deux villes ne sont éloignées que de neuf lieues; mais l'intervalle de temps qui s'écoule entre deux basses mers ou deux hautes mers consécutives est le même pour tous les lieux de la terre.

L'observation prouve que la mer baisse d'autant plus dans le reflux qu'elle s'élève davantage dans le flux : on conçoit que, pour avoir le niveau moyen sur un point donné, il faut faire la somme de toutes les hautes mers et de toutes les basses mers, et prendre la moyenne. On obtiendra ainsi un point qui sera la hauteur moyenne. L'expérience a démontré que cette hauteur était sensiblement la même pour tout l'Océan.

C'est à ce point, pris pour zéro, que l'on rapporte toutes les hauteurs des objets terrestres.

Puisque le phénomène des marées est produit par l'attraction mutuelle du soleil et de la lune sur les eaux de la mer, les plus fortes marées mensuelles doivent arriver aux syzygies, et les plus faibles aux quadratures, et les plus fortes marées annuelles aux équinoxes : c'est effectivement ce qui a lieu.

Dans les mers intérieures de peu d'étendue, l'intégrale, qui exprime la somme de toutes les actions partielles, étant prise entre des limites trop resserrées, il en résulte que les variations ne sont pas appréciables : aussi la Méditerranée, qui est la plus grande des mers intérieures, n'a-t-elle qu'une ondulation insensible ; il en est de même à plus forte raison pour la Baltique, la mer Noire, la mer Caspienne, etc. La mer, en montant sur les côtes, entre dans les lits des fleuves, et refoule les eaux jusqu'à une certaine distance, qui est toujours proportionnelle à la hauteur à laquelle elle s'élève sur la côte. Cette quantité d'eau refoulée est ce qu'on appelle le *flot* : dans la Liane à Boulogne, il va jusqu'à près de deux lieues de l'embouchure ; dans la Tamise il se fait sentir au-dessus de Londres, et par conséquent à plus de vingt lieues de l'embouchure.

Outre le mouvement périodique et général que l'action du soleil et de la lune détermine dans la masse des mers, il en existe encore deux autres également généraux : l'un qui paraît avoir pour cause le mouvement de rotation de la terre, et par lequel les eaux de l'Océan vont d'orient en occident, et l'autre qui les transporte des pôles à l'équateur, et qui résulte du mouvement diurne, dont l'effet est augmenté par la différence de température qui existe entre les points situés sous l'équateur et ceux des régions polaires. On observe aussi des mouvemens particuliers, qui n'ont lieu que dans certaines directions et dans une étendue déterminée : c'est à ces mouvemens particuliers que les navigateurs donnent le nom de courans.

Le plus remarquable est un courant d'eau chaude qui part des côtes de l'Afrique pour se rendre dans le golfe du Mexique; là il est réfléchi par les côtes et se dirige vers le banc de Terre-Neuve, où il se divise en deux branches, dont l'une va chauffer les côtes de l'Islande, et l'autre vient raser celles d'Angleterre, de France et d'Espagne. Les marins donnent à ce courant le nom de *Gulf Stream*, et ils s'en servent quelquefois pour déterminer leur position. On cite encore un courant d'eau chaude sur la côte orientale de l'Afrique. Il existe un courant d'eau froide qui longe la côte occidentale de l'Amérique du Sud, et qui sert à faire la traversée du Chili au Pérou en huit jours, tandis que l'on met près d'un mois pour aller du Pérou au Chili.

On remarque au détroit de Gibraltar un courant de l'Océan dans la Méditerranée, ce qui a fait penser qu'il pouvait y avoir une différence de niveau entre ces deux mers; mais on a reconnu qu'à une certaine profondeur il existe un courant en sens contraire, qui contrebalance l'effet du courant supérieur. En 1827, M. Corabœuf, lieutenant-colonel au corps royal des ingénieurs-géographes, a terminé la mesure d'une chaîne de triangle, établie le long des

Pyrénées, qui va de l'Océan à la Méditerranée, et, d'après ses observations, faites avec le plus grand soin, il n'a pas trouvé de différence de niveau sensible; ce qui devait être, car la masse des mers est en équilibre depuis long-temps.

Les courans marins semblent destinés à transporter les productions de la terre d'une contrée dans une autre : c'est ainsi que l'on trouve souvent sur les côtes de France et d'Angleterre des fruits de l'Amérique, que le courant général des pôles à l'équateur amène des masses de glaces jusque dans la zone torride, et que le *Gulf Stream* transporte une immense quantité de bois, chariée à la mer par les grands fleuves de l'Amérique, sur les côtes de l'Islande et du Spitzberg.

Nous avons vu que la température de l'atmosphère diminue à mesure que l'on s'élève; celle de la mer présente un phénomène tout-à-fait contraire, elle diminue à mesure que l'on s'enfonce. Saussure est le premier qui ait reconnu ce fait dans des expériences qu'il fit sur la côte de Gênes.

Ellis a conclu d'un grand nombre d'observations faites dans les mers de l'Afrique, que la température de la mer diminue jusqu'à 650 brasses (1200^{m}), et qu'au-delà de ce terme elle augmente.

Voici le tableau de ces diminutions à différentes latitudes, qui a été donné par M. d'Aubuisson dans son Traité de géognosie :

LATITUDE.	AIR.	MER	
		Surface.	A la profondeur de	
25° australe	.....	21°	19°,5	146m
35	.....	15	3,3	183
56	.....	0	0,5	183
64	.....	0,3	0,0	183
60 boréale.	10°	10	6,7	120
60	15	14	10,0	103
65	19	13	4,4	1252
67	9	.....	3,3	1430
67	9	.....	0,0	1232
78	7	4	0,5	214
78	5	.....	0,5	216
80	0	2,2	4,0	110

Cet effet s'explique parfaitement, d'après ce que nous avons dit plus haut, que le maximum de densité de l'eau était à 4°. Par le tableau ci-dessus on voit que près du pôle la température augmente en s'enfonçant; ce qui doit être, puisqu'à la surface cette température est au-dessous de 4°. Quant à l'augmentation au-delà d'une certaine profondeur, on peut l'expliquer par la température propre de la terre, dont nous parlerons plus tard.

L'eau de la mer, et en général toute l'eau répandue sur la surface de la terre, se réduit continuellement en vapeurs; ces vapeurs se répandent dans l'atmosphère et retombent ensuite sous forme de pluies, de neiges, etc. Il s'établit ainsi une circulation continuelle, qui est indispensable à la vie de tous les êtres. On a calculé que la quantité d'eau moyenne que la mer perd annuellement par l'évaporation, était égale à une couche d'un mètre d'épaisseur prise sur toute la surface; mais il ne faut considérer cela que comme une approximation. Cette eau est rendue à la mer par les pluies, et les fleuves qui lui rapportent celle qui tombe sur la terre; en sorte que l'on peut dire que la masse de la mer n'augmente ni ne diminue. Harmonie admirable, qui tend à perpétuer l'ordre actuel des choses!

Êtres organisés qui vivent dans la mer.

§. 8. Les mers sont habitées par une quantité innombrable d'animaux et de végétaux, organisés d'une manière particulière pour y vivre, et qui pour la plupart périssent quand ils en sont dehors. Les habitans de la mer jouent le plus grand rôle dans l'histoire du globe. La connaissance des familles et même des différens genres est indispensable pour la géognosie. Il ne peut point entrer dans notre sujet de les étudier dans leurs détails; mais nous allons jeter un coup d'œil général sur les principales familles d'êtres organisés qui vivent dans les eaux salées.

Les animaux marins, comme tous les autres, sont naturellement divisés en deux grandes sections : les *vertébrés* et les *invertébrés*. La première comprend les classes des *cétacés*, des *amphibies*, des *reptiles* et des *poissons*; la seconde, celles des *mollusques*, des *crustacés*, des *zoophytes* et des *insectes*.

Dans la première section, la classe des cétacés existe partout, mais les genres préfèrent telle ou telle contrée : les baleines vivent plus particulièrement aux deux pôles; les cachalots habitent de préférence entre les tropiques, et la famille des dauphins se retrouve dans toutes les parties de la mer. Les amphibies, les poissons et les reptiles existent à toutes les latitudes; mais il y a des genres particuliers à chaque climat.

Les animaux de la seconde section sont répandus, en plus ou moins grande abondance, sous toutes les latitudes; mais les genres et les espèces préfèrent telle ou telle: par exemple, c'est entre les tropiques que les zoophytes et les insectes sont le plus communs, et ces mers nourrissent beaucoup d'espèces de coquilles que l'on ne trouve point dans celles des zones tempérées.

Dans la grande classe des mollusques, ceux pourvus de coquilles, les *testacés*, sont les seuls dont les débris existent dans les couches de la terre. Ils méritent à cet égard de fixer particulièrement notre attention, et c'est pour cela que nous avons engagé M. Deshayes à joindre à notre ouvrage un petit manuel de conchyliologie souterraine.

Depuis bien long-temps les naturalistes ont fait deux grandes divisions dans les coquilles de la mer: les *coquilles pélagiennes* étaient censées vivre à de grandes profondeurs, et les *coquilles littorales* habitaient sur les côtes et les bas-fonds. Dans la première on mettait les *ammonites*, les *nautiles*, les *bélemnites*, etc.; et dans la seconde les *huîtres*, les *moules*, les *solens*, les *cérites*, les *turbos*, etc.: mais cette classification n'est pas exacte, parce que dans l'intérieur de la terre les coquilles pélagiennes et les coquilles littorales se trouvent toujours mélangées, et paraissent avoir vécu à la même place et absolument sous l'influence des mêmes circonstances : je n'en parle ici que parce qu'elle est encore admise dans plusieurs ouvrages de géognosie.

M. Lesson, de qui je tiens tout ce que j'écris sur les habitans des mers, admet bien des coquilles pélagiennes et littorales ; mais pour lui les premières vivent sur la surface des hautes mers : tels sont les genres *nautile*, *ayale*, *cléodore*, *atlante*, *spirule*, etc. ; les secondes sont les mêmes que celles des anciens naturalistes.

Les rochers sont troués par un certain ordre de coquilles lithophages : les *pholades*, les *tarets*, etc.

Il croît dans la mer une grande quantité de végétaux dont on retrouve les analogues à l'état fossile. Ces végétaux sont tous cryptogames et appartiennent aux deux grandes familles des *algues* et des *fucacées*. Les hydrophytes des pôles ne sont pas les mêmes que ceux de l'équateur ; chaque latitude, chaque côte a ses plantes particulières.

Outre les végétaux qui croissent dans les eaux salées, on en connaît un certain nombre d'autres qui vivent toujours dans le voisinage de la mer ou des lacs salés, et même à de grandes distances dans les terres où il y a toujours du sel ; on les nomme pour cela plantes maritimes : elles sont toutes phanérogames, monocotylédones et dicotylédones : telles sont les *soudes*, les *chénopodes*, les *salicornes*, les *staticées*, etc.

Travaux des zoophytes.

§. 9. Cette classe d'animaux est d'autant plus commune, que les degrés de latitude sont plus voisins de l'équateur. Suivant M. Lesson, ceux qui construisent des murailles n'appartiennent qu'à quatre ou cinq petits genres de madrépores proprement dits. On peut les diviser en deux ordres : *zoophytes saxigènes*, bâtissant les murailles extérieures, et *zoophytes saxigènes délicats*, qui, protégés par les premiers, ne construisent jamais que dans des bassins peu profonds et où l'eau est très-échauffée.

Les divers auteurs qui ont écrit sur ce sujet exagèrent beaucoup la quantité des travaux de ces animaux et la profondeur à laquelle ils bâtissent : ces calcaires madréporiques, cités par tous les voyageurs dans l'océan Indien, n'ont jamais plus de cent mètres d'élévation, et tout annonce que ce niveau est celui que la mer occupait à une certaine époque. Aujourd'hui les coraux n'affectent que trois formes principales : des ceintures simples autour des grandes îles volcaniques ; des bancs à fleur d'eau et îlots couverts de végétation ; enfin, des bancs et des îles circulaires, dont l'intérieur est rempli par un vaste bassin, communiquant avec la mer par des canaux étroits.

On voit d'après cela que les zoophytes ne bâtissent qu'à de petites profondeurs au-dessous des eaux. Ces animaux se servent, pour établir leurs fondemens, des fonds élevés et de la pente déclive des sols qui s'avancent dans la mer. Les plus robustes, et que l'on pourrait appeler les ouvriers extérieurs, s'avancent graduellement en formant leur noyau calcaire, et les autres travaillent sous leur protection. Les tubes qu'ils construisent sont hexagones, et le calcaire en est toujours rayonné. Chaque année ils alongent leurs cellules et élèvent ainsi leurs édifices de plusieurs centimètres. Il faut ajouter à cela trois causes : les chocs que les saxigènes reçoivent des vagues et des autres agens extérieurs qui en brisent des parties, d'où il résulte des sables très-fins, qui, s'introduisant dans les interstices des productions, élèvent encore l'édifice; des graines de plantes marines et des polypiers frondescens commencent la première végétation; enfin les cocotiers et les mangliers finissent par s'en emparer; et quelques années suffisent pour que la surface devienne une île ou un îlot couvert de verdure, parce que les plantes des pays chauds croissent avec la plus grande facilité.

La mer du Sud est remplie des travaux des zoophytes : ces longs rubans qui s'étendent sur l'eau dans une longueur de huit à dix lieues, sur une largeur seulement de deux à trois cents pas, sont des crêtes sous-marines élevées par eux. Les *îles groupes des Anglais*, à formes circulaires, avec un bassin intérieur, ne sont autre chose que des travaux de saxigènes, placés sur le rebord d'un vaste cratère, dont le milieu est très-profond. On remarque que ces îles sont dirigées généralement de l'est à l'ouest, et que les zoophytes ne placent jamais leurs travaux devant les rivières, les vases les faisant périr. Les espaces vides qu'ils laissent ainsi, se nomment les entrées des ports dans ces îles.

L'intérieur de la terre renferme une si grande variété de zoophytes fossiles, qu'on est porté à croire qu'ils étaient beaucoup plus nombreux dans l'ancienne mer que dans celle d'aujourd'hui.

Des eaux qui coulent à la surface de la terre.

§. 10. Nous avons dit en parlant de l'atmosphère, que la vapeur d'eau qui y est répandue se précipite souvent, et, suivant les circonstances, tombe sur la terre en pluie, neige ou grêle. Les eaux provenant des météores atmosphériques coulent, en obéissant aux lois de la pesanteur, suivant les lignes de plus grande pente des surfaces, pour se rendre dans les lieux bas. Les directions qu'elles suivent alors ne sont point constantes, et la moindre circonstance locale peut les changer; c'est pour cela qu'on les nomme *eaux sauvages:* telles sont les masses d'eau qui se précipitent quelquefois des montagnes, les ruisseaux que l'on voit courir dans les jours de pluie; enfin, les eaux provenant de la fonte des neiges et des glaces.

Eaux courantes.

L'eau qui tombe de l'atmosphère se divise toujours en deux parties : l'une, dont nous venons de parler, qui coule sur le sol; et l'autre qui pénètre dans l'intérieur. Cette dernière filtre à travers la terre jusqu'à ce qu'une masse compacte s'oppose à son passage; alors elle coule sur cette masse jusqu'à ce qu'elle vienne sourdre au dehors, ou qu'elle en rencontre une autre dont la porosité lui permette de pénétrer plus bas. Si la surface de la couche compacte forme une espèce de bassin, l'eau y séjourne pendant un temps; mais enfin ce bassin se remplit, le liquide s'épanche, en obéissant aux lois de la pesanteur, et vient sortir à la surface du sol.

C'est de cette partie des eaux qui pénètre dans l'intérieur de la terre que proviennent les sources; celles-ci ayant des positions fixes, les eaux qui en sortent ont des cours déterminés, qui, suivant leur volume, sont nommés ruisseaux ou rivières. La rivière est le cours principal; les ruisseaux ne sont que des cours secondaires qui viennent y apporter leurs eaux, soit directement, soit en versant les uns dans les autres. De la même manière, les petites rivières versent dans les grandes, et un certain nombre de celles-ci reportent les eaux dans le grand réservoir, les mers; alors on les nomme *fleuves*. Ainsi les fleuves sont de grands cours d'eau qui se rendent à la mer. Le point où un cours d'eau prend naissance se nomme sa *source*, et celui où il se perd est son *embouchure :* les ruisseaux ont leur embouchure dans les rivières, celles-ci les ont dans les fleuves, et les fleuves dans la mer.

Il arrive cependant assez souvent que des rivières et des ruisseaux portent leurs eaux dans des lieux bas, sur des couches argileuses, où elles séjournent et forment de grandes masses que l'on nomme *lacs*, et qui la plupart du temps n'ont point d'issue. Quand les lacs ne sont formés que par quelques ruisseaux, ils sont peu étendus et on les nomme *étangs;* enfin, les *mares* sont de petits étangs formés par les eaux sauvages.

Quelquefois des rivières et même des fleuves traversent des lacs dans leur cours : tels sont le Rhône et le Rhin. On trouve une grande quantité de lacs sur la surface de la terre; quelques-uns, par exemple ceux des Alpes, sont situés à des hauteurs considérables, comme ceux d'Alos, du Bourget, etc. Ces lacs élevés sont alimentés par les eaux de l'atmosphère et par celles qui sourdissent des montagnes qui les dominent.

Outre les lacs d'eau douce, il en existe dans l'intérieur des terres d'autres dont les eaux tiennent en dissolution différentes substances et surtout du sel marin. L'Afrique présente un grand nombre de lacs salés ; on en cite aussi plusieurs en Asie : les mers d'Aral et Caspienne ne sont que de grands lacs salés. Quelques-uns des lacs de l'Égypte contiennent du borate de soude; ceux de la Syrie, du pétrole, que l'on voit nager à la surface.

On trouve dans tous ces lacs les animaux et les végétaux qui peuvent vivre dans l'espèce d'eau qui les forme, et sous le climat où ils sont situés.

Les lacs profonds présentent absolument le même phénomène que nous avons déjà observé dans la mer, la température diminue à mesure que l'on s'enfonce. C'est encore Saussure qui le premier reconnut ce fait dans le lac de Genève ; il étendit ses observations à la plupart de ceux des Alpes, et il remarqua partout la même chose. La température était toujours à peu près de 4° ; ce qu'il expliquait par les eaux provenant des fontes de neiges et de glaces qui s'y rendent. Ainsi la cause est absolument la même que pour les mers : le maximum de densité de l'eau.

Les eaux sauvages, en se rendant dans les ruisseaux, les rivières et les fleuves, augmentent momentanément leur volume et les forcent quelquefois à déborder hors de leurs lits. Dans ces débordemens il se passe des phénomènes que nous examinerons plus tard.

On voit, d'après ce que nous venons d'exposer, que la quantité d'eau qui s'élève continuellement dans l'atmosphère par l'évaporation, retourne aux points d'où elle est partie par une autre suite de phénomènes, et qu'il existe ainsi une circulation continuelle, qui entretient l'équilibre universel et la vie des végétaux et des animaux.

Eaux jaillissantes.

Parmi les sources qui donnent naissance aux eaux courantes, plusieurs sont vraiment dignes de fixer notre attention.

On conçoit que, si le point où l'eau vient sourdre à la surface est beaucoup au-dessous du réservoir d'où elle est partie en sortant, elle s'élèvera à une certaine hauteur : ce qui explique les fontaines jaillissantes que l'on remarque dans beaucoup de montagnes, et les puits artésiens, si communs dans les départemens du Nord et du Pas-de-Calais, et que l'on vient d'établir tout récemment dans les environs de Paris.[1]

Il existe dans les pays volcanisés, et surtout dans l'Islande, des sources jaillissantes qui sont produites par une autre cause, probablement par la pression des fluides élastiques renfermés dans les cavités d'où elles sortent. Les eaux de ces sources s'élèvent à des hauteurs beaucoup plus considérables que celles des premières; et elles ont toutes une température assez forte. La plus remarquable que l'on connaisse, est le grand Geiser, dont les eaux s'élèvent depuis 30 jusqu'à 100 mètres. Il y en a encore dans la même île plusieurs autres moins considérables. Nous reviendrons plus tard sur ces fontaines.

Les voyageurs citent souvent des *fontaines intermittentes*, c'est-à-dire qui coulent pendant un certain temps, s'arrêtent ensuite, puis recommencent à couler, et ce phénomène se reproduit périodiquement. La longueur de la période est plus ou moins grande; elle varie depuis quelques minutes jusqu'à plusieurs jours, et même plusieurs mois. J'en ai vu une dans le département des Basses-Alpes, près de la petite ville de Colmars, dont la période est de 5'.

Ce phénomène est très-bien expliqué en physique; on a même construit un instrument qui le

---

1 Mémoire lu à l'Académie des sciences par M. Héricard de Tury; Mars 1829.

produit parfaitement, et qui est nommé pour cela fontaine intermittente. Il paraît que dans l'intérieur de la terre les choses sont disposées de la même manière que dans cet instrument; ce qui ne présente rien d'impossible.

Eaux minérales.

Nous avons déjà dit que dans la nature l'eau n'était jamais pure, et qu'elle contenait toujours quelques substances en dissolution. Dans les eaux ordinaires la quantité de ces substances varie, et en général elles n'y sont pas sensibles. Mais il y a des eaux dans lesquelles certains corps sont à proportions fixes, et qui d'après cela ont des propriétés particulières. Ce sont ces eaux que l'on nomme vulgairement *eaux minérales*.

Telles sont celles d'Aix-la-Chapelle, de Spa, de Bourbonne, de Digne, de Bagnères, etc. Les substances qui se trouvent le plus communément dans les eaux minérales sont : l'*acide carbonique*, l'*acide hydrosulfurique*, le *sulfate de fer*, le *sulfate de potasse*, le *sulfate de magnésie*, le *carbonate* et le *sulfate de chaux*, etc. Ces diverses substances et les quantités dissoutes varient avec les localités. Il existe de bonnes analyses des principales eaux minérales connues; on en donne un certain nombre dans tous les ouvrages de chimie.

Eaux thermales.

Il y a des eaux qui viennent sourdre à la surface de la terre avec une température propre, souvent très-élevée, et que l'on nomme pour cette raison *eaux thermales*. Telles sont, en Islande, celles des Geisers dont nous avons parlé plus haut; en France celles de Digne et d'Aix en Provence, de Chaudes-Aigues, de Clermont en Auvergne, etc. La température de celles de l'Islande est si élevée qu'elles dissolvent la silice, qui se dépose ensuite par le refroidissement tout autour du bassin. Dans celles de Digne on fait cuire un œuf. A Chaudes-Aigues les habitans s'en servent pour tremper immédiatement leur soupe, et chauffer leurs maisons au moyen de petits canaux pratiqués sous le pavé.

On a beaucoup discuté sur les causes de la chaleur des eaux thermales, et ces discussions n'ont point du tout éclairci la question. La plus grande partie des sources chaudes sont situées dans des pays volcanisés, ou très-voisins de volcans éteints ou encore en activité, comme celles de l'Auvergne, d'Aix en Provence, du royaume de Naples, de l'Islande, etc. Ainsi on peut supposer que les eaux viennent de points voisins des foyers volcaniques; alors leur température s'explique naturellement. Mais beaucoup de sources thermales sont situées dans des contrées où il n'existe aucune apparence de volcan. Telles sont celles d'Aix en Savoie, de Luxeuil, de Plombières, de Bourbonne, et enfin toutes celles des Pyrénées; mais dans ce cas on pourrait admettre que les produits volcaniques ont été recouverts par d'autres couches, et que les eaux ne viennent pas moins du voisinage des foyers, qui sont à une grande profondeur: c'est d'ailleurs ce que rend très-probable le beau mémoire de M. Cordier, dont nous aurons bientôt occasion de parler. Quelques observateurs ont attribué la chaleur de ces eaux à des combinaisons chimiques qui s'opèrent dans leur masse, et j'avais moi-même partagé cette opinion, d'après des observations que j'ai faites sur celles de Digne ; mais la lecture du mémoire de M. Cordier m'a entièrement fait changer d'avis, et je pense aujourd'hui, qu'au lieu d'être la cause de la chaleur, les combinaisons chimiques n'en sont que le résultat.

Êtres organisés qui vivent dans les eaux douces.

§. 11. Un fait extrêmement remarquable, et qui peut jeter un grand jour sur la théorie de la terre, c'est que dans les eaux thermales de l'île de Luçon, une des Philippines (*Buffon*, t. 11, pag. 151), dont la température est de 86°, on a trouvé non-seulement des plantes végétant parfaitement, mais encore des poissons de trois ou quatre pouces de longueur, et doués d'une agilité extrême.

De même que les mers, les eaux douces sont habitées par une grande quantité d'animaux et de végétaux. Les animaux appartiennent aux classes des amphibies, des reptiles, des poissons, des crustacés, des mollusques, des insectes et des zoophytes.

Les plus remarquables des amphibies sont les *hippopotames*, que l'on trouve dans les fleuves de la zone torride. Dans les zones tempérées, les eaux douces nourrissent des *loutres*, des *rats*, des *castors*, etc.

Parmi les reptiles des eaux douces, la grande famille des *crocodiles*, qui habite entre les tropiques dans les deux continens, a laissé de nombreux restes dans les couches solides du globe. Les *grenouilles*, les *salamandres*, etc., se trouvent rarement à l'état fossile.

Les poissons et les crustacés vivent sous tous les climats; mais chacun a ses espèces particulières: on en connaît beaucoup à l'état fossile dans les couches solides les plus modernes.

Les coquilles fluviatiles sont univalves et bivalves; les espèces, et même les genres, varient avec les latitudes. Les principaux genres d'univalves sont les suivans : *limnée*, *planorbe*, *paludine*, *néritine*, *ancille*, *mélanopside* et *potamide*. Ce dernier se trouve plus particulièrement dans les rivières des pays chauds. Parmi les bivalves nous citerons les *unios*, les *anodontes*, les *cyclades* et les *cythérées*. Toutes ces coquilles sont très-nombreuses à l'état fossile.

Les zoophytes des eaux douces sont beaucoup moins nombreux que ceux de la mer; on n'y a encore cité que les genres *alcyonelle* et *spongille*, dont les productions semblent tenir le milieu entre les végétaux et les animaux.

Parmi les plantes fluviatiles, on distingue des phanérogames et des cryptogames. Ces plantes présentent un phénomène extrêmement remarquable; c'est qu'elles sont les mêmes dans tous les climats. Ainsi les *potamogeton*, les *lythrum*, les *carex*, les *nymphea*, etc., habitent les contrées les plus éloignées.

Ce phénomène tient sans doute à l'uniformité des circonstances physiques de ces eaux.

De l'action de l'eau sur les masses solides.

§. 12. L'eau peut agir de deux manières sur les masses solides : mécaniquement et chimiquement. Nous allons examiner ces deux sortes d'actions.

Action mécanique.

C'est encore une grande question de savoir si l'eau, par elle-même, a une action sensible sur les corps durs qu'elle frotte : sans rien vouloir décider à cet égard, je vais rapporter les principaux faits bien établis.

Les sables, les marnes, et, en général, les corps peu agrégés, étant facilement pénétrés par les eaux, sont emportés par elles ; tout le monde connaît ce genre d'action. Les masses solides qui se désagrègent au contact de l'air, sont rongées par l'eau, qui emporte les parties désagrégées, parce qu'elle peut alors les pénétrer. Tout corps solide, plongé dans un fluide, perd une partie de son poids égale à celui du fluide qu'il déplace ; ce qui fait que les eaux peuvent transporter, et transportent réellement, beaucoup de masses solides, qui s'usent les unes et les autres par le frottement.

4

Lorsque ces masses viennent à en rencontrer quelques autres sur leur passage, elles les frottent et les usent un peu. Cette action, souvent répétée, peut avoir une grande influence et être très-sensible au bout d'un certain temps; aussi voit-on souvent dans le lit des rivières, des rochers arrondis. Les rivières et les fleuves, dans les débordemens, agissant par leur quantité de mouvement contre les obstacles qui s'opposent à leur passage, les renversent, les entraînent, et s'en servent pour en détruire d'autres. J'ai vu, sur les bords de la Saône et de la Loire, des arbres emportés par les eaux aller démolir des murs et des maisons.

Il n'y a donc aucune espèce de doute que l'eau exerce une action destructive contre les corps qui se trouvent sur son passage.

Quant à savoir maintenant si un courant d'eau coulant sur une pierre dure, homogène, et sur laquelle il ne peut exercer aucune action chimique, finira par la ronger: je crois qu'il est très-difficile de le décider; car, pour résoudre ce problème, il faudrait connaître l'intensité de la force qui unit les molécules de la pierre, et celle de l'effort du courant pour désagréger ces mêmes molécules; ce qui ne me paraît pas possible d'établir: mais on conçoit parfaitement que si la seconde l'emporte sur la première, la pierre sera rongée. Aussi toutes les pierres mal agrégées sont-elles rongées par les eaux au bout d'un temps plus ou moins long, suivant leur degré de dureté.

L'action de l'eau la plus sensible est celle que la

mer exerce continuellement sur les côtes, soit par sa propre masse, soit à l'aide des corps solides qu'elle transporte et dont elle se sert, comme d'artillerie, pour battre en brèche les remparts que la nature oppose à son envahissement.

L'expérience prouve que les vagues se dirigent toujours vers les côtes, et qu'elles portent à terre tout ce qu'elles charient : elles doivent donc exercer un certain effort contre ces mêmes côtes, qui tend à les détruire et à pousser les eaux dans l'intérieur des terres. Quelques auteurs ont prétendu que la mer, gagnant continuellement sur la terre, finirait par envahir les continens; mais ce fait n'est pas exact : il est très-facile de prouver que l'effort destructeur dont nous venons de parler, a une limite. Il peut se présenter trois cas: les bords de la mer peuvent être horizontaux, inclinés ou verticaux.

1.° La vague étant le résultat d'une ondulation produite à la surface de l'eau, la résultante des forces qui agissent sur elle est sensiblement horizontale : ainsi, dans le premier cas, l'effort étant dirigé parallèlement à la surface de la côte, ne peut produire aucune destruction; au contraire, comme nous le prouverons plus tard, tout l'effet des vagues consiste à élever la surface du sol.

2.° Si la côte est inclinée à l'horizon, la force qui sollicite la vague se décomposera en deux : l'une tangente à la surface du terrain, et ne produisant aucun effet, et l'autre normale et tendant à détruire; mais à mesure que la destruction s'opère, la surface, soumise à l'effort de la vague, tend de plus en plus à devenir parallèle à sa direction. On conçoit donc qu'il arrivera une époque où ce parallélisme aura lieu ; alors la destruction cessera, et les choses resteront dans le même état tant qu'une cause extraordinaire ne viendra pas rompre momentanément l'équilibre des eaux.

On pourrait croire que la limite de l'inclinaison pour laquelle les vagues n'ont plus d'effet, est l'horizontalité : cela peut arriver quelquefois ; mais, en général, la direction des vagues étant modifiée par les circonstances locales, l'inclinaison varie pour chaque lieu, et le talus est plus ou moins long à se produire, suivant la pente et la résistance du terrain.

3.° On conçoit facilement que, si la côte est verticale, l'effort produira d'abord un grand effet, qui diminuera avec le temps ; on sera ainsi ramené au second cas : l'équilibre s'établira donc encore.

Il résulte de ce que nous venons d'exposer, que la mer ne peut pas gagner continuellement sur les terres, et que les côtes finissent par opposer des barrières insurmontables à l'invasion des eaux. Dans l'état actuel des choses, ces barrières paraissent établies, et le bassin des mers fixé. Des marées extraordinaires, accompagnées de tempêtes, peuvent bien produire des effets partiels : une baie peut être creusée, un isthme, un cap emportés ; mais ces cas particuliers eux-mêmes ont des limites, et si la mer gagne sur quelques points depuis un certain temps, il est évident qu'elle finira par s'arrêter.

Action chimique.

L'eau, considérée comme agent chimique, exerce une très-grande action sur les masses solides qui sont susceptibles de s'y dissoudre, ou dans la composition desquelles entrent des portions solubles. Les premières, comme les masses de sel gemme, sont entièrement détruites; les autres, perdant leurs parties solubles, se désagrègent et tombent par morceaux. C'est ainsi que l'eau détruit les roches dans lesquelles la potasse entre comme élément, les masses ferrugineuses qu'elle fait passer à l'état d'hydrate, etc.

Les eaux contenant des acides rongent les masses salines qu'elles baignent, quand l'acide de celles-ci est plus faible que celui qu'elles tiennent en dissolution : celles chargées d'acide carbonique dissolvent parfaitement le calcaire, et le laissent déposer ensuite lorsqu'elles perdent cet acide, comme nous le dirons à l'article du terrain postdiluvien, où nous parlerons des produits de l'action de l'eau sur les masses minérales.

De l'eau à l'état solide.

§. 13. Quand la température baisse au-dessous de 0°, une partie des eaux qui sont à la surface de la terre se changent en glace; la glace se forme plus particulièrement dans les eaux tranquilles. Lorsqu'une masse d'eau est fortement agitée, soit par les vagues ou par les courans, elle se gèle difficilement;

de là vient que les forts courans d'eau gèlent très-rarement.

Toute la partie de mer comprise entre les deux zones tempérées ne présente de glaces que sur les côtes, et encore dans les hivers très-rigoureux; mais comme la température de la surface de la mer décroît très-rapidement en allant de l'équateur aux pôles, à ces points elle est toujours au-dessous de 0°, et en hiver elle baisse jusqu'à 47°,5. Cet abaissement de température fait que les mers et les terres pôlaires sont constamment couvertes de glaces. Il existe aux pôles deux énormes calottes de glace qui couvrent la mer. On a fait beaucoup de tentatives pour les franchir, mais inutilement.

Dans les mers boréales, les glaces s'étendent jusqu'au 70° de latitude; dans les mers australes elles s'étendent beaucoup plus loin, jusqu'au 58°: ce qui tient à la différence de température entre les deux hémisphères. Sur les bords, ces glaces présentent de grands bouleversemens; on y voit quelquefois des montagnes énormes : mais le capitaine Parry qui, en 1820, est parvenu jusqu'au 75° de latitude boréale, ne voyait plus devant lui que des plaines de glace parfaitement unies, et dans lesquelles il remarqua des espaces non glacés assez étendus.

Pendant l'été, les glaces polaires les plus près des zones tempérées, fondent; ensuite, étant battues par les vagues, il s'en détache des masses énormes, qui, transportées par les courans, viennent jusque dans la zone torride, où quelquefois elles sont encore assez long-temps à se fondre.

Des observateurs ont prétendu qu'aux pôles mêmes la mer n'était point glacée, et ils expliquaient cela par la grande profondeur des mers polaires : d'après ce que nous avons dit précédemment, les molécules du fond, étant plus échauffées que celles de la surface, doivent monter continuellement et les autres descendre, en sorte que la chaleur apportée ainsi empêcherait la glace de se former; mais cette assertion n'a pas encore pu être vérifiée.

On voit journellement dans nos contrées, pendant l'hiver, la glace se former dans les rivières et dans les fleuves, et en couvrir la surface, qui se prend quelquefois en masse; mais le plus ordinairement les cours d'eau charient des glaçons plus ou moins considérables, et dont la quantité varie. Lorsque ces glaçons heurtent les masses solides qui se trouvent dans le lit de la rivière, ils les usent et les brisent; les débris sont souvent transportés par eux à des distances considérables.

Neiges perpétuelles.

Nous avons dit que la température de l'atmosphère diminue à mesure que l'on s'élève; il résulte de là qu'à une certaine hauteur cette température doit être constamment au-dessous de 0°. Sur la surface de la terre il existe des points assez élevés pour cela; tels sont : les crêtes des Cordillères d'Amérique, des Pyrénées, etc.; les principaux sommets des Alpes. Ces points sont couverts de glaces et de neiges perpétuelles : il n'est personne qui n'ait entendu parler des fameux glaciers des Alpes, qui occupent souvent des étendues très-considérables, et descendent jusque dans le fond des vallées, où la glace se fond en partie pendant l'été. Ces glaciers présentent un grand nombre de phénomènes, dont l'étude nous entraînerait hors de notre sujet; il en est cependant un qu'il faut examiner.

Les cimes qui dominent les glaciers se dégradent plus ou moins, et leurs débris tombent sur les glaces; celles-ci se fondent par-dessous et avancent lentement, mais sensiblement; elles se pressent les unes contre les autres, et franchissent ainsi des espaces très-considérables, même des vallées assez profondes. Les pierres sont transportées de cette manière à de grandes distances, et la glace, en se fondant, les dépose sur le sol.

Tous les points élevés de la surface de la terre, dont la température est constamment au-dessous de 0°, ne sont pas couverts de glace; mais il y a toujours de la neige, qui ne fond jamais, c'est pourquoi on les nomme *les régions des neiges perpétuelles*. Ces régions sont plus ou moins élevées, suivant les latitudes et la grandeur de masses de montagnes. Pour obtenir la hauteur des neiges perpétuelles dans un lieu quelconque, il suffit de multiplier 160^{m}, hauteur moyenne à laquelle il faut s'élever dans l'atmosphère pour avoir une diminution de 1°, par le nombre qui exprime la température moyenne du lieu : les points déterminés ainsi, en allant de l'équateur aux pôles, forment une courbe, qui est *la limite inférieure des neiges perpétuelles.* Aux pôles, cette courbe toucherait la surface des mers, et à l'équateur elle s'élèverait de 4320^m (27 × 160^m). Mais il paraît que, par l'effet de la différence entre les saisons, et par celui de la chaleur particulière, provenant de la masse du globe, que les parties élevées portent avec elles, cette limite est d'environ 500^m, 3° plus élevée que le 0° moyen; de sorte que son élévation verticale pour un point dont la latitude est *l*, serait à peu près 4320^m $\cos.^2 l$ + 500^m: formule qui donne des résultats assez d'accord avec l'expérience, comme le montre le tableau suivant.[1]

OBSERVATEURS.	LIEUX.	HAUTEURS observées.	HAUTEURS calculées.
Humboldt. . . .	Équateur . . .	4800	4820
Bouguer.	Tropique . . .	4100	4133
Webt	Inde.	3520	3727
Saussure.	Alpes	2700	2585
De Buch.	Cercle polaire.	1169	1160
Idem.	70° latitude . .	1060	1005

« Il faut remarquer que l'exposition du sol et les
« autres circonstances locales influent tellement sur
« la hauteur de la limite des neiges, qu'il ne saurait
« y avoir aucune loi uniquement dépendante de la
« latitude. Pour l'exprimer, Saussure a cru, d'après
« l'ensemble de ses observations, pouvoir la fixer

1 D'Aubuisson, vol. 1, pag. 442.

« à 2700^m entre le 46e et le 47e degré de latitude; » et à 43° M. Ramond abaisse cette limite de 260^m pour le versant septentrional des Pyrénées, tandis que M. d'Aubuisson a été forcé de l'élever de 300^m à 45° ½ sur le revers méridional des Alpes.

Tout le monde sait qu'en se congélant l'eau se dilate d'une certaine quantité, en sorte que le volume de la glace est plus considérable que celui de l'eau dont elle est formée; ce qui fait que quand on laisse geler de l'eau dans un vase fragile, il éclate presque toujours. Les masses qui composent la portion solide du globe sont remplies de fissures et de cavités, dans lesquelles l'eau s'insinue. Si alors elle vient à se geler, il est possible qu'en se dilatant elle produise un effort assez considérable pour faire éclater certaines parties. Cet effet est très-sensible, il produit dans les hautes montagnes des éboulemens considérables; enfin, comme les pierres sont en général de mauvais conducteurs du calorique, la gelée les brise souvent, par la différence de température qu'elle occasionne dans leur masse.

DE LA TERRE.

§. 14. Dans ce qui précède, nous avons quelquefois donné le nom de terre à la réunion des trois corps qui composent le globe; mais ce nom est plus particulièrement appliqué à la partie solide de ce même globe. Cette portion, comme nous l'avons vu, est recouverte en partie par les eaux et enveloppée par l'atmosphère.

Les opérations géodésiques et astronomiques, combinées, ont fait reconnaître que la forme de la terre est celle d'un sphéroïde de révolution, aplati aux pôles et renflé à l'équateur. L'aplatissement déduit des observations les plus modernes est de $1/309$. Cette forme est précisément celle que prendrait une masse fluide douée d'un mouvement de rotation autour d'un axe. Dans l'intérieur des couches solides qui composent la terre, il existe une grande quantité de restes d'animaux et de végétaux, qui, pour y avoir été introduits, nécessitent que ces couches aient été liquides. C'est un fait admis par tous les observateurs, que dans l'origine la terre a été fluide, et qu'ensuite elle s'est solidifiée : il suffit d'avoir un peu étudié la nature pour en être convaincu.

La terre n'étant point un corps homogène, il est très-difficile d'en déterminer la densité ; cependant dans les cours de physique on donne le moyen d'en approcher d'une certaine manière, et voici comment :

Pl. 1, *fig.* 1. On suspend à un point fixe un fil de métal *a*, portant un levier horizontal *b*, terminé par de petites boules : très-près de ces boules on place deux sphères de plomb d'un grand volume *c*. En vertu de l'attraction, les petites boules se porteront vers les grosses, et il arrivera un point où la force de torsion du fil fera équilibre à celle d'attraction des sphères ; mais, en vertu de la vitesse acquise, les petites boules dépasseront ce point ; elles y reviendront ensuite, puis le dépasseront encore, et elles oscilleront de cette manière. En observant le temps d'une oscillation et la longueur du pendule, on peut calculer l'intensité de la force qui agit sur les extrémités du levier. Soit g cette intensité, m la masse des sphères, r le rayon; G l'intensité de la pesanteur, M la masse de la terre et R son rayon; les petites boules ayant un très-petit diamètre et étant très-voisines des grandes, on peut dire que r est la distance du centre d'une petite boule à celui d'une grande. Suivant les lois de la variation de la pesanteur on aura

$$G : g :: \frac{M}{R^2} : \frac{m}{r^2};$$

soit D la densité moyenne de la terre, et d celle du plomb dont les sphères sont composées, on a

$$M = \tfrac{4}{3}\pi R^3 D \text{ et } m = \tfrac{4}{3}\pi r^3 d;$$

mais on avait $\frac{gM}{R^2} = \frac{Gm}{r^2}$, donc

$$g R D = G r d;\ \text{d'où}\ D = \frac{Grd}{gR} = 5{,}5$$

pour la densité moyenne de la terre. Mais d'après des observations du pendule, faites par les Anglais en 1828 à de grandes profondeurs, cette densité serait beaucoup plus considérable, de 12 au moins; et elle semble croître très-rapidement à mesure que l'on descend.

§. 15. Si tous les savans sont d'accord sur l'ancienne fluidité de la terre, il n'en est pas de même pour la cause qui la produisait. Depuis bien des siècles les philosophes sont divisés sur ce point en deux sectes : l'une, qui admet la dissolution au moyen de l'eau, les *neptuniens;* et l'autre, celle des *plutoniens*, qui prétend que cette dissolution était due au calorique. Les uns et les autres ont produit une infinité de faits à l'appui de leur opinion, et aujourd'hui même la question n'est pas encore bien décidée. La géognosie ne doit pas s'occuper de ces sortes de discussions; comme nous l'avons déjà dit, elle se borne à exposer les faits.

Cependant il faut convenir que maintenant l'opinion de la dissolution ignée prévaut, et qu'une foule d'observations viennent l'appuyer. Nous allons en rapporter quelques-unes.

Du temps de Buffon, en 1710, les physiciens avaient déjà observé que, dans nos climats, la chaleur solaire est, en été, 66 fois plus grande qu'en hiver, et que néanmoins la plus grande chaleur de notre été ne différait que de $\frac{1}{8}$ du plus grand froid de notre hiver: « d'où ils ont conclu avec raison, « dit cet auteur, qu'indépendamment de la chaleur « que nous recevons du soleil, il en émane une « autre du globe même de la terre, bien plus con- « sidérable et dont celle du soleil n'est que le com- « plément. » En sorte qu'il est maintenant démontré que cette chaleur qui s'échappe de la terre est, dans notre climat, 29 fois en été et 400 fois en hiver plus grande que la chaleur qui vient du soleil. (Buffon, tom. 6, pag. 38.)

En parcourant les Alpes, Saussure avait remarqué que les glaciers et les neiges, qui recouvrent certaines portions de ces montagnes, se fondaient dans leurs parties inférieures; ce qu'il attribua à la température propre du globe. D'après cela il fit un grand nombre d'expériences dans les lieux profonds, et il reconnut que la température augmente à mesure que l'on descend dans l'intérieur de la terre. Il fixa cette augmentation à 1° pour 26m, d'après des observations faites dans les salines de Bex.

A l'exemple de Saussure, plusieurs observateurs ont fait des expériences dans les mines et sur les eaux venant des grandes profondeurs, et l'accroissement de chaleur a été bien constaté. M. Cordier, dans son Essai sur la température de la terre, publié en 1828[1], a prouvé que la plupart des expériences n'avaient pas été faites avec assez de soin pour en conclure la loi de l'augmentation; mais il convient néanmoins qu'elles la démontrent d'une manière certaine.

Ce savant en a fait quelques-unes dans lesquelles il a apporté les plus grands soins, et qui lui ont donné des nombres différens sur trois points divers, et très-éloignés les uns des autres, pour la profondeur correspondante à l'augmentation d'un degré; savoir: 36m pour Carmaux (Tarn), 19m pour Littry (Calvados), et 15m pour Décise (Nièvre). Il se résume ainsi:

« 1.° Nos expériences confirment pleinement « l'existence d'une chaleur interne, qui est propre « au globe terrestre, qui ne tient point à l'influence « des rayons solaires, et qui croît rapidement avec « les profondeurs.

---

1 Annales du Muséum.

« 2.° L'augmentation de la chaleur souterraine « ne suit pas la même loi par toute la terre ; elle « peut être double et même triple d'un pays à un « autre.

« 3.° Ces différences ne sont en rapport constant « ni avec les longitudes ni avec les latitudes.

« 4.° Enfin, l'accroissement est certainement plus « rapide qu'on ne l'avait supposé ; il peut aller à « 1° pour 15^{m}, et même 13^{m} en certaines contrées : « provisoirement le terme moyen ne peut pas être « fixé à moins de 25^{m}. »

Ainsi la température de l'eau bouillante doit exister à 2500^{m}, une demi-lieue, de profondeur ; et celle de 100° du pyromètre de Wedgwood, température capable de fondre toutes les laves et une grande partie des roches connues, à une profondeur moindre de $\frac{1}{50}$ du rayon terrestre. Ces résultats rendent extrêmement probable l'opinion des plutoniens, que le centre du globe est encore aujourd'hui dans un état de liquéfaction ignée. La température propre de la terre est donc un fait incontestable.

Puisque la terre a une chaleur propre si considérable, il en résulte qu'à une certaine profondeur celle du soleil doit perdre entièrement son influence. C'est effectivement ce qui arrive : à Paris, les variations diurnes du thermomètre disparaissent à 5^{m} de profondeur, et le thermomètre des caves de l'observatoire reste depuis plusieurs années à 12°. Ce thermomètre est à 30^{m} de profondeur. A la surface de la terre la température décroît de l'équateur au pôle ; mais ce décroissement n'est pas régulier, et les cercles de latitude ne sont pas des lignes isothermes: celles-ci, au contraire, sont des courbes très-compliquées : ce que M. Cordier attribue à l'influence de la chaleur intérieure, qui n'est pas la même pour tous les points de la surface du globe. L'hémisphère austral est beaucoup plus froid que le nôtre.

Un grand nombre de faits porte à croire que la température moyenne de la terre a diminué depuis une certaine époque : dans nos contrées, et même dans le sol glacé de la Sibérie, on trouve à l'état fossile des animaux et des végétaux trop bien conservés pour ne pas admettre qu'ils y ont vécu autrefois, et dont aujourd'hui les analogues n'existent plus que sous la zone torride : il résulte de là, qu'à une époque antérieure aux temps historiques, la terre était assez chaude dans ces contrées pour que ces êtres pussent y vivre, et qu'ainsi elle s'est beaucoup refroidie depuis qu'ils ont été enfouis. M. de Laplace a démontré, en observant que la longueur du jour n'a pas varié sensiblement, que depuis les premières observations astronomiques, qui datent de plus de trois mille ans, la température moyenne de la terre n'avait pas diminué de o°,5. Cela annonce seulement, comme tout tend à le prouver, que, depuis l'existence de l'homme, les forces de la nature sont en équilibre. Mais auparavant il n'en était pas ainsi, et en étudiant l'intérieur de la terre, nous reconnaîtrons à chaque pas des traces de grandes révolutions, qui ont détruit des familles entières d'animaux.

Inégalités de la surface du globe.

§. 16. La surface de la terre n'est point unie; au contraire, elle présente un grand nombre d'aspérités, dont on prend une idée assez exacte par celles que l'on voit sur la peau d'une orange: ces hautes montagnes qui nous paraissent gigantesques, ne sont rien comparativement aux dimensions du globe; car la hauteur de la plus élevée n'est pas la millième partie du rayon terrestre : ainsi ces inégalités ne nuisent aucunement à la forme générale que nous avons reconnue à la terre.

La surface de la terre présente des élévations et des dépressions; elles sont, pour la plupart, les effets des révolutions qui ont bouleversé la croûte du globe à différentes époques; l'étude que nous en ferons par la suite démontrera ce que j'avance ici.

Les inégalités dont nous parlons mettent à découvert la structure intérieure d'une portion de la masse solide, et en facilitent beaucoup l'étude; c'est à elles que nous devons la géognosie positive: ce n'est que depuis qu'on s'applique à les étudier avec soin, que la science a pris ce caractère de vérité qui distingue les connaissances exactes.

Nous allons faire connaître les noms que l'on donne aux inégalités de la surface du globe, et exposer les relations qui existent entre elles; de celles-ci résultent les formes du sol, dont l'étude approfondie est l'objet de la topographie.

Je ne parlerai point, dans ce qui va suivre, de

toutes les difficultés qu'on a élevées, en géographie, sur les montagnes et les rapports qui doivent exister entre elles; mon but est d'exposer ce que nous présente la nature, sans m'occuper des théories que l'on a faites sur ce sujet.

On entend par *montagne* une élévation un peu considérable à la surface de la terre. On nomme *collines* les petites montagnes, et quand celles-ci sont isolées, elles prennent les noms de *monticule* et de *butte*, suivant leur élévation. Les grands espaces horizontaux unis ou légèrement ondulés se nomment *plaines*.

Nous allons examiner successivement les diverses inégalités de la surface du globe.

Supposons une montagne qui ait exactement la forme d'un prisme triangulaire placé sur une de ses faces (pl. 1, fig. 2). Cette face, par laquelle le prisme repose sur la surface de la terre, se nomme *la base* de la montagne; son périmètre en est *le pied*. Les deux autres faces, adjacentes à la base, et qui viennent se réunir à l'arête opposée, en sont les *flancs*. Cette arête elle-même en est la *crête* ou le *faîte*. Les deux bases du prisme sont les *extrémités* de la montagne. Dans la nature, les plans de ces extrémités sont en général obliques à la base; et quand ils sont verticaux, ou presque verticaux, on les nomme *escarpemens*. Il en est de même pour les flancs. Ainsi dans une montagne un escarpement est un flanc ou une extrémité dont la direction est voisine de la verticale.

Si on coupait le prisme dont nous venons de

parler par un plan vertical passant par la crête, on aurait deux montagnes, dont l'un des flancs et les deux extrémités seraient des escarpemens. La perpendiculaire abaissée de la crête sur la base mesure la hauteur de la montagne. Si à une certaine partie de la hauteur (pl. 1, fig. 3) on fait passer un plan parallèle à la base, nous aurons alors un prisme quadrangulaire, et la crête sera remplacée par la portion du plan sécant comprise entre les flancs et les extrémités. C'est là ce que l'on nomme *un plateau:* on voit qu'il peut être plus ou moins étendu, suivant qu'il est plus ou moins rapproché de la base.

Si par un point pris sur la crête et par les pieds des extrémités de la montagne on fait passer deux plans, on aura une pyramide quadrangulaire (pl. 1, fig. 4); les deux faces opposées les plus étendues seront les flancs, et les autres les extrémités. Dans ce cas, le sommet de la pyramide se nomme aussi *sommet* de la montagne. Par des modifications très-concevables on peut avoir un cône; alors on nommerait *flancs* les portions de la surface les plus étendues dans le sens de la longueur de la base; et *extrémités*, celles placées dans celui de la largeur. Si le cône était circulaire, ce qui est bien rare dans la nature, il me semble qu'on devrait appeler *flancs* de la montagne toute la surface. Quand le sommet d'une montagne est très-aigu, on lui donne le nom d'*aiguille.* On appelle aussi *aiguilles* les pointes élevées qui se trouvent sur les crêtes, les plateaux, etc.

Dans la nature les choses ne sont pas disposées aussi régulièrement que nous l'avons supposé. Nous allons maintenant faire connaître les principales modifications que subissent les parties que nous venons de définir.

Une montagne n'est jamais un prisme triangulaire régulier, ni une pyramide, ni un cône; mais, par des abstractions, sa forme peut toujours se ramener à l'une des trois. Les flancs et les extrémités sont des surfaces courbes plus ou moins compliquées, et dont la forme dépend tout-à-fait de la nature des roches qui composent la montagne. Dans les escarpemens on voit des parties plus ou moins inclinées, et même quelques-unes horizontales; mais l'inclinaison générale approche toujours beaucoup de la verticale.

Les faîtes ne sont jamais des lignes droites, ni même des courbes compliquées; mais des surfaces étroites. Les sommets non plus ne sont pas rigoureusement des points, mais de petits plateaux, dont les dimensions ne sont pas comparables à celles de la base de la montagne. Les plateaux sont souvent très-réguliers; mais souvent aussi ils présentent beaucoup d'inégalités: ils penchent plus ou moins vers telle ou telle partie de la montagne; on y distingue toujours une espèce de crête, qui forme la ligne de partage des eaux. Nous reviendrons plus tard sur les plateaux, en parlant des plaines.

Des chaînes de montagnes.

Il existe très-peu de montagnes isolées dans la nature, elles se trouvent presque toujours réunies, et forment ainsi des masses qui s'étendent dans des directions déterminées, en jetant des ramifications à droite et à gauche. C'est à ces masses, résultant de la réunion de plusieurs montagnes, que l'on donne le nom de *chaînes*. Pour les former, les montagnes se sont groupées d'une infinité de manières, et de là il est résulté plusieurs accidens, dont l'étude est de la plus haute importance pour l'histoire physique de notre planète.

La chaîne la plus simple (pl. 1, fig. 5) que l'on puisse considérer, est celle qui serait formée par une suite de montagnes placées sur une même ligne droite; les montagnes étant, du reste, disposées à côté les unes des autres, d'une manière quelconque. Alors l'ensemble des pieds de chaque montagne forme *le pied de la chaîne*, de même que l'ensemble des flancs forme ceux de la chaîne, que l'on désigne en les rapportant aux points cardinaux. Les flancs d'une chaîne portent aussi le nom de *versans*, parce qu'ils versent les eaux dans les plaines; les extrémités d'une chaîne sont les points où elle se termine dans le sens de sa longueur. On appelle *axe* d'une chaîne, la ligne imaginaire qui passerait par le centre de chaque montagne. Dans la chaîne dont nous parlons, cette ligne serait droite. Le *faîte* de la chaîne est formé par l'ensemble des crêtes, des sommets et des lignes de partage des eaux sur les plateaux de chaque montagne qui la compose. On conçoit, d'après cela, que cette ligne doit être une courbe très-compliquée et toujours discontinue. Ce faîte détermine le partage des eaux qui coulent sur les deux versans opposés; c'est là sa propriété la plus caractéristique, et qui doit servir à le déterminer dans toutes les circonstances. Dans une chaîne, il y a toujours des protubérances qui s'élèvent brusquement au-dessus des parties adjacentes; c'est ce que l'on nomme des *cimes :* quelquefois les cimes des chaînes ne sont pas sur le faîte, mais sur quelque montagne isolée, tel est le *Mont-perdu* dans les Pyrénées.

Les montagnes, en se réunissant, laissent entre elles des dépressions plus ou moins considérables, que l'on appelle *vallées ;* les flancs qui laissent entre eux ces dépressions, forment ceux de la vallée: on les nomme aussi *versans.* La courbe résultant de l'intersection de ces deux surfaces, celle que suivent les eaux qui tombent dans la vallée, se nomme le *thalweg.* On distingue dans chaque vallée sa longueur et sa largeur. D'après la forme générale des montagnes, on conçoit qu'ordinairement il doit y avoir deux vallées opposées de chaque côté d'une chaîne; c'est effectivement ce qui arrive. Les vallées se réunissent par l'espace plus ou moins étendu, suivant la forme et le rapprochement des montagnes, qui sépare les deux sommets ou les deux crêtes. Cet espace porte le nom de *col.* Ainsi les cols sont des crans dans le faîte d'une chaîne, qui font communiquer entre elles les vallées des deux versans opposés.

Il n'existe point de chaîne aussi simple que celle que nous venons de décrire, c'est là seulement la masse principale. Dans son cours chaque chaîne jette des ramifications à droite et à gauche, plus ou moins rapprochées les unes des autres. On nomme *rameaux* les ramifications qui partent de la masse principale pour s'étendre ensuite dans certaines directions. Chaque rameau peut être considéré comme une chaîne simple; et on y trouvera toutes les parties dont nous avons donné les définitions. Les ramifications qu'ils jettent, se nomment *contre-forts*. Ainsi la chaîne de montagnes la plus simple qui existe, présente une masse principale, des rameaux et des contre-forts.

Les rameaux sont des productions des masses; ils laissent entre eux des vallées qui partent du faîte, et qui sont plus ou moins larges, suivant qu'ils se trouvent plus ou moins rapprochés. Entre les différentes parties d'un rameau il existe des vallées qui viennent aboutir dans les premières; il s'en trouve aussi entre celles des contre-forts qui viennent aboutir dans les secondes; etc.

Nous désignerons ces vallées par les noms de *vallées du* 1.er, 2.e *et* 3.e *ordre*. On voit souvent des vallées dont la direction est parallèle à celle de l'axe de la chaîne. Nous nommerons ce genre de vallées : *vallées longitudinales*, ainsi que celles comprises entre deux chaînes parallèles.

Dans ce qui précède, nous avons réduit les choses à leur plus simple expression, pour mieux faire comprendre les relations qui existent entre les différentes parties d'une masse de montagnes. Mais jamais la nature ne nous les présente aussi simplement. C'est la chaîne des Pyrénées qui s'approche le plus du type que nous avons pris; mais les autres s'en éloignent toutes beaucoup : les axes sont des courbes très-compliquées et souvent interrompues; les rameaux ont toutes sortes de directions, se coupent et laissent souvent entre eux de vastes plaines. Mais en examinant avec attention la carte topographique d'une chaîne quelconque, on y reconnaîtra parfaitement toutes les parties dont nous avons parlé.

Chaque partie d'une chaîne de montagnes présente des faits qu'il est important de connaître, et que nous allons exposer.

Le faîte. La ligne de partage des eaux est quelquefois horizontale, où à très-peu près, dans une grande partie de son cours; mais ordinairement dans une chaîne isolée (les Pyrénées) elle s'élève vers son milieu et elle baisse en allant vers les extrémités, quoique d'une manière irrégulière. Quand la chaîne fait partie d'un grand système, comme le Jura, les Alpes, la plus grande hauteur du faîte est vers le centre du système, et elle diminue ordinairement vers chaque extrémité. Nous avons déjà parlé de toutes les irrégularités et de toutes les interruptions que présente le faîte d'une chaîne: en général, plus une crête est élevée, plus les découpures sont profondes.

Cimes. Les cimes, avons-nous dit plus haut, ne sont pas toujours situées sur le faîte, mais quelquefois sur des parties détachées.

Sur le faîte, elles forment ordinairement des nœuds de rattachement où viennent se joindre deux rameaux opposés. Sur les crêtes des rameaux, il en part des contre-forts; un sur chaque pente opposée: quelquefois il s'en détache trois et même quatre contre-forts.

Les cimes présentent différentes formes : ce sont des aiguilles, des pics, ou grosses masses de rochers escarpés (Pyrénées). Dans les Vosges, où elles sont arrondies, on les nomme *ballons*, et *chapeaux* dans l'Auvergne, où elles ressemblent à des couvercles. Ces différentes formes tiennent à la nature minéralogique des montagnes, ainsi qu'à la position des couches.

Versans. Nous avons déjà dit que les flancs d'une montagne étaient des surfaces très-compliquées : ainsi il n'est pas étonnant qu'il en soit de même pour les versans d'une chaîne, qui résultent de l'ensemble des flancs des montagnes qui la composent. Ce qu'il y a de plus important à considérer dans les versans d'une chaîne, c'est leur inclinaison, qui, en général, est très-irrégulière. Rarement les deux versans d'une chaîne sont inclinés de la même quantité ; l'un est toujours plus court et d'une pente plus rapide que l'autre : les Cévennes, les Vosges et le Jura ont leur pente escarpée vers l'est ; dans la grande Cordillère des Andes, le versant tourné vers la mer Pacifique est beaucoup plus incliné que celui qui regarde l'intérieur des terres. Enfin, nous remarquerons avec Saussure que dans les montagnes formées de couches inclinées la pente la plus douce est toujours dans le sens de l'inclinaison de ces couches.

Vallées. Nous avons déjà fait connaître comment les vallées des divers ordres sont disposées les unes par rapport aux autres ; nous reviendrons néanmoins sur ce sujet avec plus de détails, parce que c'est un point très-important. Les vallées du premier ordre, d'après la manière dont elles sont formées, doivent descendre à peu près perpendiculairement à la direction du faîte: ainsi elles viendront tomber dans les vallées longitudinales sous des angles peu différens de l'angle droit. Les vallées du second ordre sont aussi, à peu près, perpendiculaires aux crêtes des rameaux; mais ceux-ci n'étant pas perpendiculaires à l'axe de la chaîne, il en résulte que les vallées aboutissent dans celles du premier ordre sous des angles plus ou moins aigus. Il en est de même des vallées du troisième ordre par rapport à celles du second, etc.

La forme des vallées n'est pas aussi simple que nous l'avons supposé; vers leur origine, elles se divisent souvent en plusieurs parties, qui divergent entre elles et vont mourir plus ou moins loin du faîte. Ces parties se nomment *vallons*, quand elles sont assez larges et qu'elles n'ont point d'escarpemens; *gorges*, quand elles sont très-étroites et très-escarpées; et *ravins*, quand les gorges sont très-petites. Ce que nous venons de dire peut s'appliquer aux vallées de tous les ordres; de sorte qu'une grande vallée peut être comparée à la tige d'un arbre dont les branches représenteraient les vallées des ordres inférieurs. Pour avoir une idée exacte de cette disposition, il suffit de jeter un coup d'œil sur la carte topographique d'une chaîne.

Le *thalweg* s'élève à mesure que l'on s'approche du faîte: mais cette élévation n'est point uniforme; souvent l'uniformité dans la pente existe jusqu'à l'extrémité supérieure; et là elle augmente considérablement. En général, les vallées se rétrécissent en approchant de leur origine; mais quelquefois elles s'élargissent et forment des espèces de cirques. Saussure cite plusieurs faits semblables dans les Alpes. Au §. 2140 il dit que le cirque qui termine la vallée d'Auzana, au pied du Mont-Rose, est un bassin circulaire de deux lieues de diamètre, et dont les parois s'élèvent verticalement; au-delà de ces grands cirques, en suivant le cours des eaux, les vallées présentent souvent une suite d'élargissemens et d'étranglemens jusqu'aux plaines où elles viennent se terminer. Le même observateur en signale cinq dans la vallée du Rhône, depuis son origine jusqu'à Genève. Malgré ces irrégularités, beaucoup de vallées, dans une grande partie de leur cours, affectent un parallélisme vraiment remarquable dans les flancs qui les bordent, de manière qu'un angle saillant correspond à un angle rentrant dans le flanc opposé. Cette correspondance des angles saillans et rentrans a porté plusieurs géologues à penser que les vallées avaient été creusées par les eaux; mais beaucoup de faits viennent détruire ce système: on voit de grandes vallées dont le cours est entièrement barré par des masses de rochers, et même par des montagnes. Saussure en cite plusieurs, entre autres celle de *Chamouni*, qui est ainsi barrée à ses deux extrémités[1]; étant monté sur le sommet du *Cramont*, il découvrait plusieurs vallées entièrement fermées à leurs extrémités.

---

[1] Voyage dans les Alpes, tom. 3.

De plus, en observant les vallées avec attention, on remarque, comme nous l'avons déjà dit, qu'elles résultent toujours des vides que les montagnes laissent entre elles, et qu'elles ont été formées en même temps que ces montagnes. Les eaux, bien loin de creuser les vallées, ne font que les combler, comme nous le prouverons plus tard.

Dans le milieu des chaînes, les vallées sont à peu près perpendiculaires au faîte, dans les Cévennes, tous les affluens de l'Ardèche et du Tarn sont dirigés de l'est à l'ouest, tandis que le faîte l'est du sud au nord. Les grandes chaînes des Alpes sont sillonnées par des vallées faisant presque toujours un angle droit avec la longueur. Mais aux extrémités des chaînes, où le faîte baisse pour ne plus se relever, on voit souvent les vallées diverger et ne plus lui être perpendiculaires : on a un exemple de ce fait à l'extrémité orientale des Pyrénées, où les vallées de la Teta, du Tech, de la Mouga, etc., forment comme une patte d'oie, dirigée dans son ensemble de l'est à l'ouest, à peu près comme la chaîne.

Des versans des vallées. Les versans des vallées présentent des faits qui méritent de fixer notre attention. Sous ce rapport, les vallées peuvent être divisées en trois espèces : 1.° celles dont les deux flancs sont en pente douce ; 2.° celles dont les flancs présentent, l'un une pente douce et l'autre un escarpement ; 3.° celles dont les flancs sont des escarpemens. Nous allons examiner ces trois cas.

1.° Quand les deux versans sont en pente douce,

les vallées sont en général très-évasées, et assez régulières dans leur cours, les angles saillans et rentrans se correspondent bien, le thalweg se trouve à peu près à égale distance des deux versans, et si dans quelques endroits la pente devient plus rapide, on voit que la courbe s'infléchit vers ce point : en montant vers le col, son inclinaison est assez régulière. Ces vallées-là ne présentent presque jamais les barres dont nous avons parlé plus haut.

2.° Lorsqu'une vallée est comprise entre des montagnes dont les unes présentent des escarpemens aux pentes douces des autres, ce qui arrive pour tous les ordres et particulièrement pour les vallées longitudinales, on remarque beaucoup d'irrégularités dans le cours : les angles saillans et rentrans ne se correspondent qu'accidentellement, le thalweg est toujours beaucoup plus rapproché de l'escarpement que de la pente douce ; son inclinaison n'est plus régulière ; à des élévations subites succèdent des abaissemens subits aussi. Ce genre de vallées présente des barres de rochers, mais les eaux les tournent presque toujours, vont se creuser un lit dans la pente douce, et reviennent ensuite à l'escarpement. Les vallées sont d'autant plus évasées, que l'escarpement est moins rapide et la pente opposée plus douce. Les couches de pierres qui composent l'escarpement sont en général inclinées ; tantôt elles sont coupées longitudinalement, et tantôt transversalement, suivant la position de la montagne qu'elles constituent. Dans le premier cas, on dit que ces couches présentent les *tranches*, et dans le second, les *têtes*.

3.° Les vallées formées par deux versans escarpés, sont en général très-étroites et très-irrégulières : on y remarque beaucoup de ces étranglemens et de ces élargissemens dont nous avons parlé; presque plus de correspondance entre les angles saillans et rentrans; la courbe du thalweg présente dans le sens horizontal et vertical une infinité d'inflexions, mais elle se rapproche toujours du côté le plus escarpé. Quant aux couches des montagnes, des deux côtés elles présentent les têtes ou les tranches, ou bien d'un côté les têtes et de l'autre les tranches. Souvent cela n'est pas régulier tout le long de la vallée; de chaque côté, à des tranches on voit succéder des têtes, et réciproquement. C'est dans ce troisième genre de vallées que les barres sont le plus communes.

Souvent elles empêchent entièrement les eaux de passer; alors celles-ci forment des lacs, qui finissent par déborder au-dessus de la barre, et produisent des cataractes, comme celles des fleuves de l'Amérique septentrionale. En France, les rivières des Cévennes, et surtout le Tarn, en présentent un grand nombre : quelquefois les barres ont une très-petite fente, où l'eau se précipite avec une grande force, comme celle de la vallée de la Durance à Sisteron. On connaît plusieurs barres de vallée percées et présentant une voûte sous laquelle l'eau vient passer. La vallée de l'Ardèche offre un bel exemple de ce fait, dans le pont naturel d'Arc : c'est une arche naturelle, percée dans un rocher qui barre entièrement la vallée, et sous laquelle la rivière passe.

Les géologues qui admettent que l'eau ronge les

pierres, avaient trouvé là un beau fait à l'appui de leur système; mais, comme je l'ai dit dans un mémoire publié en 1825[1], il suffit de voir les choses, pour reconnaître que ce prétendu travail de la rivière n'est qu'une caverne formée en même temps que la barre, et dans laquelle les eaux sont venues passer tout naturellement. Il en est de même de tous les faits semblables que l'on a cités.

Quelquefois les barres ont une grande épaisseur, et par-dessous il existe des cavités dans lesquelles les eaux se précipitent et se perdent, pour aller ressortir ensuite à des distances plus ou moins considérables. C'est ce que l'on voit d'une manière bien frappante dans la vallée du Rhône, au point connu sous le nom de Perte de ce fleuve. Ce cas est tout-à-fait le même que le précédent, seulement la caverne est souterraine, au lieu d'être au-dessus du thalweg, comme dans la vallée de l'Ardèche.

Une grande vallée présente presque toujours la réunion des trois cas dont nous venons de nous occuper; alors dans chacune de ses parties on peut lui appliquer ce que nous avons dit. En examinant avec attention une vallée, on remarque toujours dans les flancs escarpés une pente douce, ou talus, qui va du pied de l'escarpement vers le thalweg. Cette partie, qui est plus ou moins étendue, suivant la largeur de la vallée, ne va jamais jusqu'au thalweg; il existe toujours à droite et à gauche une portion horizontale, quelquefois très-large, et que nous

1 Mémoires de la société d'histoire naturelle, tom. 2.

examinerons en parlant de la structure intérieure de la terre (pl. 1, fig. 6).

Des cols. Les cols, dont nous avons donné précédemment la définition, sont considérés par M. d'Aubuisson comme un abaissement subit du faîte. C'est aux cols que les vallées opposées se réunissent; ils en sont les nœuds, comme les cimes sont ceux des rameaux. Les cols servent de point de passage entre deux contrées séparées par une chaîne: telles sont dans les Alpes ceux du Saint-Bernard et du Mont-Cenis, qui conduisent de France en Italie; dans les Pyrénées, le col de Puymorin, aux sources de l'Arriège, qui est un passage pour aller en Espagne, etc.

Les vallées servent à l'écoulement des eaux, qui s'y rendent en obéissant aux lois de la pesanteur. On conçoit parfaitement, d'après ce que nous avons exposé plus haut, que celles du premier ordre reçoivent les eaux de celles du second; celles-ci des vallées du troisième, etc. De là résultent les ruisseaux et les rivières.

Des rameaux. Chaque rameau, pris isolément, peut être considéré comme une petite chaîne. Ainsi tout ce que nous venons de dire pour les chaînes peut s'appliquer aux rameaux. Toujours la crête baisse en allant du faîte à l'extrémité. Dans cet abaissement on observe des sauts brusques, que les géographes nomment *éperons.* Quelquefois les rameaux se détachent et se portent assez loin dans la plaine; alors on les nomme *bras de montagne.* Quand ils s'avancent dans la mer, ils forment des caps. Les rameaux très-étendus forment de véritables chaînes :

telle est celle des Apennins, qui n'est autre chose qu'un rameau de la grande chaine des Alpes.

Au point de rencontre de plusieurs rameaux, il existe toujours sur le faîte un exhaussement que nous avons nommé cime. Il en est de même pour les chaînes qui se coupent : ce sont les points les plus élevés d'un système de montagnes, et il en part des cours d'eau qui se dirigent dans les directions les plus opposées : tel est le Saint-Gothard, d'où partent les quatre plus grands fleuves de l'Europe : le Rhône, le Rhin, le Danube et le Pô, dont le premier coule à l'ouest, le deuxième au nord, le troisième à l'est, et le quatrième au sud-est.

Rapport des chaînes entre elles.[1]

§. 17. Les chaînes de montagnes sont rarement isolées, elles tiennent toutes plus ou moins directement les unes aux autres; les limites que l'on assigne ne sont le plus souvent que de convention, et il est même bien rare que les géographes s'accordent dans cette détermination. L'Europe et l'Asie sont traversées, dans leur plus grande longueur, par une grande bande élevée. Celle de l'Europe a sa partie centrale au Saint-Gothard; à partir de là, l'inclinaison générale baisse dans tous les sens : au nord, vers la Hollande et la Baltique; à l'est, vers la mer Noire; à l'ouest, vers l'océan Atlantique, et au sud, vers la Méditerranée. Toutes ces pentes sont découpées par

1 Extrait de M. d'Aubuisson, tom. 1.

les lits des fleuves en diverses chaînes qui appartiennent évidemment à un même système, celui des grandes Alpes : par leur faîte, ces chaînes se rattachent directement ou indirectement à la contrée centrale. C'est ainsi que le Jura se rattache aux Alpes suisses, les Vosges au Jura, les Ardennes aux Vosges, etc. La suite des chaînes qui bordent le Danube au nord et qui semblent faire un système particulier, tient à la suite de celles qui sont au sud, et qui forment le système alpin proprement dit, par les montagnes de la Souabe, au milieu desquelles ce fleuve prend sa source. Les points ou plateaux où se réunissent les diverses chaînes d'un même système, sont les nœuds du système, et les grandes vallées qui en partent, sont les vallées principales des régions.

Les chaînes sont séparées les unes des autres de différentes manières : par des mers, l'extrémité des Alpes de l'Europe est séparée de l'extrémité sud du Caucase par la mer Noire; mais il est probable qu'il y a une communication sous-marine : Buache le pensait ainsi; par des plaines placées entre les pieds, les montagnes de la Bourgogne de celles du Jura, les montagnes de Bretagne, des Vosges et des Ardennes, par les plaines de la Beauce; par des vallées partant du centre du système, les Cévennes des Alpes françaises, par la vallée du Rhône; les Vosges de celles de la Forêt-Noire par la vallée du Rhin ; par des collines interposées, telles que les Vosges du Jura, et les Pyrénées des Cévennes; par une grande coupure dans le faîte, comme les Alpes le sont du Jura au fort de l'Écluse, à la chute du

Rhône; par des défilés étroits, comme ceux par lesquels le Danube sort du Bannat pour entrer en Valachie; ces défilés, que l'on nomme portes de fer, terminent la chaîne des montagnes qui sépare ce dernier pays de la Transylvanie.

On voit souvent entre les différentes chaînes des montagnes des bassins très-nombreux : par exemple, la mer d'Asof, la mer Noire, celle de Marmara, l'Archipel et la Méditerranée, ne sont qu'une suite de bassins compris entre les chaînes d'Europe, d'Asie et d'Afrique.

Les chaînes de montagnes prennent toutes sortes de directions : les Alpes sont dirigées, en France, du sud au nord; les Cévennes, de l'est à l'ouest; les Pyrénées, du sud-est au nord-ouest, etc. Cependant on observe qu'en général la direction des chaînes est dans la plus grande dimension des îles, presqu'îles ou continens qui les contiennent.

Des collines. Les collines sont des élévations moins considérables que les montagnes, dont elles sont les dernières productions du côté des plaines.

On peut leur appliquer ce que nous avons dit pour les montagnes; car elles forment aussi des espèces de chaînes. Mais les choses sont beaucoup moins régulières : en général, les masses formées par les collines sont plutôt des *groupes* que de véritables chaînes, qui occupent souvent une assez grande étendue, dont la longueur et la largeur diffèrent peu, ce qui les distingue des chaînes. On ne voit plus rien de constant dans la direction : plus de faîte général; ce n'est à proprement parler qu'une surface mamelonnée, et tout annonce les dernières ondulations d'un pays montueux, par lesquelles il vient se perdre dans les plaines. Les collines, les contre-forts et les rameaux forment les degrés par lesquels on peut s'élever sur le faîte des chaînes de montagnes.

Des plaines. Les plaines sont de grands espaces dans lesquels la surface de la terre n'a éprouvé que peu ou point de bouleversemens: les choses y sont à très-peu près dans la place où elles ont été déposées. Les grands espaces ne sont pas toujours rigoureusement horizontaux, ils présentent souvent des ondulations plus ou moins considérables; mais qui ne laissent point de vallées entre elles: les lits des torrens, des ruisseaux et des rivieres ne peuvent pas être considérés comme tels. Quand les ondulations sont un peu fortes, on les nomme *coteaux*, et *rideaux* dans le cas contraire. Souvent l'ensemble de ces inégalités donne au pays un aspect montueux.

Dans presque toutes les plaines on remarque une arête plus ou moins élevée, qui forme la ligne de *partage des eaux*; et les différens cours qui en partent interrompent la continuité des plaines: c'est ordinairement le long de leurs lits que le pays est le plus fertile, et que s'établissent les villages et les villes.

Les *plateaux*, dont nous avons donné plus haut la définition, ne sont que des plaines situées au-dessus des montagnes. Aussi on y remarque les mêmes accidens que dans celles-ci; en outre, ils penchent toujours vers les flancs et les extrémités des montagnes sur lesquelles ils se trouvent, et souvent leur continuité est interrompue par des vallées qui les sillonnent : tels sont ceux de la Bourgogne, du haut Boulonnais, etc. Ce morcellement des plateaux donne lieu à de véritables montagnes, comme on le voit très-bien dans les contrées que nous venons de citer.

Des cours d'eau.

§. 18. A l'article des vallées, nous avons fait voir comment les eaux conduites par les différens ordres de vallées finissent par former des cours assez considérables, que l'on nomme rivières, et comment les rivières elles-mêmes portent leurs eaux dans des cours plus considérables encore, les fleuves, qui les conduisent à la mer. Les fleuves, et en général tous les grands cours d'eau parcourant un long espace sur la surface du globe, sont obligés, en suivant les lois de la pesanteur, de passer par les vides que les chaînes de montagnes et leurs différentes ramifications laissent entre elles. On conçoit d'après cela que le cours d'un grand fleuve est dirigé à travers des vallées et des plaines, et qu'il est souvent bordé par plusieurs chaînes. Les géographes nomment encore *vallée* cet espace traversé par le fleuve, quoique ce nom ne lui convienne pas du tout. Il vaudrait beaucoup mieux lui donner celui de *cours*, et dire que le cours d'un grand fleuve est dirigé à travers plusieurs chaînes de montagnes. Je cite comme exemple celui de la Seine :

Ce fleuve prend sa source au val Suzon, dans les montagnes de la Côte-d'Or ; il suit une vallée primordiale de cette chaîne jusqu'à son point de jonction avec l'Aube. Depuis ce point jusqu'à Melun, il est bordé, d'un côté, par des rameaux de la chaîne de la Bourgogne, et de l'autre, par des collines qui se rattachent à celles de la Champagne. De Melun jusqu'à Mantes, la vallée de la Seine est bordée par les collines du bassin parisien. Au-delà de Mantes jusqu'à la mer, elle traverse la grande plaine d'Évreux, et sur la rive droite, depuis Rouen jusqu'au bord de la mer, le flanc nord de cette vallée est formé par un rameau qui part de la grande chaîne des Ardennes. Mais les cours d'eau ordinaires suivent souvent une véritable vallée jusqu'à leur embouchure; le Var, par exemple.

On voit, d'après ce que nous venons de dire, que le cours d'un fleuve ou d'une grande rivière reçoit les eaux des vallées longitudinales et du premier ordre des chaînes qui le bordent; celles-ci reçoivent à leur tour celles des vallées du second ordre; celles du second, les eaux des vallées du troisième, etc. L'ensemble de toutes les vallées dont les eaux viennent se rendre dans le cours d'un fleuve, et ce cours lui-même, se nomme *bassin du fleuve* ou de la *rivière*, suivant le cas. Ainsi on voit d'après cela, que le bassin d'un fleuve peut se subdiviser en bassins de rivières, et ceux-ci se diviser aussi.

Buache a dressé une carte de France suivant ce principe : il avait ainsi divisé notre pays en cinq grands bassins; ceux du Rhin, de la Loire, de la Seine, de la Garonne et du Rhône. Et ensuite il publia une carte du bassin de la Seine, divisée en bassins de rivières. Ces cartes, qui peuvent être très-utiles pour la géographie physique et politique, sont d'une moindre importance pour la géognosie.

Dans le cours d'un fleuve ou d'une rivière, on remarque plusieurs parties qu'il est important de considérer et que nous étudierons avec soin dans la suite.

Tous les cours d'eau, soit dans les plaines, soit dans les montagnes, occupent un canal, duquel ils ne sortent que lors de leurs débordemens. Ce canal se nomme *lit*; il est toujours plus ou moins sinueux, suivant les accidens du terrain, sa largeur augmente en allant de la source à l'embouchure. Les lits des rivières sont creusés dans la portion horizontale du fond des vallées. On nomme *berges*, les parties escarpées du lit, et *talus*, les pentes douces. On dit qu'une rivière est encaissée, quand les deux côtés du lit sont des berges. Dans tous les autres cas, quand les rivières ne sont pas encaissées naturellement, on remarque que les talus et les berges sont opposés les uns aux autres. Nous exposerons cela avec détail, en traitant des dépôts formés par les rivières.

La *source* d'une rivière est toujours composée, d'après ce que nous avons dit, de toutes celles des cours d'eau qui s'y jettent; mais on donne plus particulièrement ce nom à celles qui sont le plus éloignées de l'embouchure. L'*embouchure* d'un fleuve est le point où il se jette dans la mer; celle d'une rivière, le point où elle se jette dans un fleuve, etc. Les rivières se jettent dans les fleuves sous toutes les inclinaisons; mais on remarque qu'en général à leur embouchure les fleuves sont à peu près perpendiculaires à la côte de la mer.

On donne le nom de côtes à toutes les terres baignées par la mer, ou en d'autres termes, aux bords de la mer. Dans les côtes on distingue, la *grève*, les *falaises* et les *dunes*. La grève est une partie plus ou moins plate que la mer recouvre dans le flux jusqu'à une certaine distance, et laisse à découvert dans le reflux. Quand les bords de la mer sont escarpés, ils prennent le nom de *falaises*. Il arrive souvent, comme sur les côtes d'Italie, que ces escarpemens appartiennent à de véritables montagnes. Dans certains endroits, les vagues jettent à la côte une grande quantité de sables; ces sables, transportés par les vents, forment dans l'intérieur des terres des collines, quelquefois très-élevées, que l'on nomme *dunes*. Il en existe de distance en distance sur tout le littoral de la France, depuis Bayonne jusqu'à Dunkerque. La formation des dunes et leur composition seront l'objet d'un article lorsque nous traiterons du terrain postdiluvien.

Inégalités du fond de la mer.[1]

§. 19. Le fond de la mer, étant le prolongement de la surface des continens dessous les eaux, doit présenter des inégalités tout-à-fait semblables à celles que nous venons de reconnaître à la surface de la terre. En effet, l'emploi de la sonde a fait reconnaître que la profondeur de la mer est fort inégale. Mais on ne peut sonder qu'à de petites profondeurs; ainsi ce

1 Extrait de M. d'Aubuisson, tom. 1.

moyen ne peut donner qu'une idée insuffisante du fond de la mer en général. Comme sur la surface de la terre, les inégalités sont d'autant moins nombreuses et moins considérables que la région qui les présente est moins élevée; on peut penser que le fond de la mer est en général bien moins accidenté que la surface des continens. Un grand nombre d'observations a fait reconnaître que la profondeur augmente à mesure que l'on s'éloigne des côtes, et qu'elle est assez en rapport avec l'élévation du rivage voisin: si le rivage est une plage, le fond est plat, comme il arrive depuis Boulogne jusqu'en Hollande; il est au contraire très-profond, si les bords sont très-escarpés; c'est ce que l'on remarque sur les côtes du Finistère, sur celles du golfe de Gènes, de la Grèce, etc. Les îles et les écueils sont les parties élevées des montagnes sous-marines. Les archipels, et surtout ceux de la mer du Sud, prouvent qu'au fond de la mer il existe des chaînes et groupes de montagnes absolument semblables à ceux que l'on voit sur la terre: nous avons vu, §. 9, que les travaux des zoophytes avaient pour bases les crêtes et les sommets des montagnes sous-marines.

Le célèbre Buache s'est beaucoup occupé de ce genre de montagnes, et il a donné une mappemonde dans laquelle ces chaînes étaient tracées. Il pensait qu'elles se trouvaient sur la direction de celles des continens, qu'il regardait comme se prolongeant sous le niveau des eaux, à des distances souvent très-considérables.

Les vallées des chaînes sous-marines donnent naturellement l'explication des courans locaux que l'on observe dans certaines parties de l'Océan : ce sont des rivières qui coulent dans ces vallées.

J'ai cru devoir traiter avec détails des divers accidens que présente la surface de la terre, parce que ce cours est fait pour des topographes, que la considération de ces accidens est d'une grande importance en géognosie; et enfin, parce que jusqu'à présent cette partie de la science a été fort négligée par les hommes capables, et traitée d'une manière tout-à-fait ridicule par quelques géographes, qui, n'ayant aucune idée de la structure intérieure du globe, ont admis de vieux systèmes, établis sur un très-petit nombre de faits, la plupart du temps très-mal observés.

Il existe sur la surface de la terre une grande quantité d'animaux et de végétaux, dont les principales espèces sont connues de tout le monde. Parmi les premiers, nous citerons particulièrement la grande famille des *mollusques gastéropodes*, c'est-à-dire, se traînant sur le ventre, qui renferme tous les genres de coquilles terrestres, et dont les principaux sont les suivans : *hélix*, *cyclostome*, *maillot*, *bulime*, etc.

Ces coquilles sont toutes univalves, elles se trouvent partout; mais il y a des espèces particulières à certaines contrées. Nous verrons plus tard qu'elles existent à l'état fossile dans les couches solides les plus modernes.

STRUCTURE INTÉRIEURE DE LA TERRE.

§. 20. Nous allons maintenant nous occuper de la structure intérieure de la terre; c'est là le véritable objet de la géognosie, et une étude qui peut conduire aux plus grandes découvertes: nous examinerons les matériaux qui composent la terre, et les relations qui existent entre eux.

L'épaisseur de la portion de la croûte du globe accessible à nos observations, n'est pas très-considérable. Jusqu'à présent les cavités naturelles connues sont peu profondes; les eaux et d'autres circonstances ont empêché les hommes de creuser à une certaine profondeur. Les montagnes dans les escarpemens desquelles on voit très-bien les parties qui les composent, n'ont jamais plus en hauteur de la quinze-centième partie du rayon terrestre.

Dans les mines d'Anzin, M. d'Aubuisson est descendu à 350^{m} de profondeur, 300^{m} au-dessous du niveau de l'Océan. Et jusqu'à présent c'est la plus grande profondeur absolue à laquelle l'homme soit parvenu. A Freyberg, le puits le plus profond est à 414^{m} au-dessous du sol, 50^{m} seulement au-dessous de la mer. Saussure, sur le sommet du Mont-blanc, était à 4775 mètres d'élévation. M. de Humboldt, sur celui du Chimboraço (au Pérou), à 5900^{m}, qui est le point le plus haut atteint par les observateurs. Au centre de l'Asie, sur le faîte de la chaîne qui sépare l'Inde de la Tartarie, on cite des points qui sont élevés de plus de 8000^{m} au-dessus de la mer; mais personne n'y est encore monté. Ainsi 5900 + 400 = 6300^{m}, est la plus grande différence de niveau parcourue par l'homme. C'est à peu près la millième partie du rayon terrestre, dont la longueur est de 6366700^{m}. Nous ne connaissons pas une épaisseur aussi grande de l'intérieur de notre planète; car les couches de ces hautes montagnes sont inclinées, et quelquefois d'une quantité très-considérable. Ainsi l'épaisseur de la croûte solide du globe accessible à nos observations n'est pas la millième partie du rayon de la terre.

Cette portion, toute petite qu'elle est, n'a pas encore été parfaitement étudiée; et les observations exactes, les seules qui puissent servir à établir des lois, n'ont encore été faites qu'en Europe et dans une petite partie de l'Amérique; nous ne savons presque rien sur l'Asie et l'Afrique. Mais à mesure que l'on découvre, on a la satisfaction de voir que les lois de la géognosie, bien comprises et surtout bien appliquées, paraissent être générales.

§. 21. Les matériaux dont la réunion forme la partie solide du globe, sont composés des corps élémentaires connus en chimie. Ces corps, par leur combinaison, ont donné naissance aux *espèces minérales* proprement dites, dont l'étude est l'objet spécial de l'oryctognosie. Ces espèces minérales, quelquefois simples, mais souvent aussi en se réunissant entre elles, ont produit les grandes masses qui composent le globe, et auxquelles on a donné le nom de *roches*.

Ainsi une roche, ou l'*élément de premier ordre*

qui entre dans la composition de la terre, est une masse minérale assez étendue pour qu'on puisse la considérer comme partie essentielle dans la portion solide de cette planète; tous les autres minéraux qui y sont engagés de diverses manières, et dont la soustraction ne peut produire aucun dérangement dans l'ordre des choses, sont simplement des espèces oryctognostiques.

L'*oryctognosie*, ou *minéralogie* proprement dite, est une science particulière, et dont la connaissance est nécessaire pour l'étude de la géognosie. Les bornes de nos leçons ne nous permettent pas de traiter cette science avec détail, mais nous pouvons du moins en exposer les principes généraux, et décrire succinctement les espèces qu'il est tout-à-fait indispensable que le géognoste connaisse.

Dans ce que je vais dire, je suivrai textuellement l'introduction à la minéralogie de M. A. Brongniart, en me renfermant dans les limites prescrites par la nature de mon travail.

Principes d'oryctognosie.

§. 22. Toutes les productions de la nature sont divisées en corps *organisés* ou *vivans*, et en corps *bruts* ou *inorganisés*.

Les corps organisés sont composés de *parties dissimilaires*, et *croissent par intus-susception*.

Les corps bruts, dont les minéraux font la plus grande partie, sont composés de *parties similaires*, et *croissent par juxta-position*.

De plus, dans les premiers, les formes sont toujours plus ou moins arrondies. On n'y voit jamais ni arêtes vives, ni angles solides déterminables et constans, rarement y trouve-t-on quelques faces imparfaitement planes.

Dans les corps inorganiques, dans ceux qui seuls doivent être considérés comme un tout, une unité complète et déterminée, et non comme une association grossière de plusieurs unités, les formes sont angulaires, les faces sont souvent parfaitement planes, les arêtes rectilignes et les angles solides bien déterminés et d'une valeur constante. Quand on voit des formes arrondies, ce qui est très-rare, elles tiennent à des circonstances particulières, et encore la plupart sont composées de petites faces planes, comme le diamant.

Dans le règne organique, on entend par *individus*, des êtres isolés qui ne peuvent être divisés sans être détruits, ou en totalité, ou dans l'une de leurs parties. Dans les minéraux, on ne voit plus d'*individus*, ces corps peuvent être divisés sans être détruits; les parties séparées sont semblables par toutes leurs propriétés essentielles, et entre elles, et à la masse qu'elles forment. Cette masse peut être divisée, presque à l'infini, en petites parties qui ne diffèrent point les unes des autres.

Cependant, si dans les minéraux il n'existe point d'individus isolés et visibles comme dans les animaux et les végétaux, il y a une abstraction à laquelle on donne ce nom : c'est la *molécule intégrante*, telle que les physiciens et les chimistes la conçoivent, et qui ne peut être divisée sans être détruite. Elle paraît remplir toutes les conditions attachées à ce mot: en effet, il y a peu de doute que si nous avions les organes assez délicats pour apercevoir les molécules intégrantes d'un corps, nous les verrions dans la même substance, toutes non-seulement semblables, mais égales entre elles; et par cela même d'une ressemblance beaucoup plus parfaite que celle qui existe entre les individus d'une même espèce parmi les animaux et parmi les végétaux.

Les échantillons des minéraux sont donc des agrégations formées de molécules intégrantes ou d'individus.

Nous sommes descendus par les considérations précédentes à l'abstraction la plus simple, et nous avons acquis par là les moyens de remonter régulièrement, et presque sans arbitraire, à des abstractions d'un ordre supérieur, c'est-à-dire à celles qu'on nomme *espèce*, *genre*, *ordre*, *classe*, etc. Mais pour établir ces groupes avec précision, il faut étudier les propriétés particulières des minéraux, ce que l'on appelle leurs caractères, et en évaluer l'importance.

Ces propriétés peuvent se distinguer en trois classes.

1.° Celles qui tiennent à l'essence de l'individu minéralogique, qui le constituent ce qu'il est. Ce sont les caractères *chimiques*.

2.° Les propriétés qui résultent essentiellement de la nature du minéral, c'est-à-dire de sa composition chimique, mais qui se manifestent uniquement par son action sur certains corps, sans altération de l'individu minéralogique ni de ses agrégations; ce sont les propriétés que l'on appelle *physiques*. Ces propriétés peuvent appartenir à l'individu minéralogique supposé isolé, comme à ses masses, sans qu'on puisse encore le déterminer avec certitude: telles sont la *forme*, la *dureté*, la *densité*, l'*action sur la lumière*, l'*électricité*, etc.

3.° Les propriétés du même ordre, ou propriétés physiques, qui appartiennent évidemment aux masses, telles que la ténacité, la structure, etc.

Nous allons examiner ces propriétés, leurs valeurs et celles de leurs modifications.

Caractères chimiques.

Ces caractères sont de première importance; la composition prise seule suffit pour établir l'essence d'un minéral, et cela se conçoit très-bien. Ainsi c'est par l'analyse chimique, faite avec toute la rigueur nécessaire, que l'on arrive à la connaissance la plus profonde de la composition des minéraux. Mais il ne faut pas confondre l'analyse des minéraux avec la recherche de leurs caractères chimiques: celle-ci consiste à connaître la nature d'un minéral au moyen d'opérations simples, qui puissent cependant donner des notions précises et certaines de cette nature. D'après cela, on conçoit que ces caractères ont une haute importance et une grande valeur. Par leur moyen on peut souvent déterminer non-seulement la nature de l'échantillon que l'on examine, mais le placer dans le genre et dans l'espèce auxquels il appartient. Il y a trois sortes de caractères chimiques :

1.° L'action sur les sens.

2.° L'altération par le calorique.

3.° L'altération par les réactifs.

1.° *Action sur les sens.* Par action sur les sens, on entend la saveur et l'odeur.

2.° *Action du calorique.* Le calorique agit sur les minéraux de trois manières différentes, et donne des caractères d'une valeur aussi très-différente, suivant que ce corps agit sur les masses ou sur les individus eux-mêmes.

Dans le premier cas, le calorique se borne à désunir les individus minéralogiques, à les écarter plus ou moins, sans les altérer; c'est ce qu'on appelle la fusion et volatilisation simples. Mais comme cette désunion s'opère à des degrés de température différens, suivant la nature des individus minéralogiques, elle peut servir à distinguer les espèces sans néanmoins les faire connaître, parce que l'on n'a pas de moyens précis pour l'évaluer.

Le second cas est celui où le calorique agit sur la molécule intégrante, l'altère, la détruit, et séparant, en partie au moins, ses principes constituans, donne les moyens de les reconnaître à l'aide des caractères qui leur sont propres et qu'il leur fait manifester.

Dans le troisième cas, le calorique détruit les individus minéralogiques; mais comme tous leurs principes sont fixes, ils restent en présence, et souvent ils se combinent d'une autre manière pour former une autre espèce. Cette action du calorique est plus embarrassante qu'utile pour la détermination des espèces, et nous n'en parlerons que pour engager à l'éviter.

L'instrument dont les minéralogistes se servent pour observer l'action du calorique, porte le nom de *chalumeau*. Il y en a de plusieurs espèces, dont on donne la description dans tous les ouvrages de minéralogie. Le plus simple est tout-à-fait le même que celui dont se servent les bijoutiers. C'est un tuyau percé d'une ouverture très-déliée à une de ses extrémités qui est recourbée, par laquelle de l'air fortement chassé traverse la flamme d'une lumière quelconque, en dirige un jet délié, mais vif, sur le minéral qui est présenté à cette action. On distingue dans l'appareil du chalumeau simple trois parties principales (pl. 1, fig. 7).

A, le tube ou chalumeau proprement dit; *B*, le corps en *combustion* qui doit donner la chaleur; *C*, le support qui doit porter le fragment à examiner, et que l'on fait le plus commode possible.

Cet instrument, bien fait, bien dirigé, peut servir à fondre la plus grande partie des minéraux, et à opérer sur les autres des altérations qui servent à les faire reconnaître. Nous ne pouvons pas entrer ici dans tous les détails que comporte l'emploi du chalumeau; il faut absolument les lire dans l'ouvrage qui nous sert de guide, ou dans celui de M. Berzelius.

3.° *Action des réactifs*. On entend par réactifs, en chimie, des corps qui servent à faire manifester à ceux que l'on veut connaître, les propriétés caractéristiques qui leur sont propres. On en distingue de deux espèces: ceux que l'on fait agir à l'aide de la chaleur, et ceux qui agissent à l'état naturel.

Lorsque les réactifs doivent agir sur le corps à l'aide de la chaleur, il faut, pour les mettre en usage, employer le chalumeau avec un support convenable, tel qu'une petite capsule.

Quand ils doivent opérer sur les corps à l'état naturel, sans le secours du feu, il faut qu'ils soient à l'état liquide. On met le fragment à examiner sur une plaque de verre, ou dans une petite capsule, et on y ajoute une goutte de réactif liquide, qui doit, en l'attaquant, en faire ressortir les propriétés.

A. Les réactifs solides agissant sur les minéraux à l'aide de la fusion sont : la soude, le borax et le sel de phosphore. Le carbonate de soude, dissolvant la silice, sert à manifester sa présence; il sert aussi à opérer la réduction de plusieurs métaux.

Le borax est le fondant le plus employé, et il en résulte des verres particuliers à chaque espèce.

Le phosphate double de soude et d'ammoniaque possède encore plus efficacement que le borax la propriété de former des verres; il s'empare aussi de la silice, avec laquelle il forme une masse gélatineuse.

B. Les principaux réactifs liquides sont : l'eau, l'acide nitrique, l'acide muriatique, l'acide sulfurique et l'acide acétique. Les acides nitrique et muriatique servent principalement à reconnaître les carbonates; l'acide sulfurique, les fluates et les combinaisons de baryte et de strontiane : si on verse de l'acide sulfurique sur un sel de baryte réduit en poudre, il y a dégagement de chaleur et de lumière; quand on opère sur un sel de strontiane, la chaleur est très-forte, mais on n'aperçoit point de lumière.

Propriétés physiques.

I. *Celles qui peuvent appartenir à l'individu minéralogique.*

Ces propriétés sont: la *forme*, la *dureté*, la *densité*, l'*action des minéraux sur la lumière*, l'*électricité*, le *magnétisme*, et la *phosphorescence*.

1.° La *forme* est un caractère de haute importance: la forme polyédrique, régulière, symétrique, à angles constans, lorsque d'ailleurs toutes les autres circonstances sont égales, étant en rapport avec la composition des minéraux, offre un caractère de la plus grande valeur pour distinguer les espèces. Ce caractère vient immédiatement après celui tiré de la composition: Haüy le plaçait avant, et avait basé sur lui toute sa classification; mais depuis les belles découvertes faites en chimie il a été placé après par tous les savans. Quand un minéral n'a aucune forme déterminée, on dit qu'il est *amorphe*. [1]

2.° La *dureté* est la résistance plus ou moins grande

---

1 Nous ne pouvons pas entrer ici dans toutes les considérations relatives à la forme des minéraux, c'est-à-dire exposer les principes de la cristallographie. Si le lecteur veut les étudier, il peut avoir recours aux ouvrages de MM. Beudant, Haüy, Brochant, etc.

qu'un corps oppose à la séparation de ses parties. Elle paraît tenir à l'individu minéralogique, et non pas à ses masses : elle résulte bien de la force d'adhérence des individus entre eux ; mais cette force semble être une conséquence de leur nature et de leur forme, et non du mode de leur agrégation. Ce caractère est d'une petite importance, parce qu'on ne peut pas le mesurer exactement. Cependant il sert souvent à faire de grandes divisions dans les espèces, en sachant quels sont les minéraux qui sont rayés par tel ou tel autre ; et c'est en essayant de rayer un minéral par un autre qu'on peut évaluer sa dureté.

3.° La *densité* est une propriété essentielle à l'espèce minéralogique, et qui est toujours la même dans les mêmes espèces. C'est donc un caractère de première valeur. Les moyens pour la déterminer, et les précautions à prendre, sont exposés avec détail dans les traités de physique.

4.° *Action des minéraux sur la lumière.* Les diverses manières dont la lumière est modifiée par les minéraux offrent un grand nombre de phénomènes curieux, et plusieurs caractères importans, dont nous ne citerons que les principaux.

Un minéral est *transparent*, quand il laisse passer assez complétement la lumière qui tombe sur sa surface, pour qu'on puisse distinguer nettement un corps placé derrière lui. La transparence est un caractère non équivoque de pureté. Quand le corps ne laisse pas passer assez de lumière pour qu'on puisse distinguer nettement celui placé derrière, on dit qu'il est *translucide ;* enfin, un corps *opaque* est celui qui, étant réduit à l'épaisseur d'un dixième de millimètre, ne laisse pas passer sensiblement de lumière.

Nous savons que quand la lumière pénètre obliquement dans un minéral, elle est réfractée, et qu'il y a deux sortes de réfraction: la *réfraction simple* et la *réfraction double*. Le dernier caractère est propre à certaines espèces seulement. Quand la lumière est réfléchie par la surface des minéraux, il en résulte des couleurs, que l'on distingue en *couleurs propres* et *couleurs accidentelles*: les couleurs propres, tenant à ce qu'il paraît à la nature des molécules, peuvent être regardées comme des caractères de première valeur; mais les couleurs accidentelles, étant dues à la présence de corps étrangers à la composition de l'espèce, ou à une certaine altération dans le mode d'arrangement des molécules, ne peuvent être d'aucune importance, excepté dans quelques cas particuliers.

Les minéraux très-denses et opaques renvoient de leur surface, lorsqu'elle est polie, une si grande quantité de lumière dans une même direction, qu'elle vient frapper l'œil avec une intensité qu'on désigne sous le nom d'*éclat* ou de *lustre*.

On distingue plusieurs variétés d'éclat: l'*éclat vitreux* est analogue à celui du verre; l'*éclat gras* a l'aspect particulier et onctueux de l'huile; l'*éclat adamantin* se rapproche plus ou moins de celui du diamant, etc.

L'éclat, combiné avec la structure et la texture, donne aux minéraux un aspect qui ne tient uniquement ni à la lumière, ni à la nature du minéral; tels sont: l'*aspect soyeux*, qui résulte de la combinaison de l'état vitreux avec la structure à fibres très-déliées; l'*aspect résineux*, qui vient du mode de cassure joint à l'éclat vitreux.

Électricité. L'électricité des minéraux ne diffère en rien de celle que présentent les autres corps inorganiques; elle est devenue pour les minéralogistes, mais dans quelques espèces seulement, un moyen de plus pour reconnaître les espèces, par conséquent un caractère minéralogique.

Le *magnétisme.* Quoique ce caractère soit tiré d'une propriété physique qui ne diffère pas essentiellement de l'électricité, il est bien plus spécial; cette propriété étant restreinte à un petit nombre d'espèces, elle paraît pouvoir caractériser essentiellement ces espèces. Ainsi, c'est un caractère essentiel.

La *phosphorescence.* Un grand nombre de corps inorganiques ont la propriété d'être lumineux par eux-mêmes, sans que l'on puisse attribuer cette lumière à la combustion.

On fait naître la phosphorescence dans les minéraux susceptibles de cette propriété par quatre moyens: la *collision*, la *chaleur*, l'*isolation* et l'*électricité*.

1.° En frappant l'un contre l'autre les morceaux de certains minéraux qui ne sont point combustibles, on produit une lumière plus ou moins vive, que l'on ne voit que dans l'obscurité.

2.° En jetant la poussière de certains minéraux sur un corps incandescent, il y a dégagement de lumière.

3.° Il existe plusieurs minéraux qui, exposés à l'action directe des rayons solaires pendant un certain temps, et portés ensuite dans l'obscurité, font voir une lumière plus ou moins vive, et qui se manifeste pendant un temps souvent assez long.

4.° En exposant certains corps naturels à l'action des étincelles électriques, on leur communique la propriété de luire dans l'obscurité.

II. *Propriétés physiques qui ne peuvent appartenir qu'aux masses.*

Ce sont: la *structure*, la *texture*, la *cassure*, la *solidité* et la *ténacité*.

La *structure*. Nous entendons par structure la disposition des joints de séparation des parties d'un minéral, d'où résulte nécessairement la forme de ces parties.

La structure est régulière ou irrégulière.

Dans la *structure régulière*, l'incidence des joints les uns sur les autres, peut être déterminée: elle est constante dans les mêmes espèces; c'est elle qui donne le clivage des cristaux, qui consiste à détacher avec un instrument convenable les parties séparées par les joints.

Quand on ne détermine pas l'incidence des joints, qu'on se contente de remarquer qu'ils sont continus et à incidence déterminable, on dit que la structure est *laminaire*.

Dans la *structure irrégulière*, les joints naturels sont peu étendus; ils tombent les uns sur les autres sous des incidences si nombreuses, si peu nettes, qu'on ne peut plus les déterminer; ce ne sont plus alors que des caractères de variétés. Cette structure présente les modifications suivantes :

Lamellaire. Petites lames à peu près planes, tombant les unes sur les autres sous toutes sortes d'angles.

Fissile. Des joints parallèles dans un sens.

Feuilletée. La structure précédente, dans laquelle les joints sont nombreux et très-rapprochés.

Stratiforme. Des joints parallèles dans un sens, mais ondulés.

Fibreuse. Des joints dans un seul sens, divisant la masse en une multitude de lames ou de petits cylindres très-déliés.

Radiée. Lorsque les fibres partent d'un même point, et s'écartent en divergeant.

Fragmentaire. Lorsque la masse est divisée par une multitude de joints qui suivent toutes sortes de directions, et qui lui permettent de se diviser en fragmens anguleux.

Quand un minéral ne présente aucune sorte de joints ou de structure, on dit qu'il est massif.

De la texture.

La texture est pour nous la considération et la forme non géométrique de la grosseur et de l'aspect des parties qui composent une masse minérale. Elle diffère essentiellement de la structure, en ce qu'elle se manifeste toujours dans les parties qui résultent de la division opérée par celle-ci, et qui peuvent avoir la même texture que la masse, ou bien une texture particulière.

La texture est *homogène*, lorsque toutes les parties d'un minéral sont de même nature et de même aspect; elle est *hétérogène*, lorsque ces parties sont de nature et d'aspect différens.

On peut distinguer un grand nombre de textures dans les minéraux; nous nous bornerons aux principales, auxquelles nous donnerons les noms de texture :

Grenue. Grains distincts, arrondis ou à angles émoussés (le grès).

Saccaroïde. Grains distincts, anguleux, cristallins (la dolomie).

Terreuse. Aspect terne, grains non discernables, faciles à séparer, grossiers ou fins (l'argile).

Compacte. Grains indiscernables, fortement agrégés; aspect terne, opaque (certains calcaires).

Vitreuse. Parties indiscernables, brillantes, fortement agrégées, sans structure, à surfaces luisantes (le verre).

De la solidité.

La considération relative à la solidité présente quatre modifications principales : 1.° la *ténacité*, 2.° la *fragilité*, 3.° la *friabilité*, et 4.° la *flexibilité*.

1.° La *ténacité* est la résistance qu'un corps oppose à la force mécanique qui tend à le rompre : elle a une multitude de degrés, depuis la faible résistance qu'opposent certaines pierres à la cassure, jusqu'à la résistance très-puissante que présentent certains métaux à la rupture par traction.

La *ténacité métallique* est caractérisée par la ductilité ou propriété que présentent plusieurs corps, et particulièrement les métaux, de s'étendre sous la pression sans se briser ni se déchirer. Quelques minéraux pierreux la présentent également, mais il faut qu'ils soient pénétrés d'eau : telles sont les argiles.

La *ténacité pierreuse* est la résistance qu'oppose à la cassure un corps solide non ductile. On n'a aucun moyen de la déterminer ; c'est un caractère vague.

2.° La *fragilité* est opposée à la ténacité pierreuse ; c'est la facilité avec laquelle on peut casser certaines pierres.

3.° La *friabilité* est un état d'agrégation tellement imparfait dans certaines masses, qu'on peut les diviser en une multitude de grains, les réduire presque en poudre sous la simple pression du doigt.

4.° Les minéraux qui se divisent en plaques minces sont tous plus ou moins *flexibles ;* il y en a même quelques-uns qui sont *élastiques.*

La *cassure* dérive de la structure, de la texture et de la ténacité.

La cassure n'existe pas dans le minéral ; on la fait naître par le choc. Il n'y a pour nous de cassure ni laminaire, ni lamellaire, ni feuilletée ; car ces expressions indiquent une structure et des joints préexistans, que la division de la masse n'a fait que mettre à nu. On a donné les dénominations suivantes aux cassures les plus remarquables :

Conique. Le fragment obtenu est un cône un peu surbaissé, souvent assez irrégulier (le grès luisant).

Conchoïde. Des zones ondoyantes partent d'un point et imitent assez bien l'empreinte de l'extérieur d'une coquille bivalve (le silex pyromaque).

Raboteuse. La surface offre des ondes et des inégalités irrégulières (l'argile).

Écailleuse. Lorsqu'il s'élève de la surface de la cassure de petits éclats en forme d'écailles (le silex corné).

Esquilleuse. Lorsque les parties qui sont soulevées, sans être détachées, sont longues et pointues comme des esquilles de bois (le talc).

Résineuse. Lorsque la cassure présente les convexités et concavités lisses, brillantes, que montrent les corps résineux (le silex résinite).

Vitreuse. Les convexités et concavités de la cassure conchoïde avec le luisant et les stries qu'offrent les masses vitreuses (le quarz hyalin).

La cassure est quelquefois différente, suivant qu'on l'exerce dans une direction ou dans une autre; mais c'est toujours un caractère important.

Classification des minéraux.

§ 23. Maintenant que nous avons passé en revue les propriétés générales des minéraux, nous allons étudier en particulier les principales espèces minérales dont la connaissance est tout-à-fait indispensable au géognoste. En décrivant ces espèces, nous ferons remarquer celles qui se trouvent en grandes masses dans la nature, et que pour cette raison M. Brongniart a classées dans les *roches homogènes* ou *simples*, en sorte qu'à l'article de la classification des roches il ne nous restera plus qu'à nous occuper des *roches hétérogènes* ou *composées*.

Il n'entre point dans notre sujet de discuter ni de faire connaître les différens systèmes de classification qui ont été proposés ou adoptés pour les minéraux. Aujourd'hui tout le monde pense que cette classification doit être fondée sur la composition chimique, et que les autres caractères ne peuvent venir qu'en seconde ligne. Ce sont les savantes recherches de M. Berzelius qui ont amené cette révolution dans la minéralogie; c'est lui qui est le fondateur de la véritable école chimique, celle dont nous adoptons les principes.

Cette école admet que tout minéral composé de principes, soit différens, soit unis dans des proportions différentes et définies, est une espèce distincte, quelle que soit d'ailleurs sa forme.

L'espèce, ce point de départ de toute classification, étant définie avec une précision assez remarquable, et que l'on peut regarder comme une prérogative du règne inorganique, on réunit les espèces en groupes, auxquels on donne les noms de *genres*, d'*ordres* et de *classes*, et quoique ces abstractions d'un ordre plus élevé soient cependant moins importantes que celle qui établit l'espèce, il faut les fonder sur des propriétés à peu près du même ordre que celles que l'on a prises pour établir celle-ci, c'est-à-dire sur des analogies chimiques.

Le premier degré d'association ou de groupement des espèces, et le plus important, est le *genre*.

On a réuni sous le nom de *genre* les espèces dans lesquelles un des principes essentiels est le même. Ce point d'analogie étant admis, il s'agit de savoir lequel des principes composans on choisira de préférence pour principe commun.

Depuis les belles applications que l'on a faites de la pile voltaïque, on a reconnu que tous les corps de la nature pouvaient être partagés en deux classes dans leur rapport avec le fluide électrique, et que tous les composés étaient susceptibles de se diviser en deux parties, dont l'une se rangeait dans la classe des élémens négatifs, et jouait dans ces composés le rôle d'*acide;* et l'autre dans celle des élémens positifs, et était reconnue et désignée sous le nom de *base*.

Cette définition, donnée par M. Berzelius, est quelquefois artificielle, c'est-à-dire plutôt fondée sur une sorte de convention, que sur la véritable identité de nature des corps qui portent ce nom : il est des élémens qui jouent tantôt le rôle de base, tantôt celui d'acide, suivant qu'ils sont combinés avec des élémens plus ou moins électro-positifs qu'eux : ainsi l'alumine, combinée avec la silice, est base ; combinée avec la magnésie ou avec la chaux, elle joue le rôle d'acide.

Nous n'exposerons pas toutes les raisons que l'on a données pour adopter l'un des principes plutôt que l'autre : la méthode que nous allons suivre est fondée sur la base ; c'est le principe le plus généralement admis, celui d'après lequel la nomenclature minéralogique est en partie établie ; le principe, enfin, qui permet de laisser dans le même genre les minérais du même métal; par conséquent de ne pas rompre un des rapports les plus apparens, souvent des mieux fondés et des plus naturels, du règne minéral.

Les genres étant établis sur les bases, il faut, pour les grouper en ordres et en classes, classer ces bases, afin de rapprocher les genres dont les bases ont des propriétés communes. M. Berzelius a suivi, dans la classification des bases, le même principe que dans celle des espèces : il les a rangées d'après leurs propriétés électro-chimiques. Il n'y a pas d'arbitraire dans cette classification; mais elle est fondée sur un principe unique, et par cela même elle peut forcer à rompre des rapports naturels. Cependant ce cas s'est présenté plus rarement qu'on n'aurait pu s'y attendre; ce qui prouve que ce principe unique est d'une grande importance. M. Brongniart, pour en rendre l'application encore plus naturelle, y a fait quelques modifications : ainsi il n'a pas voulu couper en deux la série des anciennes substances terreuses par l'introduction de la classe des métaux au milieu d'elles. Il prend pour caractère des classes les analogies chimiques à la manière de M. Ampère; et pour caractère des ordres, dans la troisième classe, les propriétés électro-chimiques, comme l'a fait M. Berzelius. Quant aux ordres des deux premières classes, il paraît n'y attacher aucune importance.

Le tableau suivant présente l'application des principes que nous venons d'exposer.

TABLEAU *méthodique et caractéristique des principales espèces minérales et des roches qu'elles constituent.*

§. 24. M. Brongniart divise en deux séries les corps inorganiques qui entrent dans la composition de la croûte extérieure de la terre.

La *première série* renferme tous les corps inorganiques naturels, homogènes ou d'apparence homogène : ce sont les *minéraux simples* et les *roches homogènes.*

La *deuxième série* renferme les masses minérales résultant de l'association en proportions à peu près déterminables des minéraux simples : ce sont les *roches composées* ou *hétérogènes.*

PREMIÈRE SÉRIE.

On peut y établir trois divisions :

1.re *Division.* Minéraux dont les molécules de premier ordre ne sont composées que de deux élémens.

2.e *Division.* Minéraux dont les molécules de premier ordre sont composées de plus de deux élémens.

3.e *Division.* Minéraux en masses ou roches homogènes qui ne peuvent se rapporter exactement à aucune espèce minérale.

PREMIÈRE DIVISION.

Elle est partagée en trois classes:

Classe 1.re *Les métalloïdes.*

Corps électro-négatifs, ne jouant jamais le rôle de base avec les corps des autres classes.

Formant des gaz permanens avec quelques-uns d'entre eux. N'ayant que de faibles rapports avec les métaux.

Classe 2.e *Les métaux hétéropsides* (où dont les oxides forment les terres et les alcalis).

Corps électro-positifs, ne formant de gaz permanens avec aucun corps, oxides non réductibles par le charbon, décomposant l'eau à la température ordinaire.

Classe 3.e *Les métaux autopsides* (ou métaux proprement dits).

Corps électro-positifs et électro-négatifs, ne formant de gaz permanens avec aucun corps.

Oxides réductibles par le charbon, parfaitement opaques à l'épaisseur de 0,1 de millimètre.

Dans ce qui va suivre, nous ne parlerons que des genres et des espèces qui peuvent nous intéresser, et nous distinguerons par un astérisque (*) celles qui forment des roches.[1]

---

1 Pour indiquer la composition chimique des minéraux, nous nous sommes servi des formules de M. Berzelius. Dans ces formules, les substances sont presque toujours désignées par leurs lettres initiales; rarement on met les deux premières du nom. La potasse est représentée par un *K*; la soude par *Na*, et l'eau

CLASSE Ire LES MÉTALLOÏDES.

Ordre 1.er Métaux gazeux.

Ordre 2.e Métaux solides, fusibles, volatils.

Genre SOUFRE.

Natif. Jaune; odeur particulière par combustion. Cristaux dérivant d'un octaèdre rhomboïdal à triangles scalènes. Pesanteur spécifique 1,8 à 2.

ARSENIC.

Blanc. AS oxidé, ou acide arsénieux $= AS^3$. Cristaux dérivant de l'octaèdre régulier. Blanc volatil avec odeur d'ail. Pes. sp. 4.

Ordre 3.e Métaux solides, infusibles, fixes.

SILICIUM.

Quarz. Silice $= Si^3$. Cristaux prismatiques et pyramidaux dérivant d'un rhomboïde obtus de 94°,5. Clivage égal, imparfait; réfraction *D*.

---

par *aq*. Comme on a mis presque partout les noms des corps composans avant la formule, il ne peut point y avoir d'équivoque. Les exposans mis aux lettres indiquent le nombre des atomes de chaque substance. Rendons tout ceci clair par un exemple :

$$C\,Si^3 + 3\,A\,Si^3 + 6\,aq$$

est la formule chimique de la stilbite. Elle nous montre que cette substance est composée : d'une molécule de silicate de chaux, plus trois molécules de silicate d'alumine, et qu'elle contient en outre six molécules d'eau. Les exposans nous indiquent que chacune des molécules de silicate de chaux et de silicate d'alumine contient trois atomes de silice, contre un de chaux et d'alumine.

Anhydres.

Quarz hyalin. Aspect, texture et cassure vitreux; raie le verre. Pes. sp. 2,6.

Quarz agate. Texture compacte. Pâte fine; cassure cireuse, translucide, couleurs vives.

Les variétés suivantes se trouvent en roches.

* *Quarzite* (quarz en roche, grès quarzeux). Texture sublamellaire ou grenue, dense, translucide, dure; cassure raboteuse, subvitreuse dans les petites parties. Pes. sp. 2,6.

* *Grès.* Texture grenue, lâche ou serrée, translucide, faiblement dur.

V. lustré, *blanc*, *rougeâtre*, *bigarré.*

* *Silex meulière.* Cassure droite, texture caverneuse ou cellulaire; couleurs blanchâtre, jaunâtre, rougeâtre, pâles et ternes.

* *Silex corné.* Éclat mat, texture dense, cassure cireuse.

* *Silex pyromaque.* Texture compacte; cassure conchoïde, écailleuse, translucide; couleurs ternes.

* *Jaspe.* Éclat mat; texture fine et dense, opaque; couleurs vives.

CLASSE II.e LES MÉTAUX HÉTÉROPSIDES.

Ordre 1.er A oxides insolubles.

Genre ZIRCONIUM.

Zircon = $ZR\ Si^2$. Cristaux prismatiques dérivant d'un prisme à base carrée ou d'un octaèdre à triangles isocèles. Raie le quarz. Pesant. spéc. 4,4. Réfr. *D.*

ALUMINIUM.

Corindon. Alumine pure. Al^3 ou A. Cristaux rhomboïdaux prismatiques ou dodécaèdres bipyramidaux, dérivant d'un rhomboïde aigu de 80 ½°. Clivage parfait, égal. Dureté supérieure à celle de toutes les pierres. Pes. sp. 4,5.

Topaze. Al. fluo-silicatée $= A^2. Fl + 3 A S.$ Cristaux prismatiques dérivant d'un octaèdre rectangulaire ou d'un prisme droit rhomboïdal de 124°,21. Clivage perpendiculaire à l'axe ; très-net, électrisable par le frottement et la chaleur. Dureté supérieure au quarz. Pes. sp. 3,5.

Pinite. Al. sous-silicatée $= A^2 Si.$ Cristaux prismatiques, dérivant d'un prisme hexaèdre régulier. Poussière onctueuse. Pes. sp. 2,9.

Disthène. Al. silicatée $= A\ Si.$ Cristaux prismatiques dérivant d'un prisme oblique à base presque rhomboïdale de 106 degrés environ. Double dureté. Pes. sp. 3,5.

Népheline $= A\ Si.$ Cristaux dérivant d'un prisme hexaèdre régulier très-court ; raie le verre ; un peu fusible. Pes. sp. 3,3.

Grenat. Al., fer, etc., silicatés. Cristaux dérivant d'un dodécaèdre rhomboïdal ; raie le quarz. Pes. sp. 3,5 à 4. Couleurs variées, le rouge-brun dominant.

Tourmaline. Al. silicatée, etc. Cristaux prismatiques, dérivant d'un rhomboïde obtus de 133 ½°. Clivage imparfait ; éclat vitreux ; pyro-électrique ; raie le quarz. Pes. sp. 3.

Schorl. Al., potasse et fer silicatés. $5 A Si + K Si + f Si$; noir; prismes cannelés.

Ordre 2.° A oxides un peu solubles.

MAGNÉSIUM.

Epsomite. Magnésie sulfatée = $M S^3 + 5 A Q$. Cristaux prismatiques dérivant d'un prisme droit à base carrée; très-soluble, très-rapide; saveur amère.

* *Giobertite.* M. carbonatée = $M C^2$. Texture terreuse, effervescente, infusible; se ramollit dans l'eau. Pes. sp. 2,45.

Magnésite. M. silicatée et eau. $M Si^3 + 5 aq$; aspect terreux, infusible; solide; se ramollit dans l'eau.

Talc. M. silicatée et eau = $2 M Si^3 + aq$. Syst. crist. conduisant à un prisme droit à base rhomboïdale. Pes. sp. 2,8. Poussière douce et savonneuse; fusible.

Les variétés suivantes de cette espèce se rencontrent en roches.

* *Laminaire.* Structure schistoïde ou texture sublamellaire; éclat souvent soyeux.

* *Stéatite.* Couleurs variées; texture terreuse, tendre; toucher onctueux; eau par la chaleur.

* *Serpentine.* Structure massive presque compacte.

* *Chlorite.* M., fer, alumine et potasse silicatés. Texture écailleuse, onctueuse, tendre. Poussière onctueuse; fusible; couleur verdâtre.

Péridot. M. et fer silicatés. $4 M Si + f Si$; crist. prism. dérivant d'un prisme droit à base rectangulaire; clivage imparfait; cassure conchoïde; éclat vitreux; pesant. spéc. 3,4; raie le verre; réf. D.

V. chrysolithe, olivine.

Diallage. M. et fer bisilicatés = $3\,MSi^2 + fSi^2$; lames rhomboïdales, brillantes sur les bases, ternes sur les bords, conduisant à un prisme oblique rectangulaire; pes. sp. 3; fusible; rayé par le verre.

Spinelle. M. aluminatée. MA^6. Cristaux dérivant d'un octaèdre régulier. Pes. sp. 3,7; raie le quarz; infusible.

Rubis. Rougi par l'acide chromique.

CALCIUM.

* *Karstenite.* Chaux sulfatée = $Ca\,S^3$. Syst. crist. dérivant d'un prisme droit à base triangulaire; pes. spéc. 3; raie le gypse; ne blanchit pas au feu, se trouve en roche.

* *Gypse.* Ch. sulfatée et eau = $\dot{C}a\,S^3 + 2\,aq$. Cristaux prismatiques comprimés, dérivant d'un prisme droit à base parallélogramme de 113 degrés; clivage complet, parfait dans un sens, imparfait dans l'autre; pes. sp. 2,3; tendre; blanchit au feu.

V. fibreux. Saccaroïde grossier.

* *Phosphorite.* Ch. phosphatée. $Ca^3\,P^5$; cristaux dérivant d'un prisme hexaèdre régulier; clivage incomplet, parallèle aux pans; pes. sp. 3; raie le calcaire.

La variété compacte se trouve en roche.

* *Fluore.* Ch. fluatée $C\,Fl$. Cristaux dérivant d'un octaèdre régulier; clivage complet, parfait; pes. sp. 3; raie le calcaire.

La variété compacte forme des roches.

Calcaire. Ch. carbonatée = $Ca\,C^2$. Cristaux rhomboïdaux-prismatiques dodécaèdres, bipyramidaux, à triangles scalènes et à triangles isocèles, dérivant d'un rhomboïde de $105\,{}^{1}/_{2}{}^{\circ}$; clivage complet, facile, parfait. Pesant. sp. 2,7 ; réf. *D;* effervescence avec l'acide nitrique ; chaux par l'action du feu.

V. spastique, cristallisé confusément.

Le calcaire est la substance la plus commune dans la nature ; il se rencontre souvent en roches, dont il forme plusieurs espèces, parmi lesquelles nous citons les suivantes :

1. * *Calcaire lamellaire* (marbre statuaire de Paros). Texture lamellaire ; couleur blanche ou grisâtre.

2. * *C. saccaroïde* (marbre statuaire de Carrare). Texture grenue, cristalline ; couleur blanche, grise ou veinée.

3. * *C. concrétionné* (travertin), structure concrétionnée en grand ; texture compacte, à grains fins, celluleuse.

4. * *C. marbre.* Texture compacte, principalement à grains fins ; polissable ; cassure conchoïde, écailleuse ; couleurs variées, vives ; des veines de calcaire spathique.

5. * *C. compacte.* Texture compacte, à grains plus ou moins fins ; non polissable ; cassure ou conchoïde ou inégale, écailleuse ; couleurs très-variées.

6. * *C. compacte sublamellaire.* Texture compacte, avec quelques parties lamellaires répandues assez également ; quelques veines spathiques ; couleurs variées.

7. * *C. oolite* (calcaire globuliforme). Texture à

grains plus ou moins gros, compacte; cassure droite; couleurs variées.

C. oolite miliaire; de la grosseur des grains de millet.

C. oolite cannabin; de la grosseur de la semence du chanvre.

C. oolite noduleux; de la grosseur d'un pois jusqu'à celle d'un œuf.

8. * *C. craie.* Texture terreuse à grains fins; friable; couleur blanche, grisâtre ou jaunâtre pâle.

a. *Craie blanche;* blanche, grains fins, texture serrée.

b. *Craie tufau;* grise, grains moins fins; texture lâche; quelques lamelles de mica.

9. * *C. grossier.* Texture terreuse, à grains grossiers, souvent lâches; cassure droite, raboteuse; couleur jaunâtre, pâle et sale.

10. * *C. marneux.* Texture à grains fins, plus ou moins serrée; cohésion variable, se désagrégeant facilement par les météores atmosphériques; couleurs et cassure très-variables.

11. * *C. siliceux.* Texture compacte; grains variables; demi-dur; rayant l'acier et se laissant rayer; résidu siliceux par la dissolution dans l'acide nitrique. Couleur grisâtre ou jaunâtre sale.

Il y a encore quelques espèces de roches peu importantes.

Arragonite. C. carbonatée. $Ca\ C^2$. Cristaux prismatiques ou dodécaèdres pyramidaux, dérivant d'un octaèdre rectangulaire. Clivage incomplet, parallèle aux pans d'un prisme rhomboïdal. Cassure raboteuse. Effervescence avec l'acide nitrique.

Dolomie. Ch. et magnésie carbonatées = $Ca\ C^1 + MC^2$. Cristaux rhomboïdaux dérivant d'un rhomboïde de 106°,5. Clivage complet, parfait. Pes. sp. 2,9. Raie le calcaire. Effervescence lente avec l'acide nitrique. Il en existe deux variétés, *granulaire* et *compacte*, qui se trouvent en roche.

Grammatite. Ch. et magnésie sursilicatées. $C\ Si^3 + 3\ M\ Si^2$. Cristaux prismatiques, dérivant d'un prisme oblique rhomboïdal de 124° 30′. Clivage parallèle aux pans. Raie le verre. Pes. sp. 3,5. Couleur blanche, grise ou vert pur.

1. *Vitreuse*, roide; éclat vitreux.
2. *Actinote;* prismes alongés; oxide de chrôme.
3. *Asbeste*, filamens flexibles.

* *Amphibole*. Ch., magnésie, alumine et fer sursilicatés. Cristaux prismatiques dérivant d'un prisme rhomboïdal de 124° 30′. Clivage parallèle aux pans, parfait. Raie le verre. Pes. sp. 3,5. Couleur noire ou verdâtre.

Pyroxène. Ch. et magnésie bisilicatées = $C\ Si^2 + M\ Si^2$. Cristaux prismatiques à arête terminale inclinée sur l'axe, dérivant d'un prisme oblique à base rhomboïdale de 87 ½° environ. Clivage peu net. Pes. sp. 3,3. Raie l'amphibole. Réf. *D*.

Il se trouve en roches dans les Pyrénées.

Augite. Ch., magnésie et fer bisilicatés. $C\ Si^2 + M\ Si^2 + f\ Si^2$. Système cristallin du pyroxène. Noir ou vert très-foncé. Texture presque vitreuse. Cristaux courts. Volcanique.

Épidote. Ch. et alumine silicatées. $C\ Si + 2\ A\ Si$. Cristaux prismatiques dérivant d'un prisme droit à base parallélogramme obliquangle de 114° 3′. Pes. sp. 2,4. Raie le verre; fusible.

Stilbite. Ch. et alumine trisilicatées et eau. $C\,Si^3 + 3\,A\,Si^3 + 6\,aq$. Cristaux tabulaires, flabelliformes, nacrés, dérivant d'un prisme droit rectangulaire. Pes. sp. 2,5. Fusible avec boursouflement.

Strontium.

* *Célestine.* Strontiane sulfatée. $Sr\,S^3$. Cristaux dérivant d'un prisme droit à base rhomboïdale de 104° 30′. Pes. sp. 3,9. Fusible. Chaleur sans lumière par l'acide sulfurique.

Strontianite. S. carbonatée. $Sr\,C^2$. Cristaux dérivant d'un rhombe de 99° 30′. Pes. sp. 3,7. Effervescence. Chaleur sans lumière par l'acide sulfurique.

Barium.

* *Barytine.* Baryte sulfatée. $Ba\,S^3$. Cristaux dérivant d'un prisme droit à base rhomboïdale de 101° 30′. Clivage complet, parfait. Pes. sp. 4,4. Chaleur et lumière par l'acide sulfurique versé sur la poussière.

Les variétés lamellaire et compacte se trouvent en roches.

Ordre 3.° Oxides très-solubles.

Sodium.

* *Sel marin.* Soude muriatée. $Na\,M^2$. Cristaux dérivant du cube. Pes. sp. 2,5. Saveur salée; décrépite au feu.

Le sel marin existe en roche dans la nature; on le nomme alors sel gemme.

Borax. S. boratée et eau. $Na\ B + 11\ aq$. Cristaux dérivant d'un prisme rectangulaire oblique de 106°. Fusible.

Mésotype. S. et alumine silicatées et eau. $Na\ Si^3 + 3\ A\ Si + 2\ aq$. Cristaux en prismes à quatre pans, dérivant d'un prisme droit à base rhomboïdale de 92°. Pes. sp. 2. Fusible avec bouillonnement. Gelée dans les acides.

Analcime. S. et alumine sursilicatées $Na\ Si^3 + C\ Si^3 + 9\ A\ Si^2 + 16\ aq$. Cristaux dérivant du cube. Pes. sp. 2. Raie le verre.

Jade. Soude et potasse, etc., silicatées. Texture compacte. Éclat gras. Pes. sp. 3. Fusible. Raie le quarz. Tenace.

POTASSIUM.

* *Alunite.* Potasse et alumine sulfatées et eau. $K\ S + 15\ A\ S + 3\ aq$. Cristaux dérivant d'un rhomboïde aigu de 89°. Pesant. sp. 2,7. Non dissoluble. Raie la chaux carbonatée.

Feldspath. Pot. et alumine trisilicatées $= K\ Si^3 + 3\ A\ Si^3$. Cristaux prismatiques à base ou arête terminale oblique. Clivage donnant un prisme oblique à base rhombe à quatre pans brillans perpendiculaires l'un sur l'autre. Pes. sp. 2,6. Fusible. Raie le verre.

* *Mica.* Potasse, alumine, magnésie et fer silicatés. Cristaux dérivant d'un prisme droit, à base rhomboïdale de 120°. Éclat vif. Pesanteur spécifique 2,8. Lames très-minces. Flexible, élastique, tendre, fusible.

CLASSE IIIe LES MÉTAUX AUTOPSIDES.

Ordre 1.er Électro-positifs.

MANGANÈSE.

Sulfuré. $M\ S^2$. Clivage indiquant un prisme rhomboïdal. Grisâtre. Poussière verdâtre. Pes. sp. 4.

Métalloïde. M. suroxidé M^4. Cristaux dérivant d'un prisme droit rhomboïdal de 102°. Éclat gris noirâtre, métallique. Pes. sp. 4,7. Poussière noire.

Lithoïde. M. silicatée $Ma\ Si^2$. Texture compacte, dure; couleur rosâtre passant au brun.

* *Terne.* M. oxidé, hydraté. $Ma^3\ aq$. Cristaux dérivant d'un prisme droit symétrique. Aspect terreux. Poussière brune.

Il existe en grandes masses dans la nature.

FER.

Natif. *Fe.* Fer pur, magnétique, malléable.

Graphite. Fer carburé. $Fe\ C^x$ [1]. Couleur noire brillante. Pes. sp. 2,2. Tachant, onctueux. Toutes les autres espèces sont rangées dans les roches simples.

* *Pyrite.* Fer sulfuré. Éclat métallique. Couleur jaune. Cassure vitreuse. Odeur sulfureuse par le feu. Pes. sp. 4,7.

* *Fer oxidulé.* Cristaux dérivant de l'octaèdre régulier. Éclat métallique. Couleur gris-noirâtre. Poussière noire. Texture grenue. Magnétique. Pes. sp. 4,9.

* *Fer oligiste.* Cristaux dérivant d'un rhomboïde

---

1 L'exposant *x* signifie que la quantité de carbone peut varier.

aigu de 87°. Éclat métallique ou aspect terreux. Couleur noirâtre ou brun-rougeâtre. Poussière rouge. Pes. sp. 5,2.

V. 1. *Compacte.* Texture grenue.

V. 2. *Sanguin.* Couleur rouge.

* *Fer hydroxidé.* Aspect terreux ou lithoïde. Brun. Poussière jaune, eau par la chaleur.

V. 1. *Compacte*, texture compacte.

V. 2. *Oolitique*, en petits grains.

V. 3. *Limoneux.* Texture grenue. Couleur brun-rougeâtre sale. Impur.

* *Fer carbonaté.* Aspect lithoïde, effervescent, se colorant en brun-rougeâtre par le feu. Pes. sp. 3,67.

Spathique. Structure laminaire ou lamellaire.

CUIVRE.

Natif. Cu. Ductile, rougeâtre. Cristaux dérivant de l'octaèdre. Pes. sp. 8,5.

Sulfuré. Cu S. Cristaux dérivant du prisme hexaèdre régulier. Texture grenue; éclat métallique; gris de plomb. Pes. sp. 5.

Pyriteux. Cuivre et fer sulfurés. $2\,Fe S^2 + Cu S^2$. Cristaux dérivant de l'octaèdre; éclat métallique; couleur jaune; texture grenue; cassure raboteuse. Pes. sp. 4,3.

Azuré. C. hydrocarbonaté bleu. $Cu\,aq + 2\,Cu\,C^2$. Cristaux dérivant d'un prisme rhomboïdal oblique. Pes. sp. 3,6. Couleur bleu d'azur; effervescence dans l'acide nitrique.

Malachite. C. carbonaté vert et eau. $2\,Cu\,C + aq$. Structure fibreuse; couleur d'un beau vert;

cristaux dérivant d'un prisme droit obliquangle. Pes. sp. 3,5.

ZINC.

Blende. Zinc sulfuré. $Zn\ S^2$. Cristaux dérivant d'un dodécaèdre rhomboïdal subdivisible en octaèdre, tétraèdre et rhomboïde obtus de 109° 3′; structure laminaire; pes. sp. 4,16; couleur jaunâtre.

* *Calamine.* Zinc carbonaté. $Zn\ C^2$. Cristaux dérivant d'un rhomboïde obtus; pes. sp. 4,3; aspect lithoïde; effervescence avec l'acide sulfurique.

ÉTAIN.

Oxidé. Sn^4. Cristaux dérivant d'un octaèdre symétrique; pes. sp. 6,9; aspect lithoïde; dur; difficile à fondre.

BISMUTH.

Sulfuré. $Bi\ S^2$. Structure laminaire conduisant au prisme rhomboïdal; fusible; couleur gris de plomb; pes. sp. 6,4.

PLOMB.

Galène. Plomb sulfuré $Pl\ S^2$. Cristaux dérivant d'un rhomboïde aigu de 71° 30′; pes. sp. 10,2; couleur rouge pur; volatil.

Ordre 2.° Métaux électro-négatifs.

ANTIMOINE.

Sulfuré. Antimoine sulfuré. $Sb\ S^3$. Cristaux en prismes alongés, dérivant d'un octaèdre rhomboïdal; clivage complet, parallèle aux pans; pes. sp. 4,5; très-fusible; couleur noire; éclat métallique.

SCHÉELIN.

Wolfram. Schéelin ferruginé magnésifère. $MW^3 + 3\ Fe\ W^3$. Cristaux dérivant d'un prisme droit à base rectangle; pes. spéc. 7,3; structure laminaire; couleur noire; éclat métallique; infusible.

CHRÔME.

Oxidé. Chrôme oxidé silicifère; Ch^3. Pulvérulent; pes. sp. 1,6; couleur verte.

DEUXIÈME DIVISION.

Minéraux dont les molécules de premier ordre sont composées de plus de deux élémens, à la manière des corps organiques, et qui paraissent tirer leur origine de ces corps.

Les BITUMES.

Succin. Couleur jaunâtre; transparent; acide succinique; texture vitreuse; électrique par frottement; pes. sp. 1,07.

Rétinasphalte. Couleur jaune brunâtre, opaque; combustion facile, avec odeur fragrante et fumée; pes. sp. 1,1.

Bitume. Liquide, mou ou solide, et liquéfiable par le feu; combustible avec fumée sans résidu; pes. sp. 1,2.

* *Houille.* Noire, solide, combustible avec fumée; odeur bitumineuse, et résidu non liquéfiable; pes. sp. 1,3.

Les CHARBONS.

* *Anthracite.* Noir; éclat métalloïde; difficilement

combustible, sans fumée ni odeur bitumineuse; pes. sp. 1,8.

* *Lignite.* Noir ou brun; combustible sans boursouflement avec fumée; odeur piquante et résidu; structure ligneuse par la distillation; pes. sp. 1,5.

TROISIÈME DIVISION.

Roches d'apparence homogène, ou minéraux en masse qui ne peuvent se rapporter exactement à aucune espèce minérale.

Ordre 1.er Roches terreuses tendres.

Kaolin. Alumine, silice et eau. Aspect terreux, texture lâche, friable, blanc, faisant une pâte courte avec l'eau; infusible.

Argile. Alumine, silice et eau. Texture terreuse, serrée, solide, tendre; faisant pâte avec l'eau; non effervescente.

A. plastique. Douce au toucher; pâte tenace avec l'eau; infusible.

A. smectique (terre à foulon).

A. schisteuse. Structure feuilletée.

Marne. Argile et calcaire. Solide ou friable; aspect terreux; texture lâche; pâte avec l'eau; effervescente; fusible.

M. calcaire, excès de calcaire.

M. argileuse, excès d'argile.

M. sableuse, beaucoup de sable siliceux interposé.

Ocre. Argile et oxide de fer. Texture et aspect terreux; couleurs variées; délayable dans l'eau; pâte courte; rougissant par le feu.

Schiste. Structure feuilletée ; texture terreuse, terne, ne se délayant pas dans l'eau.

On en distingue plusieurs variétés; *S. luisant*, *ardoise*, *coticule*, *argileux*, *bitumineux*, *marneux*.

Ampélite. Structure feuilletée; solide, noir, tachant, rougissant au feu.

A. graphite (pierre noire à dessiner).

Wake. Texture terreuse; structure massive, tendre, facile à casser; fusible en émail noir.

Aphanite (cornéenne d'Al. B.). Texture terreuse; massive, solide, demi-dure, difficile à casser; fusible en émail noir.

Argilolite. Texture terreuse lâche ; structure massive, rude au toucher, presque infusible.

ROCHES TERREUSES DURES, rayant le verre.

Trapp. Texture terreuse, presque compacte; structure fragmentaire ; couleur essentiellement noire, brune ou verdâtre foncé; fusible en émail noir; contenant souvent du fer pyriteux.

Basalte. Noir; texture sublamellaire, grenue, presque compacte; structure massive, difficile à casser; fusible en émail noir.

Phtanite, Haüy (jaspe schisteux). Noir opaque; texture compacte; cassure à surface terne, droite ou conchoïde; structure souvent schistoïde; plus dur que l'acier; infusible; veiné de quarz blanc.

Pétrosilex (felspath compacte). Texture compacte, fine, translucide; couleurs variées; cassure écailleuse; plus dur que l'acier; fusible en émail blanc.

P. fissile (phonolite d'Aub.).

Ponce. Texture poreuse et fibreuse; rude au toucher; fusible en scories blanchâtres et grisâtres.

Tripoli. Silice presque pure; texture terreuse, fine, lâche et même poreuse; poussière dure; structure schistoïde; infusible; couleurs variées.

Dans sa classification minéralogique des roches, publiée en 1827, M. Brongniart, s'appuyant sur la composition comme caractère de première valeur, et sur la structure comme caractère venant immédiatement après, a divisé les roches en deux grandes classes.

1.re Classe. Roches homogènes ou simples, masses minérales dans lesquelles on ne distingue à l'œil qu'une seule matière composante.

2.e Classe. Roches hétérogènes ou composées; mélanges naturels, fréquens, constans et en masses étendues des espèces minérales de la première série.

Nous avons déjà décrit les roches appartenant à la première classe; il ne nous reste plus maintenant qu'à nous occuper de celles de la seconde, qui forment la deuxième série de notre division minéralogique.

DEUXIÈME SÉRIE.

Roches hétérogènes.

Elles résultent ou de la cristallisation confuse et simultanée des minéraux qui les composent, ou de l'agrégation mécanique de ces minéraux; de là deux sortes de roches hétérogènes.

1.er Ordre. Les roches de cristallisation.

2.e Ordre. Les roches d'agrégation.

1.er Ordre. ROCHES HÉTÉROGÈNES DE CRISTALLISATION.

Caractère : Formées par voie de cristallisation totale ou partielle, mais dominante.

Granite. Composé essentiellement de felspath lamellaire, de quarz et de mica, à peu près également disséminés; texture grenue.

Parties accessoires : tourmaline, amphibole.

1. *G. commun.* Felspath, quarz et mica également disséminés; couleurs grisâtre, noirâtre.

2. *G. porphyroïde.* Des cristaux de felspath dans un granite à petits grains.

Protogine. Composé essentiellement de felspath, de quarz et de talc, de stéatite ou de chlorite, remplaçant entièrement ou presque entièrement le mica.

Syénite. Composée essentiellement de felspath lamellaire, d'amphibole et de quarz; le felspath y est souvent dominant.

1. *S. granitoïde.* Felspath et amphibole lamellaire avec un peu de mica.

2. *S. schistoïde.* Structure feuilletée.

3. *S. porphyroïde.* Avec gros cristaux de felspath.

Pegmatite (granite graphique). Composé essentiellement de felspath lamellaire et de quarz; le quarz y est souvent en lames comme brisées.

Parties accessoires : mica, tourmaline.

1. *P. graphique.* Quarz en lignes brisées, imitant des caractères hébraïques.

2. *P. granulaire.* Quarz en grains et felspath lamellaire mêlés.

Leptynite. Base de felspath grenu, renfermant du quarz sableux et enveloppant différens minéraux disséminés.

Eurite. Base de pétrosilex grisâtre, verdâtre ou jaunâtre, renfermant des grains de felspath laminaire et souvent du mica disséminé, fusible en émail blanc, picoté de noir; texture compacte et empâtée, quelquefois grenue.

Variétés : *compacte*, *porphyroïde*, *granitoïde*, *schistoïde* (*weisstein*).

Euphotide. Base de jade, de pétrosilex ou même de felspath compacte, et cristaux nombreux de diallage: texture grenue.

1. *E. ophiteux.* Felspath compacte, diallage et serpentine.

2. *E. micacé.* Felspath compacte, diallage et mica souvent talqueux.

Amphibolite (Hornblendegestein. Léonard). Base d'amphibole hornblende empâtant du mica, du felspath, des grenats, etc.; texture lamellaire; structure tantôt massive, tantôt fissile.

Parties accessoires : quarz, diallage, disthène, épidote, etc.

Variétés : *granitoïde*, *schistoïde*, *micacé*.

Hémithrène (quelques grunstein), composée essentiellement d'amphibole et de calcaire : texture grenue.

Parties accessoires : felspath compacte, fer oxidulé.

Diorite (grunstein W., ophite Palass.), composé essentiellement d'amphibole hornblende et de felspath compacte à peu près également disséminés; structure variée.

Parties accessoires : mica, quarz, diallage, grenat, serpentine, etc. Cette espèce diffère peu de l'amphibolite.

Variétés : *granitoïde*, *schistoïde*, *porphyrique* et *orbiculaire*.

Pyroméride. Essentiellement composé d'une pâte de felspath compacte et de quarz; pâte enveloppant des sphéroïdes à structure radiée. C'est le porphyre orbiculaire de Corse.

Hyalomicte. Composé essentiellement de quarz hyalin dominant et de mica disséminé non continu; structure grenue.

Variétés : *granitoïde*, *schistoïde*.

Micaschiste. Composé essentiellement de mica abondant continu et de quarz; structure fissile; mica prédominant.

Parties accessoires : felspath, grenat, tourmaline, disthène.

Variétés : *M. porphyroïde*, *granitique*, *talqueux*.

NB. Il faut bien distinguer les *micaschistes* des *schistes micacés* : ces derniers sont des schistes d'une nature quelconque contenant plus ou moins de mica.

Gneiss. Composé essentiellement de mica abondant en paillettes distinctes, et de felspath lamellaire ou grenu; structure feuilletée; quelquefois du quarz.

Variétés : *G. quarzeux*, *talqueux*, *porphyroïde*.

Phyllade (thonschiefer). Composé essentiellement de schiste argileux comme base, et de mica; structure fissile; mica disséminé.

Le phyllade renferme beaucoup de parties accessoires, ce qui en fait distinguer plusieurs variétés, comme *carburé*, *quarzeux*, *pyriteux*.

Stéaschiste. Base talqueuse, renfermant différens minéraux disséminés; structure schisteuse. On en distingue un grand nombre de variétés.

Wakite (wake). Base de wake; empâtant du mica et du pyroxène.

Dolérite. Composée essentiellement de pyroxène et de felspath lamellaire; couleur noirâtre.

Parties accessoires : mica, péridot.

Basanite. Base de basalte, renfermant des cristaux de pyroxène disséminés; texture compacte, celluleuse ou scoriacée; couleur noire, noirâtre, etc.; fusible en émail noir. On en distingue un grand nombre de variétés.

Trappite (roches de trapp). Base d'aphanite, dur, compacte ou sublamellaire, souvent fragmentaire, enveloppant du felspath, de l'amphibole et du mica; fusible en émail noir.

Variétés : *terne*, *felspathique*, *pétrosiliceux*.

Porphyre. Pâte de pétrosilex amphiboleux, rouge ou rougeâtre, enveloppant des cristaux déterminables de felspath; fusible en émail noir ou gris.

Variétés : *antique*, *calcarifère*, *granitoïde*.

Ophite (porphyre vert. Serpentin). Pâte de pétrosilex amphiboleux verdâtre, enveloppant des cristaux déterminables de felspath verdâtre.

Variolite (amygdaloïde A. B.). Pâte de pétrosilex de diverses couleurs, renfermant des noyaux sphéroïdaux de pétrosilex d'une couleur différente de celle de la pâte. Ces roches ne diffèrent des eurites, des porphyres et des ophites que par leur structure: ce sont d'ailleurs les mêmes principes composans.

Domite, de Buch (Trachyte terreux, Beud.). Pâte d'argilolite âpre et poreuse, enveloppant des cristaux de mica; presque infusible, blanchâtre, rosâtre, grisâtre ou brunâtre (le Puy-de-Dôme).

Trachyte. Pâte de pétrosilex; aspect terne et mat; fusible; enveloppant des cristaux de felspath vitreux; texture quelquefois poreuse; toucher âpre; couleur blanche ou grisâtre.

Pumite (lave ponceuse). Pâte vitreuse, poreuse, fibreuse, grisâtre, facilement fusible, et souvent avec boursouflement, en verre blanc bulleux; des cristaux de felspath disséminés.

2.e Ordre. Roches hétérogènes d'agrégation.

Caractère : Formées principalement par voie d'agrégation mécanique.

NB. Ce sont généralement des débris de minéraux ou de roches, réunis ensemble par adhérence de juxta-position, ou au moyen d'un ciment visible ou invisible, de matière minérale, qui a cristallisé dans les interstices.

Les Grès:

Arkose. Roche à texture grenue, essentiellement composée de gros grains de quarz hyalin et de grains de felspath ou laminaire, ou compacte ou argiloïde avec un peu de mica.

V. *commune*, *granitoïde*, *miliaire*.

Psammite. Roche grenue, composée essentiellement de sable quarzeux distinct et de mica, assez également mêlés et réunis par une petite quantité d'argile. Il y a souvent de petits grains de felspath.

1. *P. commun* (grès houiller, grès micacé).

2. *P. rougeâtre* (grès rouge, grès bigarré).

3. *P. schistoïde* (grauwakenschiefer).

Glauconie. Roche à texture grenue, composée essentiellement de calcaire non cristallisé et de grains verts; texture quelquefois presque compacte, mais plus souvent friable et même à l'état sableux.

1. *G. compacte.*

2. *G. crayeuse.*

Pséphite (grès rudimentaire). Roche à texture grenue, composée essentiellement d'une pâte argiloïde, enveloppant des fragmens pisaires, et même quelquefois assez gros, de schistes divers et de phyllade.

V. *rougeâtre, verdâtre.*

NB. Les psammites et les pséphites comprennent presque toutes les roches que les géognostes allemands nomment *grauwake*, et plusieurs grès des Français.

Poudingue. Parties arrondies de toutes les grosseurs et de roches diverses réunies par un ciment. (M. Brongniart dit que le ciment est toujours quarzeux; cependant, suivant le ciment, il distingue des poudingues siliceux et des poudingues psammitiques.)

Brèche. Parties anguleuses, de toutes les grosseurs, de roches généralement diverses, réunies par un ciment.

1. *B. siliceuse*, ciment siliceux.
2. *B. calcaire*, ciment calcaire.
3. *Brecciole.* Parties anguleuses, pisaires, de roches diverses, réunies par un ciment.

Il était tout-à-fait indispensable, avant de nous occuper de la structure intérieure de la terre, d'exposer les principes généraux d'après lesquels on est parvenu à classer minéralogiquement les substances qui entrent dans la composition de la masse solide du globe, et de décrire les principales espèces minérales de la combinaison desquelles résultent les espèces géognostiques.

Dans cet exposé, nous renfermant dans les bornes prescrites par notre sujet, nous n'avons donné que ce qui est rigoureusement indispensable pour l'étude de la géognosie. Ceux des lecteurs qui voudraient avoir de plus grands développemens, peuvent étudier les ouvrages de notre savant guide, qui ne laissent rien à désirer sur cette matière.

Manière d'être des roches dans la nature.

§. 25. Maintenant que nous savons bien ce que l'on entend par *roches*, et que nous en connaissons les principales espèces, il faut étudier la manière dont elles se présentent dans la nature.

Les roches qui, par leur réunion, constituent la partie solide de notre planète, ne se présentent point en masses informes; on y remarque presque toujours une structure particulière : les unes sont divisées en couches, les autres en prismes, d'autres en feuillets, etc. Nous allons examiner successivement ces différentes structures.

Stratification. (Pl. 1, fig. 8.) La plus grande partie des masses minérales, et particulièrement les calcaires, sont composées de couches souvent parfaitement réglées et parallèles entre elles ; mais dont l'épaisseur varie dans la même masse.

En examinant une roche de cette nature on remarque, abstraction faite de quelques petites inégalités, que chaque couche est comprise entre deux plans parallèles entre eux et à la direction générale de ces mêmes couches.

Dans la disposition des couches les unes sur les autres, à cause des inégalités des faces terminales, il reste toujours un espace vide, plus ou moins considérable, entre deux couches contiguës.

Chaque couche est ce qu'on nomme un *strate.* Les surfaces terminales sont les *plans de joint;* et les fissures qui les séparent sont appelées *fissures de stratification.*

La disposition de toutes les couches qui composent une masse minérale, séparées les unes des autres par les fissures de stratification, est ce que l'on nomme la *stratification* de cette masse.

On observe souvent dans chaque couche une infinité de fissures, dont les directions étant différentes de celle de la stratification générale, ne peuvent pas être confondues avec celles de stratification, surtout quand ces dernières sont bien marquées.

Cependant il arrive aussi que des fissures accidentelles, assez étendues, sont parallèles à la direction des couches; alors on pourrait les confondre avec les véritables fissures de stratification; mais en les examinant attentivement, on reconnaîtra bientôt qu'elles existent dans l'intérieur des strates, soit par un changement brusque dans leur direction, soit parce qu'elles ne se continuent que pendant un certain temps. L'aspect seul suffit quelquefois pour les faire reconnaître; en un mot, elles ne séparent pas deux couches l'une de l'autre; ce qui est le caractère essentiel des fissures de stratification. Il y a plus, on observe très-souvent, entre les strates d'une même roche, de minces couches de marne, d'argile, etc.; ou bien cette substance n'existe pas dans les fissures accidentelles, ou, si elle s'y trouve, son aspect est tout-à-fait différent de celui de la partie comprise entre les plans de joint des couches.

J'insiste beaucoup sur la détermination exacte des fissures de stratification, parce que cet objet est de la plus haute importance en géognosie; il sert pour déterminer l'âge relatif des masses minérales.

La stratification est régulière ou irrégulière.

Régulière. Tous les strates, d'épaisseur égale ou variable, sont parallèles entre eux et à la direction générale. (Fig. 8.)

Irrégulière. Quand les strates ne sont pas régulièrement disposés (pl. 1, fig. 9): des strates contournés affectent différentes formes, des parties de la masse stratifiées, et d'autres dans lesquelles on ne remarque aucune structure déterminée; *des failles*, ou fissures produites par des bouleversemens, qui divisent la masse en plusieurs parties, dans chacune desquelles les couches ont une direction particulière. (Pl. 1, fig. 9.)

L'inclinaison des strates varie depuis l'horizontale jusqu'à la verticale. Dans les descriptions, il faut toujours tenir compte de sa valeur et du sens dans lequel elle a lieu par rapport aux points cardinaux.

Toujours les strates plongent dans un sens et s'étendent dans un autre; souvent, après s'être inclinés, ils redeviennent horizontaux, ou se relèvent. Toutes ces circonstances doivent être notées avec soin.

Les masses qui composent la partie solide du globe sont superposées les unes aux autres. Dans cette superposition, les stratifications peuvent être parallèles entre elles, ou former des angles quelconques.

Dans le premier cas, on dit que les stratifications sont *concordantes*. Dans le second, qu'elles sont *discordantes* ou *transgressives*. (Pl. 1, fig. 10.)

La concordance de stratification est souvent une preuve que les roches doivent leur naissance au même concours de circonstances, surtout quand on ne voit entre elles aucune séparation tranchée. Très-rarement la stratification est identique pour deux roches entre lesquelles il existe une séparation bien tranchée, et qui n'ont aucun rapport l'une avec l'autre.

Division en feuillets. Toutes les roches schisteuses sont divisées en feuillets plus ou moins étendus, et en général, parallèles entre eux et à la stratification. On pourrait peut-être penser que dans ces roches les deux divisions ne diffèrent point l'une de l'autre; mais il n'en est pas ainsi, considérée dans la masse entière, la division schisteuse en est la texture, et la stratification la structure; bien que la structure particulière de chaque strate pris isolément soit schisteuse : ainsi la division en feuillets diffère essentiellement de celle en strates.

Division en prismes. Les formes prismatiques, si communes dans les espèces oryctognostiques, se présentent aussi assez fréquemment dans les espèces géognostiques. On voit souvent des masses entières composées de prismes de différentes formes, appliquées les unes contre les autres, et dont les axes sont généralement parallèles entre eux; telles sont les roches basaltiques. A Montmartre, dans les couches de gypse que les ouvriers nomment *hauts-piliers*, les structures prismatique et stratiforme se trouvent réunies; ainsi elles peuvent se présenter ensemble dans la même roche.

Division globulaire. On voit des masses entières qui se divisent en sphéroïdes souvent très-gros : les calcaires oolitiques présentent des exemples de ce fait : on cite aussi beaucoup de diorites qui offrent cette division; elle existe dans les roches stratifiées et non stratifiées, c'est souvent le résultat de la décomposition de ces mêmes roches, comme dans le basalte.

Des fissures. Nous avons déjà dit ce que nous entendons par fissures accidentelles dans les roches stratifiées; nous étendrons cette définition à toutes les masses minérales en général. Je le répète, les fissures accidentelles diffèrent essentiellement de celles dont l'ensemble détermine la structure de la roche; elles se trouvent pratiquées dans les parties mêmes résultant de cette structure. Les fissures sont importantes à considérer : elles peuvent souvent donner des renseignemens précieux sur la position primitive des strates, et c'est dans leur intérieur que gisent une grande partie des espèces minérales exploitées pour les arts.

Indépendamment des divisions que nous venons de reconnaître dans les masses minérales, la substance qui compose chaque roche a une structure et une texture particulière qu'il faut toujours faire connaître, quoique l'on ait dit d'abord à quelle espèce elle pouvait se rapporter.

§. 26. Les roches sont les gisemens des espèces oryctognostiques. Ces espèces y existent de différentes manières, dont l'étude doit être l'objet principal de ceux qui se destinent à l'exploitation des mines; nous allons en exposer succinctement les principales.

Les gîtes des minéraux sont de deux sortes : 1.° ceux dont la formation est contemporaine de celle de la roche qui les contient : les *couches*, *amas*, *stockwerks* et *nids*; 2.° ceux qui sont d'une formation postérieure : les *filons*, les *veines* et les *géodes*.

1.° *Gîtes de formation contemporaine.*

Une *couche* est une masse minérale assez étendue en longueur et en largeur, mais d'une petite épaisseur relativement aux autres dimensions, et qui, sous cette forme plate, semble faire une assise de la masse qui la contient. Les couches sont généralement parallèles à la stratification, ce qui les distingue des filons. Les métaux qui se trouvent le plus fréquemment en couches, sont: les différentes espèces de fer, la galène, etc.

Amas. Quand une couche d'une médiocre étendue prend une épaisseur considérable, elle devient un amas. M. de Buch cite, en Laponie, des amas de fer oxidulé pur, formant des montagnes. Il observe que ces masses n'étaient originairement que de gros blocs ou amas renfermés dans du gneiss, et qui ont plus résisté que lui à l'action destructive des agens atmosphériques. Quand les minéraux forment de petits amas disséminés dans la roche, on les appelle *nids.*

Stockwerks. Werner donnait ce nom à des portions de roches pénétrées et traversées dans toutes les directions par une quantité presque innombrable de veines. Les petites veines de certains marbres en donnent une idée exacte.

Enfin, les minéraux se trouvent aussi en petites parties disséminées dans la roche; comme l'or, l'argent, etc..

2.° *Gîtes de formation postérieure.*

Les *filons.* Ce sont des masses minérales qui coupent presque toujours les strates qui les renferment, et qui sont formées d'une matière distincte de celle de la roche environnante: on s'en fera une idée exacte en se les représentant comme de grandes fentes dans les roches, et qui ont été remplies ensuite (pl. 1, fig. 10, *C*); on peut les considérer comme de grandes plaques présentant diverses inflexions, et coupant la roche sous diverses inclinaisons. Les deux faces de cette plaque se nomment *salbandes*, et les deux parois de la fente qui les renferment, sont les *épontes*: quand le filon est incliné, ce qui arrive souvent, l'éponte du bas en est le *mur* et celle du haut le *toit*; le bord supérieur du filon en est la *tête*: quand elle se montre à la surface, on la nomme *affleurement*, les autres bords en sont les *extrémités*. L'épaisseur du filon est appelée sa *puissance*.

Les filons se terminent en coin ou se ramifient en une multitude de petits filets qui se perdent dans les roches; ils se divisent quelquefois en deux ou plusieurs grosses branches. La *direction du filon* est l'angle que fait une ligne menée par le milieu de la salbande avec le méridien. Son inclinaison est l'angle que cette même ligne fait avec l'horizontale.

Les filons ont une *allure* régulière ou irrégulière; ils présentent fréquemment des renflemens et des étranglemens. Lorsque deux filons se croisent, celui qui est coupé par l'autre est évidemment le plus ancien. Les intersections des filons sont souvent les points les plus riches en minérai. Quand les filons sont très-petits, on les nomme *veines*.

Géodes. Les roches présentent souvent des cavités sphéroïdales, remplies par des minéraux d'une autre nature. Les sphéroïdes qui en résultent sont toujours plus ou moins creux, et l'intérieur est tapissé de cristaux plus ou moins parfaits. Les substances qui se trouvent le plus communément en géodes, sont le quarz hyalin et la chaux carbonatée.

Groupement des roches.

§. 27. Maintenant que nous connaissons bien les roches et les différentes manières dont elles se présentent, nous allons étudier les groupes naturels formés par leur réunion.

On pourrait peut-être croire que ces groupes sont toujours composés de roches dont la nature minéralogique est la même, cela arrive quelquefois; mais en général le même groupe renferme des roches dont la composition est la plus différente: par exemple, des calcaires et des grès, des calcaires et des granites, etc. Réciproquement la même roche se présente dans les groupes qui appartiennent à des époques très-différentes, et très-éloignées les unes des autres dans l'ordre naturel.

Ainsi il faut bien se garder de juger d'un groupe d'après sa composition minéralogique, dont on doit cependant toujours tenir compte; mais il faut en même temps avoir recours à d'autres caractères, que nous étudierons dans ce chapitre.

Nous avons déjà montré, dans l'intérieur de la terre, les roches placées les unes sur les autres; les couches qui les composent sont souvent très-inclinées. Ceci prouve que postérieurement au dépôt des roches la croûte solide de notre globe a éprouvé des bouleversemens qui ont brisé les couches et changé leur position. En effet, il est tout-à-fait absurde de supposer qu'une couche régulière ait pu se former dans une position verticale, ou même fort inclinée: Saussure, qui l'avait d'abord cru, abandonna bien vite cette idée à la vue des poudingues de la Valorsine qui sont en couches verticales; et il suffit d'avoir observé un peu la nature pour être convaincu de ce fait.

Ainsi, une couche inclinée n'est pas dans sa position primitive. Chaque couche n'enveloppe pas tout le globe; l'observation prouve que des masses entières disparaissent subitement pour ne reparaître qu'à des distances souvent très-considérables.

Nous avons donc des traces non équivoques des révolutions qui ont affecté la masse du globe; ces révolutions y ont déterminé des époques bien tranchées. Dans chacune de ces époques, les roches ne sont pas toujours complétement isolées les unes des autres; on voit souvent les strates de l'une alterner avec ceux de l'autre, et il y a même des masses entières formées ainsi. D'autres fois elles alternent seulement un certain nombre de fois au point de contact, et ensuite il n'existe plus que des couches d'une seule espèce. On conçoit d'après cela, qu'entre les roches qui ont été déposées par le même concours de circonstances, et entre deux révolutions successives, il existe une liaison intime, et qu'au contraire il doit y avoir des différences marquées entre celles qui se sont déposées dans des circonstances différentes, et entre la formation desquelles un ou plusieurs bouleversemens ont eu lieu.

C'est effectivement ce qui arrive : la nature présente des groupes dans lesquels les roches sont tellement liées entre elles, qu'il est impossible de se refuser à l'idée qu'elles ont été déposées par le même concours de circonstances.

C'est à ces groupes que l'on a donné le nom de *formations*. Ils résultent de la réunion naturelle des élémens géognostiques de *premier ordre*, par conséquent ils sont eux-mêmes les élémens du *second ordre* qui entrent dans la composition de la masse solide du globe.

La formation géognostique a des caractères propres que nous allons exposer. Les strates des différentes roches qui la composent sont tous parallèles entre eux, sauf certains résultats de bouleversemens partiels, qui ont eu lieu quelquefois pendant le dépôt des formations. Les roches sont souvent tellement disposées, qu'il en résulte des divisions naturelles dans la formation. Ces divisions, on les nomme *étages* ; de là deux sortes de formation : *formation simple*, celle qui n'a qu'un seul *étage*, et *formation complexe*, celle qui en a plusieurs.

Il arrive aussi que les différentes roches d'une même formation alternent entre elles et ne forment point d'étage distinct. Quelquefois une roche ne se présente qu'accidentellement dans une formation, et on n'en voit qu'un petit nombre de couches, disséminées dans toute la masse ou dans certaines parties. On dit alors que ces couches sont *subordonnées*. Les strates subordonnés prennent les noms de *couches*, *bancs* et *lits*, suivant leur épaisseur : on les nomme bancs, quand leur épaisseur est très-considérable par rapport à ceux des strates qui les renferment; couches, quand ils sont d'égale épaisseur, et lits quand ils sont assez minces. Les noms de bancs et lits sont aussi appliqués aux strates indépendans, suivant qu'ils sont beaucoup plus ou moins épais que les autres: l'épaisseur d'une formation en est la *puissance*. On donne aussi ce nom à celle des différens étages: ainsi la puissance d'une formation complexe est égale à la somme des puissances de tous les étages qui la composent.

Dans les espèces minérales qu'elle renferme, chaque formation pourrait bien avoir ses variétés particulières; c'est un fait qui n'est pas encore assez bien établi.

Le plus grand nombre des formations qui composent la croûte solide du globe contiennent des restes organiques végétaux et animaux. Les observations faites jusqu'à ce jour tendent à prouver que chaque groupe géognostique a son organisation particulière, et il est bien rare de trouver des espèces identiques appartenant à deux formations un peu éloignées dans l'ordre naturel; mais quand les formations sont contiguës, on voit souvent, au point de contact, des espèces de l'une passer dans l'autre, et réciproquement.

Les observateurs ont bien de la peine à s'accorder sur la définition exacte d'une formation. Je viens de la donner telle que je la conçois d'après les observations que j'ai faites dans plusieurs parties de la France. C'est certainement le point le plus difficile de la géognosie.

Quelques géognostes, et surtout les Anglais, sans s'occuper des relations qui existent entre les roches, ont donné le nom de formations à de simples couches.

Quelques autres appliquent ce nom à chaque zone de terrain dont les restes organiques diffèrent entre eux. Les observations n'ont pas encore été assez multipliées, ni même faites avec assez d'exactitude, pour que l'on puisse dire s'ils ont raison ou non. Quant à moi, je pense qu'il ne faut pas baser la division en formations sur les fossiles seulement; car ils manquent souvent, et quelquefois ils sont tellement altérés qu'il est presque impossible de les reconnaître; mais je suis bien loin de refuser à ce caractère toute l'importance qu'il mérite. Certainement il servira toujours à établir de grandes divisions dans les matériaux qui composent la croûte solide du globe, et peut-être même, lorsque la science sera plus avancée, reconnaîtra-t-on que chaque formation, telle que je viens d'en donner la définition, a ses fossiles particuliers: c'est extrêmement probable, et le plus grand service que l'on puisse rendre à la géognosie serait de constater l'exactitude de cette assertion.

Dans l'état actuel de la science, l'étude des fossiles a conduit à des résultats très-importans: elle nous a fait connaître que les couches solides qui en contiennent ont été déposées tranquillement dans un liquide; que ce liquide a changé peu à peu de nature, et que les êtres ont toujours été en se perfectionnant jusqu'à l'homme, qui est le dernier terme dans l'échelle de la création; enfin, que depuis son apparition sur la terre les forces de la nature sont en équilibre. En effet, dans les produits de la dernière révolution qui s'est étendue sur toute la surface du globe, on trouve des débris de tous les animaux, mais pas une seule trace d'ossemens humains; ceux-ci existent seulement dans les dépôts dus aux causes actuellement agissantes et que nous voyons se former tous les jours sous nos yeux.

Ce fait est tout-à-fait en harmonie avec cet autre, bien digne de remarque : les animaux diffèrent d'autant plus de ceux qui existent aujourd'hui, qu'ils appartiennent à des formations plus anciennes, et au contraire, plus un groupe est moderne, plus ses restes organiques ressemblent à ceux de l'époque actuelle.

Pour les formations anciennes, la même espèce fossile est constante dans toutes les localités; mais pour les formations très-modernes, chaque espèce d'animaux a des variétés distinctes dans les diverses contrées, ou en d'autres termes, on remarque d'autant plus de constance dans les restes organiques fossiles, qu'ils appartiennent à des groupes plus anciens, et d'autant plus de variétés, que les groupes sont plus modernes.

Tout ce que nous avons déjà vu et tout ce que nous verrons par la suite, prouve que la nature est maintenant dans un état de tranquillité dont elle jouit seulement depuis l'existence de l'homme. Ses forces sont en équilibre, et ainsi, l'état actuel des choses étant le but vers lequel tous ses efforts ont tendu, il durera aussi long-temps que les lois qui régissent l'univers entier; résultat de la plus haute importance, et auquel l'étude de la géognosie organique pouvait seule conduire!

Quand même l'étude des fossiles ne donnerait pas des moyens pour distinguer les formations les unes des autres, on voit que cette partie de la science est d'une trop haute importance pour la négliger. Mais il y a plus, c'est que réellement certaines formations sont distinguées par leurs fossiles : tels sont le *lias*, la *craie* et les *calcaires d'eau douce*; aussi, en décrivant chaque formation, nous énumérerons avec soin les genres d'animaux et de végétaux qui s'y rencontrent, et les espèces que, jusqu'à présent, on a regardées comme caractéristiques.

Si l'on n'a pas encore pu trouver dans les corps organisés fossiles des caractères fixes pour grouper les roches en formations, il n'en n'a pas été de même lorsqu'on a voulu réunir les formations entre elles.

Toutes les époques géognostiques sont comprises dans deux grandes classes : la première postérieure à la vie et renfermant de nombreux restes organiques, et la seconde antérieure à l'existence des êtres vivans, végétaux et animaux.

Dans la première classe il existe des assemblages de formations qui non-seulement ont des rapports minéralogiques et géognostiques communs; mais encore dont chacun présente un ensemble particulier d'êtres organisés. Ces groupes naturels d'élémens du second ordre sont des élémens du *troi-*

sième ordre, et auquel les géognostes modernes donnent le nom de *terrain*[1]. Enfin, la *classe*, qui est la réunion des élémens du troisième ordre, forme à son tour l'élément du *quatrième ordre* composant la partie solide de notre planète.

L'ensemble de tous les terrains connus constitue la portion de la croûte solide du globe dans laquelle l'homme a pu étendre ses observations.

Depuis bien long-temps cette portion a été divisée en six terrains ou grandes époques géognostiques, savoir : *terrain postdiluvien*, *terrain diluvien*, *terrain tertiaire*, *terrain secondaire*, *terrain de transition* ou *intermédiaire*, et *terrain primitif*.

La suite naturelle de toutes les formations connues, groupées par terrains et par classes, est ce que l'on appelle la *série géognostique*. Chaque formation est un terme de cette série.

Les roches volcaniques ne sont point encore considérées comme formant des termes distincts de la série géognostique. Ces roches, qui paraissent appartenir à toutes les époques, ont été classées jusqu'à présent dans celles où on les rencontre, quoique, en général, leur présence soit postérieure au dépôt des couches qui les contiennent.

Nous ne changerons rien à cette division, qui est parfaitement en rapport avec les lois de la nature. Les cinq premiers terrains formeront les cinq épo-

---

1 Dans beaucoup d'ouvrages les mots *terrain* et *formation* sont employés l'un pour l'autre. C'est à tort : presque tous les géognostes modernes entendent par terrain la réunion de plusieurs formations.

ques de notre première classe, et la sixième, l'époque unique de la seconde; nous placerons la description des formations volcaniques en appendice après celle de la seconde classe.

Quant aux noms qui ont été donnés aux formations et aux différens terrains, nous les conserverons, quoique la plupart soient défectueux; mais ils sont universellement connus, et on n'en n'a pas d'autres pour les remplacer. D'ailleurs, en étudiant les classes, nous mettrons un numéro à chaque terrain, et en décrivant les terrains, un numéro à chaque formation; ainsi il ne pourra point y avoir de confusion.

Ages relatifs des époques géognostiques.

§. 28. Après avoir bien établi ce que l'on entend par formation, terrain et classe en géognosie, il faut montrer comment on est parvenu à établir l'âge relatif des différentes époques géognostiques.

Les formations postdiluviennes, que nous voyons se former encore aujourd'hui sous nos yeux, se trouvent supérieures à toutes les autres; dessous vient le terrain diluvien, et ensuite, toujours en descendant, des formations dont les restes organiques diffèrent d'autant plus de ceux que nous connaissons, qu'elles occupent une place plus éloignée de la série géognostique, que nous faisons commencer à l'époque actuelle. Enfin, les formations de la seconde classe se trouvent constamment au-dessous de toutes les autres. Il résulte de là, que de deux groupes géognostiques le plus ancien est celui qui est placé sous l'autre, et cette disposition est constante, il n'y a point d'anomalies : jamais un groupe bien établi, dont la position sous un autre a été bien constatée, ne se trouve dessus. Tous les faits de cette nature qui avaient été avancés ont été reconnus faux, et la superposition est le premier moyen que l'on ait pour établir l'âge relatif des époques géognostiques.

Dans la superposition d'une masse minérale sur une autre, il peut se présenter deux circonstances; les stratifications sont concordantes ou discordantes.

Quand les formations appartiennent au même terrain et qu'il n'y a point de termes supprimés entre elles, les stratifications sont toujours concordantes, mais quand il y a suppression d'un ou de plusieurs termes, les stratifications sont généralement discordantes: je dis, *généralement*, parce que l'on cite quelques cas où elles paraissent concorder; mais si les observations avaient été faites avec une certaine exactitude, je suis persuadé qu'on aurait trouvé une différence. Ainsi la discordance de stratification indique toujours une différence d'âge entre les roches dans lesquelles on les observe; mais la réciproque n'est pas vraie: toutes les roches d'âges différens ne présentent pas des stratifications discordantes entre elles. Ce que nous venons de dire pour les formations, peut s'appliquer aux terrains.

On voit d'après ce qui précède que, pour bien déterminer l'âge relatif d'une époque géognostique quelconque, il faut la placer entre deux autres dont les positions dans la série soient bien fixées; pour y parvenir, il est nécessaire d'avoir des points de départ parfaitement établis, des formations bien connues et sur la position desquelles tous les observateurs soient d'accord. Ce sont ces points que l'on appelle *horizons géognostiques*.

Il ne suffit pas, pour fixer irrévocablement l'âge d'une formation, de déterminer la distance en unités géognostiques à laquelle elle se trouve d'un horizon; il faut encore qu'elle soit recouverte par une formation dont on puisse parfaitement déterminer l'âge. Mais il arrive souvent dans la nature que les formations ne sont pas recouvertes; c'est alors qu'on doit se servir des caractères fournis par les fossiles, en les comparant à ceux de formations bien connues, et de tous les autres caractères que l'on peut quelquefois tirer de la composition et de la structure des roches. La stratification, dans certains cas, fournit un moyen pour déterminer une des limites : par exemple (pl. 1, fig. 10, *a*), si plusieurs formations, placées les unes sur les autres, présentent une concordance parfaite dans leurs stratifications, et qu'une formation inconnue soit superposée en stratification transgressive sur une quelconque, excepté la plus nouvelle, il en résulte que son dépôt est postérieur à celui de cette dernière; car elle n'est venue qu'après la cause qui a donné à la stratification générale son inclinaison. C'est de cette manière que j'ai démontré la postériorité du grès à hélix d'Aix (Provence) au calcaire lacustre supérieur de ce même pays. (Annales des sciences naturelles, Février 1829.)

Il y a plusieurs remarques du même genre que l'observation seule peut fournir.

Limites des termes de la série géognostique.

§. 29. Avant de passer à la description des groupes géognostiques, il faut faire connaître les limites qui les déterminent.

D'après ce que nous avons exposé ci-dessus, quand les stratifications sont discordantes, il n'y a aucune espèce de difficulté pour fixer les limites d'une formation; mais quand les stratifications concordent, cela n'est plus aussi facile; et, il faut l'avouer, les géognostes ne sont point encore d'accord sur l'étendue des formations qui se trouvent dans ce dernier cas. Ce que je vais dire là-dessus, résulte presque entièrement de mes propres observations, et surtout de celles que j'ai faites dans le Bas-Boulonnais [1] et les Ardennes.

Il arrive quelquefois qu'au point de contact il y a une si grande différence entre les deux formations, que l'inspection seule suffit pour en fixer la limite: on voit que l'une repose sur l'autre brusquement; d'autres fois, entre le dernier étage de l'une et le premier de l'autre il existe des marnes, des argiles, des

---

1 Voyez ma Description géognostique du bassin du Bas-Boulonnais, publiée en 1828.

grès, etc., qui forment souvent une séparation tranchée; mais aussi qui alternent quelquefois avec les couches de l'une et de l'autre. Quoi qu'il en soit, ils forment bien séparation, et de chaque côté les choses sont différentes: la nature des roches, les fossiles qu'elles contiennent; et certainement on peut prononcer. De plus, quand les couches ne sont pas horizontales, lors du relèvement ces espèces de *matelas* ont permis à celles de la formation supérieure de glisser; il en est résulté une vallée longitudinale, dont la largeur est plus ou moins considérable, suivant l'épaisseur du matelas, et qui marque parfaitement la séparation. (Pl. 1, fig. 10.)

Si les choses se passaient toujours ainsi, il n'y aurait point de difficulté pour fixer les limites d'un groupe géognostique; mais il arrive souvent qu'au point de contact les couches de deux formations alternent entre elles, et que les mêmes fossiles se propagent, jusqu'à une certaine distance, dans l'une et dans l'autre. Alors il n'y a plus que l'observation qui puisse nous guider; il faut voir si, au-delà du point où l'alternance a commencé, les roches qui succèdent prennent un développement assez considérable pour qu'on ne puisse pas les regarder comme formant un étage du premier groupe; et si les restes organiques diffèrent essentiellement des siens; enfin, si tout annonce, dans la seconde partie, un état de choses différent de celui de la première. Ces faits bien établis, on peut hardiment prononcer.

Dans toutes les circonstances il faut agir avec beaucoup de réserve, ne pas vouloir mettre toutes les roches dans un même groupe, ni imiter certains géognostes, qui ont fait autant de formations que d'étages.

Si nous n'avons pas encore bien pu saisir les limites que la nature a fixées pour chaque formation, il n'en est pas de même pour les autres divisions. Si la même roche, minéralogiquement parlant, peut se rencontrer dans les groupes les plus différens, chaque terrain a son organisation particulière, et ses limites sont bien tranchées.

La définition que nous avons donnée des classes, suffit pour faire voir qu'elles sont bien différentes l'une de l'autre, et toutes les fois qu'une roche contient des restes organiques ou est superposée à une autre qui en renferme, elle appartient à la première classe, quelle que soit d'ailleurs sa nature minéralogique.

Nous avons dit, §. 27, que la première classe est divisée en cinq époques; voici comment nous les établissons.

1.° La première époque comprend toutes les formations dues aux causes actuellement agissantes.

2.° La seconde, tout le grand atterrissement diluvien, qui renferme en abondance des débris de grands mammifères terrestres.

3.° La troisième, toutes les formations comprises entre le terrain diluvien et la formation de la craie, qui termine une grande époque géognostique.

4.° La quatrième comprend la formation de la craie et toutes celles qui suivent, en descendant jusqu'à la grande formation houillère exclusivement.

5.° La cinquième, la formation houillère et toutes celles qui lui sont inférieures, dans lesquelles ou au-delà desquelles on trouve encore des traces de restes organiques.

La deuxième classe ne comprend qu'une seule époque; mais on y distingue plusieurs formations.

Les planches 2, 3 et 4 présentent l'application des principes que nous venons d'exposer.

Les époques n.ºs 1 et 2 de la première classe ont été confondues pendant bien long-temps en une seule, que l'on nommait *terrain de transport*; c'est-à-dire, qui n'avait point été formé chimiquement, ni avec des matériaux propres; mais avec les débris des terrains déposés antérieurement, et transportés dans les lieux où nous les voyons aujourd'hui, par une cause quelconque: les eaux, la pesanteur, etc. Mais l'observation ayant démontré que le terrain de transport était divisé en deux parties, dont la formation est due à des causes différentes, les géognostes se sont empressés d'y établir deux divisions qui sont très-naturelles.

Dans la description géologique de l'Angleterre on a divisé la croûte solide du globe en sept époques: *alluvial*, *diluvial*, *superior order*, *super medial order*, *medial order*, *submedial order* et *inferior order*. Les quatre premières correspondent exactement aux nôtres: terrains postdiluvien, diluvien, tertiaire et secondaire. La cinquième division comprend la formation houillère et deux autres groupes qui lui sont inférieurs; la sixième, le reste du terrain de transition; et, enfin, la septième est l'époque prozoïque. Les Anglais ont donc fait une division de plus que nous, celle de la grande formation houillère réunie à deux autres groupes, avec lesquels elle se lie intimement; mais en France et en Belgique, les deux divisions *medial order* et *submedial order* n'existent pas : depuis les houilles jusqu'au-delà des schistes de transition, les roches passent les unes aux autres par degrés tellement insensibles, que quelques auteurs ont cru devoir tout réunir dans une seule formation; enfin, les groupes présentent tant de rapports communs, qu'il est impossible d'établir une ligne de démarcation dans leur ensemble. Ainsi nous conserverons la division en six époques.

Le grand but de la géognosie est la découverte des lois suivant lesquelles sont disposés les différens groupes de roches dans l'intérieur de la terre. Ces lois bien établies, on pourra, avec quelques chances de succès, s'occuper de la recherche des causes dont le concours a donné naissance à notre planète, et, sinon résoudre le grand problème de la création, en approcher du moins autant qu'il est permis à la faiblesse de notre intelligence.

D'après ces considérations, nous sommes naturellement conduits à commencer l'étude des terrains par le plus nouveau, par celui qui, se formant tous les jours sous nos yeux, nous permet de bien connaître les causes qui en produisent les différentes parties, et d'en apprécier parfaitement les effets.

CLASSE I.re FORMATIONS MÉTAZOÏQUES.

PREMIÈRE ÉPOQUE. TERRAIN POSTDILUVIEN.

Caractères généraux de ce terrain.

§. 30. Les roches qui entrent dans la composition des formations postdiluviennes n'ont le plus souvent aucune consistance, les seules qui soient réellement agrégées sont des tufs calcaires, des grès, des brèches et des poudingues, dont la solidité n'est pas comparable à celle des roches des terrains anciens. Elles résultent toutes des débris provenant de la destruction des formations antérieures, transportés dans les lieux où nous les voyons aujourd'hui, par les causes actuellement agissantes, la pesanteur, les eaux et même les vents. On conçoit d'après cela qu'une formation postdiluvienne doit être composée de matériaux très-différens, le plus souvent mélangés sans aucun ordre, et qu'il ne doit point y exister de stratification régulière.

Les groupes de cette époque renferment des débris de toutes les espèces d'animaux et de végétaux vivant actuellement sur la terre, plus ou moins bien conservés, suivant leur nature; mais jamais pétrifiés; c'est-à-dire que la substance qui les composait d'abord n'a point été pénétrée par un suc lapidifique, comme cela a presque toujours lieu dans les terrains plus anciens, où l'on remarque généralement que la matière organique a entièrement disparu, et qu'elle est remplacée par une substance minérale, le quartz, le calcaire, le fer, etc., qui a pris très-souvent les formes les plus petites de l'être vivant, au point que l'on peut quelquefois reconnaître parfaitement l'espèce, comme il arrive pour les bois pétrifiés, les coquilles, etc.

Ces débris qui ne sont point pétrifiés ont tous subi une altération proportionnelle au temps qu'ils ont été enfouis : les os perdent leur matière animale, les coquilles deviennent friables, et les végétaux se carbonisent souvent au point qu'ils forment des masses compactes, les tourbes. Enfin, les formations postdiluviennes s'accroissent encore tous les jours, contiennent des os d'hommes et des traces de l'industrie humaine.

1.re FORMATION. *Terre végétale.*

§. 31. On nomme ainsi une couche infiniment mince, dont la composition extrêmement compliquée est due aux débris des trois règnes réduits à un degré de ténuité extrême, qui couvre presque toute la surface de la terre, et dans laquelle croissent les végétaux.

Sous le rapport minéral, la nature de la terre végétale participe beaucoup de celle des roches environnantes, et cela se conçoit parfaitement, puisque le détritus de ces roches vient en augmenter continuellement l'épaisseur, et que les travaux des hommes en mêlent à chaque instant les parties. Dans les plaines et dans les vallées, où les eaux déposent continuellement, cette nature est plus compliquée que sur les plateaux élevés : sur ceux-ci, quand la roche est facilement décomposable par l'action des agens atmosphériques, comme les roches felspathiques, crayeuses, etc., la couche dans laquelle croit la végétation est composée du détritus de ces roches souvent très-pur, ainsi qu'on l'observe sur les plateaux granitiques de la Bretagne, de la Bourgogne, etc., et dans les plaines crayeuses de la Champagne et de la Picardie.

La nature de la terre végétale influe certainement sur celle de la végétation; mais on n'a pas encore fait d'expériences bien positives à cet égard. Cependant on en pourrait retirer les plus grands avantages, et la description d'une contrée est incomplète, quand on n'a pas examiné avec soin la terre végétale, les différens genres de plantes qu'elle produit et la manière dont chacune y croit.

2.° FORMATION. *Éboulemens.*

§. 32. Au pied de tous les escarpemens, dans les montagnes et le long des côtes, il existe des amas provenant des débris des roches supérieures. Ces amas affectent différentes formes, mais la surface qui les terminé se rapproche toujours de celle d'un cône qui est plus ou moins aigu, selon que la base de la portion éboulée est moins ou plus étendue. Dans les roches meubles, les cônes sont souvent très-aigus.

Quoique les matériaux qui composent un éboulement soient très-mélangés, on y remarque cependant un certain ordre, qui est déterminé par les lois de la mécanique : les morceaux les plus pesans sont les plus éloignés du point de départ; aussi les grosses pierres occupent-elles toujours la base, tandis que les portions meubles et légères sont à la partie supérieure.

La nature des roches qui composent les éboulemens variant avec les localités, nous ne pouvons pas nous occuper de leur composition intérieure.

Les éboulemens sont le résultat de deux causes bien connues : l'infiltration des eaux et la gelée.

1.° Dans le voisinage des escarpemens, les eaux, en s'infiltrant dans les fissures des roches, détrempent les parties molles, les entraînent, et forment ainsi des vides entre les parties plus solides qui les contenaient. Celles-ci, étant traversées par des fissures, se rompent en vertu de leur propre poids, et se détruisent réciproquement en tombant les unes sur les autres.

2.° Pendant l'hiver, l'eau contenue dans les fissures des roches se gèle quelquefois; l'expansion de la glace peut produire alors un effort assez considérable pour en écarter certaines parties. Dans le dégel, la glace, fondant, permet aux portions écartées de se séparer, et la roche s'éboule. Cette seconde cause produit des effets très-considérables dans les hautes montagnes, où, après les dégels, on voit tomber, avec un fracas épouvantable, des masses énormes de rochers, qui entraînent tout ce qui se trouve sur leur passage. J'ai vu dans les Cévennes et les Alpes de nombreux exemples de ce fait; Saussure en cite plusieurs.

Les masses minérales étant de mauvais conducteurs du calorique, les variations de température y déterminent des fractures, qui certainement contribuent beaucoup aux éboulemens.

Au premier abord, on pourrait croire que l'effet dont nous venons de parler n'a point de limites, et que les montagnes, se détruisant peu à peu, doivent enfin finir par se niveler; mais en réfléchissant un peu, on reconnaît bientôt le contraire : le talus qui se forme au pied des escarpemens par les matériaux qui en tombent, s'élevant avec le temps, préserve ainsi les parties qu'il recouvre, et l'on conçoit qu'à la fin l'escarpement sera tout-à-fait revêtu par le talus, et que les causes destructives qui l'ont formé ne produiront plus d'éboulemens. Les talus eux-mêmes, en butte aux mêmes causes, rongés par les ruisseaux, peuvent aussi s'ébouler par leur pied; mais cet effet ne fait que reculer le moment d'équilibre parfait, qui finit toujours par s'établir. Ceci est frappant dans les hautes montagnes, où les talus forment les flancs de la plupart des vallées.

Ces talus étant terminés en grande partie, la végétation s'en est emparée, ce qui se voit parfaitement dans toute la chaîne de la Bourgogne, les montagnes des Ardennes, etc.; ou bien ils sont encore dominés par des escarpemens plus ou moins considérables, et qui, en s'éboulant tous les ans un peu, poussent les choses vers un état d'équilibre stable.

Nous avons déjà dit comment les vagues qui battent le pied des falaises y déterminent des éboulemens qui finissent par préserver entièrement ces mêmes falaises de leur action destructive. Ces éboulemens sont encore augmentés par les causes que nous venons de faire connaître, et qui concourent avec les vagues à établir l'équilibre nécessaire à la conservation générale.

3.° FORMATION. *Atterrissemens.*

§. 33. Nous entendons par là toutes les couches de terre déposées mécaniquement par les eaux douces et salées. Nous ferons deux divisions dans cette formation : a, *atterrissemens d'eau douce*; b, *atterrissemens marins.*

a. *Atterrissemens d'eau douce.* Les agens atmosphériques agissent lentement, mais sensiblement, sur les masses minérales; par exemple, la plupart des marnes deviennent friables par leur exposition à l'air : c'est d'après cette propriété qu'on les emploie comme engrais; les oxides de fer, en passant à l'état d'hydroxides, diminuent la cohésion des roches dans la composition desquelles ils entrent; le felspath, en perdant sa potasse, que l'eau lui enlève, passe à l'état de kaolin et produit le même effet : il en résulte des sables, qui sont très-abondans sur les montagnes granitiques principalement. D'après cela, il existe toujours à la surface de la terre une certaine quantité de substances minérales désagrégées et que les eaux sauvages entraînent en passant dessus. Ce phénomène a lieu suivant les lois de la mécanique: tous les *matériaux* suspendus dans l'eau sont transportés aussi long-temps que la vîtesse de ce liquide a une intensité assez considérable pour vaincre l'effet de la pesanteur; mais aussitôt que cette dernière force l'emporte sur la première, les matières suspendues se déposent.

La vîtesse d'un courant d'eau se détruit par les obstacles qu'il rencontre; comme le nombre de ces obstacles est en raison directe de l'espace que le courant parcourt, il en résulte que les morceaux les plus pesans se déposent les premiers. Ce principe renferme toute la théorie des atterrissemens qui se trouvent le long des cours d'eau.

Il est donc très-naturel de voir des atterrissemens dans les lieux bas où séjournent *les eaux des pluies*, comme dans les lacs et les mares. Ces produits, en élevant peu à peu le fond, diminuent sensiblement la profondeur, et finissent dans certains cas par les combler entièrement. Cet effet est très-sensible dans les lacs d'Italie; Saussure l'a observé dans celui de Genève, à l'entrée du Rhône, et il ajoute même qu'à la suite des siècles le bassin de ce lac finira par être comblé.

Tout le monde a remarqué les atterrissemens qui existent dans le lit des rivières et des fleuves, et qui sont quelquefois assez considérables pour en obstruer le cours ou en rendre la navigation extrêmement difficile: tels sont ceux de la Durance, du Rhône, du Rhin, etc. Les lits de ces fleuves sont remplis d'une immense quantité d'îles, presque toutes couvertes dans les débordemens, et qui résultent des atterrissemens.

Je vais exposer la théorie générale des atterrissemens le long d'un cours d'eau quelconque, mais dont nous supposerons le lit dans la partie plate du fond d'une vallée.

D'abord, d'après ce que nous avons dit au commencement de cet article, la quantité des matériaux qui composent les atterrissemens le long du cours d'une rivière, doit aller en diminuant de sa source vers son embouchure, où il ne se dépose en général que des sables extrêmement fins.

Voyons maintenant comment les atterrissemens sont déterminés.

Si un obstacle quelconque vient s'opposer perpendiculairement au courant, il est évident qu'à ce point sa vitesse sera nulle et que toutes les matières tenues en suspension vont se déposer. Mais si l'obstacle est oblique à la direction de l'eau, celle-ci ne perdra qu'une partie de sa vîtesse et ne laissera déposer que les corps dont la pesanteur l'emportera sur la vîtesse restante. A un second obstacle, les choses se passeront absolument de la même manière, et ainsi de suite jusqu'à l'embouchure, où se déposent les matières les plus légères. Il résulte de là que les morceaux appartenant à la même substance, et partis du même point, sont disposés le long des cours d'eau par ordre de volume, les plus gros étant au point de départ; ce qui est précisément le contraire des éboulemens.

Les observations ont prouvé que la vîtesse d'un

cours d'eau quelconque diminue en allant du milieu vers les bords, ce qui doit nécessairement arriver, puisque c'est vers ceux-ci que se trouvent le plus d'obstacles. C'est donc le long des bords que se forment plus communément les atterrissemens; ceux du milieu ne sont déterminés que par des obstacles accidentels.

Les atterrissemens des bords des fleuves et des rivières présentent des faits curieux et d'une haute importance pour la navigation et l'art militaire.

Quand un cours d'eau est réfléchi par un obstacle, sa direction est changée, et ensuite il se dirige plus ou moins obliquement sur l'autre bord, où, par son action continuelle, il produit une berge. Là, les obstacles qu'il rencontre le forcent à se réfléchir de nouveau, et à aller former de la même manière une berge sur le premier, etc.; en sorte que les rivières, dans les parties sinueuses de leur cours, doivent présenter une alternative de berges et de talus, et que les talus doivent occuper les angles saillans et les berges les rentrans (pl. 1, fig. 11). Dans les parties droites du lit, la vitesse étant à peu près également diminuée sur les deux bords, les talus s'établissent des deux côtés et le fond s'élève également. Aussi les gués sont-ils presque toujours situés dans les parties droites du cours des rivières, tandis que dans les sinuosités le point le plus profond est du côté de la berge.

Ce que nous venons d'exposer se remarque le long du cours de toutes les rivières non encaissées naturellement. Ces principes sont de la plus haute importance pour le navigateur qui parcourt un fleuve inconnu, et pour les officiers, qui, par leur moyen, peuvent avoir, à l'inspection d'une carte, des données assez exactes sur les points convenables pour effectuer le passage d'une rivière ou pour prendre position le long de son cours.

Cette portion horizontale qui occupe le fond des vallées, et dans laquelle les lits des cours d'eau sont creusés, mérite de fixer notre attention d'une manière particulière : elle est formée par le cours d'eau qui la traverse.

En examinant les berges d'une rivière, on reconnaît que le terrain dans lequel elles sont excavées doit son origine à l'ordre actuel des choses : il contient des lits de sables et de cailloux roulés, tout-à-fait identiques avec ceux des bords; des débris de poteries, de briques et d'autres ouvrages humains; des ossemens d'espèces actuellement vivantes, et même souvent des os humains; des coquilles terrestres, et les fluviatiles qui vivent dans la rivière; enfin, des bois qui commencent à se carboniser. Toutes ces observations ont été faites sur les berges de la Saône, que j'ai examinées avec soin; dans l'une d'elles[1] il existe une couche horizontale composée d'ossemens appartenant à des bœufs, des chevaux, des cochons et des hommes. Au milieu de tout cela se trouvent mêlés des fragmens de poterie grossière; ailleurs j'ai vu des briques, la moitié d'un ancien vase et des os disséminés, des *hélix* et des

1 Sur la rive droite de la Saône, vis-à-vis Verdun sur le Doubs.

unios vivant encore dans la contrée. On peut faire des remarques semblables le long de toutes les rivières. Ainsi cette partie horizontale du fond des vallées est certainement une formation postdiluvienne et qui s'accroît encore tous les jours. Voici comment elle est produite :

Les eaux sauvages, se rendant dans le lit d'une rivière, en augmentent beaucoup le volume, et la forcent à déborder sur le sol plat situé de chaque côté du lit. La masse d'eau étant d'autant moins épaisse qu'elle est plus étendue, et le nombre des obstacles augmentant en raison de cette étendue, la vîtesse se perd en grande partie; alors l'eau dépose les matières qu'elle tenait en suspension, et forme une petite couche. Mais dans le lit, où la vîtesse conserve son intensité, le dépôt n'a pas pu avoir lieu de la même manière. Ces phénomènes se reproduisant à chaque débordement, il en résulte que les bords doivent s'exhausser et que les berges d'une rivière sont d'autant plus élevées que les inondations sont plus fréquentes : c'est effectivement ce qui a lieu, et j'ai très-bien vérifié ce fait, le long du cours de la Saône, qui déborde fort souvent, et de ceux du Doubs et de la Dheune qui s'y jettent. Ces deux dernières rivières présentent l'application complète du principe: en remontant le long de leur cours, on voit les berges s'abaisser; ce qui provient de ce que le nombre de leurs débordemens diminue à mesure qu'on s'éloigne de la Saône qui, dans les siens, ne peut refouler leurs eaux qu'à une certaine distance. Ainsi, à l'inspection seule du lit d'une rivière ou d'un fleuve, on peut dire si les inondations sont fréquentes, et même, par ses affluens, déterminer à peu près la distance où elles s'étendent; ce qui est très-important quand on veut faire des établissemens sur les bords.

D'après le mode de formation de la partie horizontale qui occupe le fond de la plupart des vallées, il est évident qu'elle doit renfermer des restes de tout ce qui existe maintenant à la surface du sol dans le pays voisin; et que cette partie doit d'autant mieux se rattacher aux flancs des vallées, que ceux-ci sont moins inclinés.

Tourbières. Dans le fond de plusieurs vallées, et dans les parties basses des plaines où l'eau séjourne, il existe des amas plus ou moins considérables d'une substance noire, charbonneuse, qui est évidemment d'origine végétale. Cette substance, que l'on nomme *tourbe*, a un mode de formation tout-à-fait analogue à celui des atterrissemens, avec lesquels on voit d'ailleurs assez souvent des couches de tourbe alterner.

En examinant l'intérieur d'une masse de tourbe, on remarque qu'elle est composée de racines, de tiges minces et de feuilles, provenant en grande partie de plantes herbacées marécageuses, et de mousses, plus ou moins converties en une matière noire et combustible. Souvent les végétaux sont encore très-reconnaissables; mais souvent aussi la tourbe présente une masse compacte et homogène, brûlant avec une fumée et une odeur semblables à celles de certains combustibles minéraux.

Dans plusieurs contrées les tourbes forment des couches très-étendues et presque continues; telles sont celles de la vallée de la Somme : aux environs d'Amiens la tourbe forme un banc épais de 2 à 3^{m}; cette épaisseur augmente en descendant la vallée; près d'Abbeville elle atteint son maximum, 10^{m}, mais ensuite elle diminue de plus en plus.

La composition intérieure de cette tourbe présente les caractères suivans : la partie supérieure est formée de tiges et de racines de roseaux entrelacées les unes dans les autres, et dont la décomposition ne fait que commencer; ensuite la tourbe est plus homogène, les végétaux sont bituminisés, mais encore très-reconnaissables; enfin on arrive à une masse presque homogène, d'une couleur brun foncé, et qui se gerce en se desséchant. La partie inférieure des tourbières que nous décrivons est occupée par une immense quantité de bois, des troncs et des branches d'arbres dicotylédons, entassés et reposant sur un lit de glaise.

L'intérieur de la France présente beaucoup de tourbières analogues à celles que nous venons de décrire : on en exploite plusieurs dans les départemens du Nord et du Pas-de-Calais; il en existe aussi en Allemagne, en Angleterre, en Islande, etc. On a observé qu'en général les pays du nord en renferment une plus grande quantité que ceux du sud. L'accroissement des tourbes est beaucoup plus rapide dans les années pluvieuses que dans les années sèches.

Dans les grandes tourbières, et particulièrement

en Allemagne, on remarque des îles qui changent de place et que l'on nomme pour cette raison *îles flottantes.* Ce sont des portions de tourbe entourées d'eau, soit naturellement, soit par des fossés creusés de main d'homme, et dont la partie supérieure, étant composée de végétaux non encore décomposés, se met à flot. On a vu de ces îles couvertes d'arbres et portant même des maisons, flotter au milieu des tourbières inondées; on en cite une, dans le lac Gerdon, en Prusse, qui servait de pâture à un troupeau de cent moutons.

Les substances minérales contenues dans la tourbe sont peu nombreuses: on y remarque quelques couches de sable et de marne, du fer pyriteux et quelques cristaux isolés de chaux sulfatée.

Les restes organiques sont extrêmement communs dans les tourbières; plusieurs renferment des arbres entiers bien conservés : on a extrait de celles d'Essonne des bois de cerf et de chevreuil, des os et des défenses de sanglier, et des coquilles fluviatiles. Des fossiles semblables se trouvent dans celles de l'Écosse et de l'Irlande, avec des cornes d'Aurochs. Suivant M. Cuvier, tous ces restes peuvent se rapporter à des espèces connues et qui ne se présentent que dans des couches de l'époque actuelle. Des monumens de l'industrie humaine viennent encore confirmer ces observations : dans les tourbes de la Somme on a trouvé des barques provenant de la navigation des lacs dont elles occupent la place. Près de Saint-Quentin on a découvert une chaussée romaine de 8^{m} de longueur et un amas d'armes anciennes. On cite encore des objets semblables trouvés dans plusieurs autres tourbières.

Les faits que nous venons de rapporter prouvent incontestablement que ces tourbes appartiennent à l'époque actuelle; nous les voyons se produire tous les jours sous nos yeux, et voici à peu près comment les choses se passent :

Les eaux stagnantes sont habitées par une grande quantité de végétaux d'une substance pulpeuse, tendre, spongieuse et d'une décomposition très-facile. Chaque hiver une certaine partie de ces végétaux meurent, et par leur propre poids tombent au fond du lac, où ils forment une couche mince; l'année suivante, une nouvelle couche vient s'ajouter à la première, et ainsi de suite.

Les substances déposées sont soumises aux lois de décomposition chimique, et il en résulte une matière d'autant plus homogène et dans laquelle les traces de l'organisation végétale sont d'autant moins reconnaissables, qu'elle est déposée depuis plus longtemps. On conçoit facilement que la nature des tourbes doit varier avec celle des végétaux composans; c'est effectivement ce qui a lieu.

La tourbe fournit un assez bon combustible, dont on fait un grand usage dans les pays du nord.

b. *Atterrissemens marins.* Les fleuves, en se jetant dans la mer, perdent complétement leur vîtesse, et déposent à leur embouchure des vases et des sables qui forment des bancs, et en rendent ainsi l'entrée souvent très-difficile et même impraticable. Les vagues de la mer dispersent les sables à droite et à gauche, et les portent sur la côte; dans le même temps elles agissent aussi sur les parties du fond qui se laissent attaquer, les transportent et les déposent sur les parties plates des côtes. Voici comment le dépôt s'effectue: à mesure que la vague s'étend sur le sol plat, elle perd sa vitesse, et il arrive un moment où cette vitesse, étant tout-à-fait nulle, permet aux matières suspendues de se déposer; puis la vague se retire lentement; et les mêmes phénomènes se reproduisent un grand nombre de fois. Les dépôts très-fréquens, formés de cette manière, finissent par élever tellement le sol, qu'après un certain temps l'eau ne peut plus l'envahir. C'est ainsi qu'a été formé presque tout le sol de la Hollande et cette grande bande plate qui s'étend depuis Calais jusqu'au-delà de Dunkerque; qu'Aigues-mortes, où s'embarqua S. Louis, est maintenant à plus d'une lieue de la mer, etc.

Mais il ne faut pas construire trop tôt sur les dépôts marins: en se desséchant ils s'abaissent, et la mer y revient à des époques plus ou moins éloignées les unes des autres, jusqu'à ce qu'enfin elle ait porté le sol à une assez grande élévation pour qu'en se desséchant il ne baisse plus au-dessous de son niveau. C'est pour ne pas avoir eu égard à ce principe, qu'une grande partie de la Hollande est exposée à être envahie de nouveau par la mer.

Dans les profondeurs de la mer, les courans transportent des sables et des vases, qu'ils vont déposer sur certains points, et forment ainsi des bas-fonds et des bancs, qui finissent par être des écueils dangereux pour les navigateurs. Il existe un grand nombre de pareils bancs sur les côtes de la Hollande et sur celles de l'Angleterre; les géographes en marquent sur les cartes un considérable, qui s'étend depuis la côte d'Alger jusque dans le golfe de Lyon.

Les atterrissemens marins contiennent des coquilles littorales, des os de poissons et quelquefois des grands cétacés tout entiers, des os humains et fréquemment des amas considérables de végétaux marins, qui forment souvent des couches de tourbe que l'on exploite avec avantage. Dans celui qui s'étend depuis Calais jusqu'à Dunkerque, sous les murs même de cette dernière ville, j'ai trouvé, dans des fondations nouvellement ouvertes, de semblables couches de tourbe et des coquilles identiques avec celles que l'on rencontre sur la laisse de mer.

Dans quelques cas particuliers, la mer jette sur les bords des sables mêlés d'une plus ou moins grande quantité de coquilles et de coraux, et qui, au bout d'un certain temps, prennent une consistance assez considérable: ce sont de véritables grès. On en cite qui se forment journellement sur les côtes de Sicile; mais c'est dans l'archipel des Antilles que ce phénomène est le plus commun; les nègres le désignent sous le nom de *Maçonne-bon-Dieu*.

Le plus remarquable est celui situé sur la côte nord-ouest de la Guadeloupe, près du port du Môle, et dans lequel on trouve des squelettes humains plus ou moins mutilés. Cette formation occupe une espèce de glacis appuyé sur la côte escarpée de l'île et que l'eau recouvre en partie à marée haute. On le voit s'accroître journellement par les débris très-menus de coquillages et de coraux que les vagues détachent des rochers, et dont l'amas prend ensuite une grande cohésion.

On a fait mille conjectures sur les ossemens humains qui s'y rencontrent. M. Moreau de Jonnès pense que *ce sont des cadavres provenant de naufrages*. Les os sont toujours en saillie et contiennent encore une grande quantité de phosphate de chaux.

M. le général Douzelot a fait extraire un squelette, que l'on voit au cabinet du Jardin du Roi, et dont M. Cuvier a donné le dessin à la fin de son discours sur les révolutions du globe. La roche qui renferme ces os contient aussi des coquilles de la plage voisine, des coquilles terrestres de l'île et nommément le *Bulimus Guadalupensis* (Férussac). Dans l'île de Saint-Domingue on voit des formations absolument semblables et dans lesquelles on a trouvé des débris de vases et d'autres ouvrages humains à plus de 20 pieds dans les terres. On remarque que l'accroissement de ces dépôts est d'autant plus rapide, que le mouvement des vagues est plus violent.

4.e FORMATION. *Dunes.*

§. 34. Les sables que rejette la mer sur les plages sont souvent transportés par les vents dans l'intérieur des terres, où ils forment des monticules que l'on nomme *dunes*. Ce phénomène est très-commun sur tout le littoral de France depuis Bayonne jusqu'à Dunkerque. A l'inspection d'une masse de *dunes*, on reconnaît qu'elle est composée de monticules souvent fort élevés, placés à côté les uns des autres, et formant même quelquefois de petites chaînes assez bien déterminées, comme je l'ai remarqué dans celle des bords de la Manche. La longueur des monticules pris en général, a une direction parallèle à celle suivant laquelle la masse s'avance dans les terres, et qui est toujours celle du vent dominant dans la contrée. C'est ainsi que depuis Bayonne jusqu'à Calais les dunes ont la forme de triangles, dont la base est appuyée sur la côte et le sommet dans les terres. La ligne qui joint le sommet avec le milieu de cette base est dirigée du sud-ouest au nord-est : c'est précisément la direction du vent le plus commun sur tout le littoral ; et de Calais jusqu'à Dunkerque, où la côte est à peu près parallèle à cette direction, les dunes ne s'avancent plus dans les terres, mais elles forment un long cordon parallèle à la côte.

En examinant l'intérieur d'une masse de dunes, on y reconnaît des vallées et des bassins. Dans ceux-ci les eaux sauvages se réunissent, et forment souvent de petits lacs, dont les eaux sont quelquefois stagnantes, mais qui souvent aussi donnent naissance à des ruisseaux qui coulent à la mer ou dans l'intérieur des terres, suivant l'inclinaison du sol inférieur. Ceux des dunes depuis Étaples jusqu'à Calais se rendent tous à la mer.

L'étude de la structure intérieure de dunes du littoral de la Manche[1] m'a fait reconnaître qu'elles

---

1 Description géognostique du Bas-Boulonnais.

sont composées d'un sable très-fin, disposé quelquefois par couches ondulées. On remarque dans certaines parties de petits lits d'une tourbe sableuse, entièrement composée de végétaux herbacés. J'en ai vu jusqu'à trois couches placées les unes au-dessus des autres. Cette tourbe provient des végétaux croissant dans les petits lacs dont j'ai parlé, qui ont été remplis plusieurs fois par le sable, jusqu'à ce qu'enfin il se soit formé une dune à la place. En analysant le sable, M. Marguet l'a trouvé entièrement siliceux, à l'exception de 0,03 de son poids de matière calcaire, qui pourrait bien provenir de débris de coquillages, dont on ne trouve du reste que de petits fragmens infiniment rares.

La formation des dunes par les sables que les vents transportent est évidente : ce transport est quelquefois si considérable, que l'air en est obscurci. Ce phénomène est cité par tous les voyageurs qui ont visité l'Afrique.

Les sables arrêtés par un obstacle quelconque se déposent et forment un monticule en s'amoncelant, et que chaque nouvelle partie vient accroître. Enfin, la butte atteint une hauteur à laquelle les vents ne peuvent plus élever les sables, même ceux qu'ils prennent aux monticules voisins : alors son élévation ne peut plus augmenter; mais la dune change encore de place et continue à s'avancer dans les terres. En effet, le sable du côté du vent monte sur le sommet de la dune, et, par l'effet de sa pesanteur, tombe en formant un talus sur la face opposée : de là vient que la plupart des dunes sont escarpées de ce côté.

On conçoit d'après cela que, si rien ne vient s'opposer à leur marche, les dunes doivent avancer avec une certaine rapidité dans l'intérieur des terres, et causer des ravages considérables : c'est ce qui arrive souvent en Afrique et dans la Gascogne. A l'embouchure de la Garonne et de l'Adour, les sables s'avancent vers l'est, en couvrant les forêts et les villages ; ils ont abîmé en partie la petite ville de Mimizan, et avant ils avaient englouti un grand nombre de villages mentionnés dans les titres du moyen âge.

M. de Bremontier, qui a fait de grands travaux sur ces dunes, en estimait la marche à 20^m par an. Dans cette partie de la France on n'est point encore parvenu à les fixer d'une certaine manière, et elles continuent leurs ravages avec une vitesse vraiment effrayante ; Mimizan lutte depuis quinze ans contre elles. Mais dans le Boulonnais il n'en est pas de même : depuis les travaux de Cassini, les dunes sont à peu près fixées ; les habitans y plantent une cypéracée qu'ils nomment *oya* (*arundo arenaria*), qui, y croissant assez bien, fixe les sables ; et cela est d'autant plus avantageux, que chaque dune fixée est un obstacle opposé aux sables qui viennent de la mer. La culture est le seul moyen que l'on ait pour se garantir de ce fléau. En Afrique, où les sables sont arides, ils causent des ravages épouvantables jusque dans le milieu du continent. Dans la Gascogne les paysans se servent du vent même pour détruire les dunes : quand il souffle dans une direction à peu près opposée à celle de leur marche, ils agitent fortement les sables avec des pelles, et forcent ainsi le vent à en remporter une partie. Mais comme les vents du sud-ouest sont beaucoup plus fréquens que les autres, il en résulte que les sables envahissent le pays malgré tout ce que l'on peut faire.

§. 35. Quelques-unes des formations postdiluviennes que nous venons d'examiner, renferment des substances minérales dont l'exploitation est souvent très-avantageuse. Tels sont : le fer, l'étain, l'argent, le platine, l'or, le diamant, etc.

Minérais de fer d'alluvion. Les eaux qui coulent dans les régions abondantes en molécules de fer, en entraînent une certaine partie, qu'elles font passer à l'état d'hydroxide, et qu'elles déposent lorsqu'elles deviennent stagnantes. Ce minérai, que l'on nomme fer limoneux, mêlé d'une plus ou moins grande quantité de vase, forme souvent des couches assez riches pour donner lieu à des exploitations avantageuses. Au pied des montagnes de Suède on en a vu qui rendaient 60 pour cent de métal.

Dans les montagnes où les gîtes des minéraux sont communs, les éboulemens et les atterrissemens renferment les débris des couches et des filons existans : on en trouve quelquefois des fragmens très-considérables. En général, comme les substances que l'on y recherche sont très-précieuses, on les exploite par le lavage; c'est ainsi que l'on retire l'argent, l'or, le platine et le diamant au Pérou et au Mexique des alluvions qui les contiennent; et on remarque que ces substances sont disposées dans l'ordre de pesanteur spécifique à partir du gîte. L'étain oxidé a souvent un pareil gisement : on le trouve ainsi sur les frontières de la Saxe et de la Bohème, dans le pays de Cornouailles et sur les côtes de la Bretagne. On observe qu'il se trouve toujours, à cause de sa grande pesanteur, dans le voisinage des montagnes qui le contiennent.

On cite plusieurs rivières dans les sables desquelles on trouve des paillettes d'or, et qui en charient même encore. L'Arriége ou Oriége (*Aurigera*) doit son nom à l'or que contiennent ses sables, et dont elle charie des paillettes. Il y a soixante-dix ans que l'exploitation en était très-lucrative; elle a fourni jusqu'à 49 kilogrammes d'or par an à la monnaie de Toulouse, mais aujourd'hui elle ne vaut plus rien. Parmi les autres rivières aurifères de la France, on cite le Gardon, l'Ardèche, le Rhône et le Rhin. « La Hongrie est, je crois, dit M. d'Aubuisson, « le seul pays de l'Europe où le lavage de l'or « soit l'objet d'un travail suivi. » Il y a peu d'années que l'on voyait encore des orpailleurs le long du cours du Rhône.

5.e FORMATION. *Tufs calcaires déposés par les eaux douces.*

§. 36. Les roches dont nous allons nous occuper, quoique appartenant à l'époque actuelle, ont un mode de formation qui diffère tout-à-fait de celui des groupes précédens. Ce ne sont plus des produits de l'action mécanique des eaux; mais d'une action chimique du reste bien connue.

Tout le monde connaît les fontaines incrustantes du Puy-de-Dôme, surtout celle de Saint-Allyre, auprès de Clermont. On sait fort bien qu'il suffit d'y plonger, pendant un temps assez court, un corps quelconque, pour qu'il soit recouvert d'une croûte pierreuse, dont l'épaisseur est proportionnelle au temps qu'il a été plongé.

Ces mêmes eaux, en se répandant sur le sol, y déposent des masses d'un tuf calcaire rempli d'un grand nombre de cavités, quelquefois même compacte, et qui, avec le temps, prennent souvent une consistance assez considérable pour que l'on puisse s'en servir comme pierre de construction.

J'ai vu dans la vallée du Tarn, près de Milhau (Aveyron), une masse énorme de pareils tufs, augmentée encore journellement par les sources qui coulent des montagnes supérieures, et dont les parties les plus anciennes sont exploitées pour bâtir.

Ce tuf forme un massif dans lequel on ne remarque aucune stratification. La roche est extrêmement poreuse, avec beaucoup de cavités cylindroïdes. J'y ai reconnu des empreintes de feuilles de noyer parfaitement caractérisées, mais point d'autres traces de restes organiques. Au pied du Petit Saint-Bernard le torrent des eaux rouges forme un tuf tout-à-fait semblable à celui-ci. Les travertins de Tivoli, dans la Campagne de Rome, ont absolument la même origine et le même aspect, et renferment des *limnées* et des *hélix*. La plaine qui s'étend depuis Rome jusqu'au pied des montagnes de Tivoli, est couverte, dans une grande partie de son étendue, d'un dépôt passant au travertin. M. d'Omalius d'Halloy l'a retrouvé à l'entrée des marais Pontins.

Dans les travertins de l'Auvergne MM. Jobert et Croiset ont trouvé des veines d'arragonite de deux pouces environ d'épaisseur, et des silex qui ont tout l'aspect et la dureté des quarz résinites, et offrent, comme eux, de fréquentes nuances de couleurs.

Les mêmes observateurs citent dans ces dépôts des coquilles fluviatiles d'espèces vivantes et des ossemens humains. Enfin, M. Bravard a découvert dans un travertin de la même contrée, près des bains de Saint-Nectaire, une planche enduite de ciment romain et toute pénétrée d'aiguilles d'arragonite : fait important, qui prouve la continuation jusqu'à l'époque actuelle de la formation d'une substance qui existe dans les termes les plus anciens de la série géognostique.

Toutes les roches que nous venons de décrire ont absolument la même origine, et nous allons maintenant expliquer leur formation.

On démontre en chimie que l'eau peut dissoudre une certaine quantité d'acide hydrosulfurique et d'acide carbonique, dont elle laisse échapper la plus grande partie lorsqu'on l'agite ou qu'elle vient à frapper contre un corps solide. Au moyen de cet excès d'acide que l'eau peut prendre, elle devient susceptible de dissoudre en partie les calcaires que l'on y plonge, et même ceux sur lesquels on la fait couler; mais si on l'agite, elle perd une partie de son acide, et le calcaire se dépose. Dans la nature, les choses se passent absolument de la même manière : l'eau se charge d'acide, qu'elle prend dans l'intérieur de la terre ou qui provient de la décomposition des matières organiques ; en coulant sur les roches calcaires, elle en dissout une certaine partie, qu'elle laisse déposer, en sortant de terre, sur les corps qui s'opposent à son passage. Les travertins déposés par les eaux chargées d'acide carbonique ont un aspect différent de ceux provenant des eaux sulfureuses. M. Pentland, qui a beaucoup observé ceux de l'Italie, dit que les premiers ont une couleur jaunâtre, tandis que les seconds sont toujours blancs.

Ces mêmes eaux, filtrant à travers les fissures qui se trouvent dans la voûte des grottes, y forment ces *stalactites* qui produisent dans quelques-unes un si bel effet. Les portions qui tombent sur le sol, forment une croûte mamelonnée plus ou moins épaisse, et que l'on nomme *stalagmites*. Les stalactites sont composées de couches coniques de spath calcaire souvent très-blanc ; et les stalagmites de couches plus ou moins ondulées, mais qui ne sont point enveloppantes ; voilà la seule différence qu'il y ait entre ces deux productions : car c'est la même substance qui les compose, de la chaux carbonatée généralement pure.

DEUXIÈME ÉPOQUE. TERRAIN DILUVIEN.

§. 37. Les différentes parties du terrain diluvien ont une grande analogie avec celles du précédent ; mais se trouvant indistinctement sur le sommet des montagnes, sur les plateaux, dans les plaines et le fond des vallées, leur formation n'est point due à l'ordre actuel des choses. De plus, on n'y rencontre aucune trace de l'industrie humaine, ni ossemens d'hommes; ceux des quadrupèdes terrestres, qui y sont répandus en grande abondance, appartiennent à des espèces qui paraissent avoir été entièrement détruites, et dont plusieurs genres même ne vivent que dans des contrées très-éloignées de celles où on rencontre leurs débris : tels sont ceux d'éléphans et de rhinocéros, que l'on trouve dans les plaines de la Sibérie, dans celles des environs de Paris, etc. Partout le terrain diluvien est recouvert par le terrain postdiluvien ; ainsi il n'y a aucune espèce de doute sur l'âge relatif de ces deux époques.

L'atterrissement diluvien se retrouve avec tous les caractères qui lui sont propres, et que nous allons faire connaître, dans les contrées les plus éloignées de la terre, en France, en Angleterre, en Sibérie, aux Indes orientales et en Amérique. La grande catastrophe qui l'a produit agissait donc en même temps sur toute la surface du globe ; et c'est la dernière révolution générale qu'elle ait éprouvée.

On peut distinguer plusieurs espèces de roches dans cette époque ; mais généralement ces roches ne sont point superposées les unes aux autres : elles contiennent à peu près les mêmes restes organiques; de plus, il y a bien des raisons pour les croire formées toutes par la même cause; ainsi nous les regarderons comme appartenant à une seule formation.

Nous allons en décrire les principales, et ensuite nous énumérerons les nombreux restes organiques qui s'y rencontrent.

Dans le Bas-Boulonnais le terrain diluvien est composé de silex de différentes grosseurs, réunis entre eux par une marne dont la nature change avec les localités. L'épaisseur la plus considérable est de deux mètres; les silex qui sont plus ou moins brisés, proviennent évidemment des montagnes de craie environnantes.

Aux environs de Paris, dans la forêt de Saint-Germain, le bois de Boulogne, la plaine de Grenelle, etc., on rencontre immédiatement sous la terre végétale, et cela sur les hauteurs comme dans les fonds, une couche dont l'épaisseur est quelquefois de six mètres, entièrement composée de sables, de cailloux roulés, appartenant à différentes espèces de roches, même aux roches primitives et surtout au silex pyromaque, et au milieu desquels sont disséminés de gros blocs de grès et de meulière, qui ont jusqu'à douze mètres cubes. On trouve encore des formations tout-à-fait analogues dans plusieurs autres contrées.

Dans le midi de la France la formation diluvienne prend un développement très-considérable : on la retrouve sur le sol de presque toutes les plaines de la Provence et du Languedoc, et dans le fond d'un grand nombre de vallées. La partie la plus remarquable, et qui a le plus attiré l'attention des géognostes, est celle répandue tout le long du cours de la Durance, et qui couvre aussi la grande plaine de la Crau. Ce sont des poudingues en masses souvent très-puissantes, composés de cailloux roulés, dont la grosseur varie depuis celle d'un œuf de pigeon jusqu'à celle de la tête. Ces cailloux appartiennent en grande partie à des roches primitives que l'on ne retrouve que dans le centre des Alpes. On y remarque du quarz lamellifère, du porphyre, des granites, des roches pétrosiliceuses, des roches amphiboliques, des schistes et des variolites, très-communes le long de la Durance, et que tout le monde connaît sous le nom de *variolites de la Durance.*

On n'y cite point de restes organiques.

Toutes les roches environnantes, à plus de six lieues de distance, appartiennent aux formations calcaires; ainsi ce ne sont pas elles qui ont fourni les matériaux de ces poudingues : ensuite ils sont tout-à-fait dans la même position géognostique que ceux déjà cités; ainsi ils appartiennent certainement au terrain diluvien.

C'est encore à la même époque géognostique que l'on rapporte toutes les brèches osseuses de ces mêmes contrées, et qui ont été observées à Nice, Antibes, Montpellier, etc. (Pl. 1, fig. 12.)

Ces brèches, qui remplissent des fentes plus ou

moins larges dans un calcaire secondaire, sont formées de débris de calcaires agglutinés par un ciment de même nature : elles contiennent une quantité considérable d'ossemens de quadrupèdes terrestres, parmi lesquels M. Marcel de Serres cite des cerfs, des boeufs, des chevaux et même des moutons; mais pas un seul vestige d'ossemens humains.

La même cause qui formait les brèches et les poudingues a précipité dans les cavernes une partie des animaux qu'elle entraînait; car dans les environs de Montpellier on trouve de ces cavernes qui contiennent une certaine quantité d'ossemens souvent très-bien conservés, ce qui porte à croire que les animaux y ont été chariés avec toutes leurs chairs.

M. Brongniart a démontré (Annales des sciences naturelles, Août 1828) que le minérai de fer pisolitique remplissant dans les calcaires des montagnes du Jura des fentes qui présentent la plus grande analogie avec celles occupées par les brèches osseuses (pl. 1, fig. 15), a été déposé en même temps que ces brèches.

L'opinion de ce grand naturaliste, fondée sur les rapports de gisement et les débris des mêmes roches trouvés dans les brèches et le minérai de fer, vient d'être complétement confirmée (même journal, Janvier 1829) par une observation de M. Necker-Saussure, qui a trouvé des ossemens de grands animaux diluviens dans le minérai de fer de la Carniole.

Ce que nous venons de dire suffit pour donner une idée juste des différentes parties qui composent le terrain diluvien. Nous allons maintenant entreprendre l'énumération des nombreux restes de grands animaux qu'il renferme.

Les restes de quadrupèdes que nous allons citer appartiennent à des espèces inconnues maintenant; plusieurs des genres même ne vivent plus qu'entre les tropiques, comme les éléphans, les rhinocéros, les tapyrs, etc.

Éléphans. Une espèce particulière à cette époque, qui est commune surtout en Sibérie, et dont les défenses donnent l'ivoire fossile. C'est là-dessus que l'on a bâti l'histoire du *mammouth.* D'après M. Cuvier, sa taille ne devait guère excéder celle des grands éléphans vivans.

Rhinocéros. Une espèce différente de celle qui vit actuellement dans les Indes. Ses os se trouvent mêlés avec ceux d'éléphans.

Hippopotame. On en distingue deux espèces : l'une, qui ne diffère pas sensiblement de celle qui vit actuellement; et l'autre, plus petite, de la taille d'un sanglier, et qui n'existe plus.

Les débris de tapyrs ressemblent beaucoup à ceux d'espèces vivant actuellement sur la terre.

Mastodonte. C'est un genre perdu, qui diffère de l'éléphant principalement par la forme des dents; ses dents sont tuberculeuses, tandis que celles d'éléphant sont composées de lames appliquées les unes contre les autres.

Mégathérium. C'est encore un genre perdu, qui a été trouvé à l'état fossile dans les environs de Buénos-Ayres et au Paraguay.

Il existe encore avec tous ces ossemens des débris

de chevaux, de bœufs, de cerfs, de daims, de buffles, et même de moutons et de chiens. Il est à remarquer que des os de chevaux, d'une espèce peu différente de la nôtre, se trouvent en grande abondance avec ceux d'éléphans.

Dans le beau travail que MM. Jobert et Croiset viennent de publier sur les ossemens fossiles de l'Auvergne, ils annoncent avoir trouvé, mélangés avec des débris de grands animaux, des ossemens de tigres, de chats, de rats et même de poulets.

Les cavernes dont nous avons parlé plus haut contiennent, avec les ossemens de grands quadrupèdes, des espèces d'*ours* et d'*hyènes* qui leur sont propres : ces os gisent sur le sol, où ils sont recouverts par des marnes, des galets ou par une croûte de stalagmite. C'est en fouillant cette croûte que l'on en a découvert en beaucoup d'endroits où l'on n'en soupçonnait point : les cavernes à ossemens les plus célèbres sont celles de l'Allemagne, et celles découvertes récemment dans le département de l'Hérault, près Lunel.

Outre les animaux que nous venons de faire connaître, on cite encore beaucoup de végétaux dont plusieurs appartiennent à la famille des palmiers et à d'autres qui n'habitent plus aujourd'hui que les pays chauds. Ces végétaux sont souvent pétrifiés.

On trouve aussi des forêts entières d'arbres dicotylédons : ceux qui existent dans les tourbières de la Somme et dans celles du littoral de la Manche, ont probablement été renversés par la grande débâcle diluvienne.

Quand on étudie une tourbière qui paraît d'une origine plus ancienne que l'ordre actuel des choses, ou une forêt fossile, pour résoudre la question, il faut examiner premièrement si on n'y rencontre point de traces de l'industrie humaine, ou des os d'espèces vivantes; ensuite, s'il y a les mêmes cailloux que l'on remarque dans le terrain diluvien voisin; enfin, si les os appartiennent à des espèces détruites; alors on pourra prononcer avec certitude. Les forêts enfouies à cette époque sont très-nombreuses : dans le Wurtemberg on a découvert une forêt de palmiers dont tous les arbres étaient renversés; en Italie, et même dans les Indes orientales, on cite beaucoup d'ossemens mélangés avec des bois pétrifiés et bitumineux.

Le dépôt le plus célèbre en ce genre est celui de la côte occidentale du Lincolnshire, en Angleterre. Il a plusieurs lieues de large et on l'a reconnu sur une longueur de trente lieues. Ce dépôt repose sur une glaise molle, et il est recouvert par une couche de cette même substance. En creusant des puits, on l'a rencontré à 16 pieds au-dessous du sol. Il est composé de racines, de troncs, de branches et de feuilles d'arbres, mêlés de quelques plantes aquatiques : les troncs et les branches sont souvent aplatis; des arbres encore debout sur leurs racines, des branches très-délicates et des feuilles parfaitement conservées, prouvent que ces arbres vivaient sur les lieux mêmes. On y reconnait très-bien des bouleaux, des pins et des chênes, dont plusieurs peuvent encore servir à la charpente.

Sur la côte de Morlaix, en 1811, la mer mit à découvert une pareille forêt : on y reconnut des ifs, des chênes et surtout des bouleaux.

« Dans presque tout le Cotentin, dit M. Duhamel, « on trouve au fond des marais des bois en partie « minéralisés : on est si sûr d'en rencontrer que, « lorsque les particuliers ont besoin d'une poutre, « il leur suffit de sonder dans les marais pour ob- « tenir infailliblement ce qu'ils cherchent. »

Le terrain diluvien se trouve partout avec les caractères que nous venons de lui reconnaître : nous allons citer les principales contrées où on l'a observé.

Dans la plaine au nord de Paris, au milieu d'une terre noirâtre, recouverte par une assise de sable contenant des coquilles d'eau douce, on a trouvé des ossemens d'éléphans, de rhinocéros, de chevaux et de bœufs. On cite également des ossemens de ce genre en Bourgogne, en Dauphiné, en Provence et dans le Languedoc : il en existe dans presque tous les bassins des rivières d'Allemagne. Près de la petite ville de Canstadt, dans le Wurtemberg, on a déterré une immense quantité d'os d'éléphans, de rhinocéros, d'hyènes, et qui gisaient pêle-mêle en partie brisés dans une masse d'argile jaunâtre, mêlée de grains de quarz, de galets calcaires, et de beaucoup de coquilles d'eau douce : c'est dans le voisinage de cet amas qu'on a découvert la forêt de palmiers dont nous avons parlé plus haut.

L'Angleterre et ses îles, la Norwége, l'Islande et les autres terres de la zône glaciale présentent des ossemens fossiles sur plusieurs points; mais ces ossemens ne sont nulle part aussi communs que dans la Russie asiatique. Pallas dit : « Depuis le Don jus-« qu'à l'extrémité du promontoire de Tchutchis, « toutes les rivières et les fleuves, surtout ceux qui « coulent dans les plaines, contiennent sur leurs « rives et dans leurs lits des os d'éléphans et d'au-« tres animaux étrangers au climat, mêlés avec des « coquilles *marines.* »

Dans la mer glaciale, les îles abondent en pareils os. Les îles Liaikos, situées près de l'embouchure de la Léna, en sont en grande partie formées. Ce sont des amas de sables et d'os d'éléphans, de rhinocéros, de buffles, etc. [1]. Sous la glace on a quelquefois trouvé des os après lesquels il y avait encore de la chair. En 1799 on découvrit près des îles dont nous venons de parler, un éléphant entier, engagé dans la glace. En 1804 les glaces fondirent, et il vint échouer à la côte, où il fut mutilé par les pêcheurs. C'était un jeune mâle, dont la taille dépassait celle des éléphans vivans ; il avait une longue crinière, dont on voit encore un morceau au Muséum de Paris. La racine des crins est garnie d'une laine grossière, ce qui a fait dire à M. Cuvier que cet éléphant, différant par là de celui des Indes, pouvait vivre dans les climats froids.

On a aussi trouvé des amas d'ossemens dans plusieurs parties de l'Amérique ; enfin, au commencement de l'année 1828, il est arrivé en Angleterre des os de mastodontes, de rhinocéros, etc., venant

---

1 Malte-Brun, Précis de géographie universelle, tom. 3.

de l'empire des Birmans, où ils ont été trouvés dans une alluvion ancienne, avec des coquilles marines, des bois pétrifiés, et une quantité considérable d'arbres ayant encore conservé leurs plus petites branches.

Dans tous ces amas les ossemens sont en général dispersés, et ce n'est que dans un petit nombre de lieux qu'on trouve des squelettes entiers.

Le terrain diluvien contient plusieurs substances minérales. Nous avons déjà parlé des minérais de fer pisiformes qui remplissent des cavités dans les calcaires du Jura; on en cite encore plusieurs autres, dont la plus remarquable est le muriate de soude, qui y existe quelquefois en quantité considérable, surtout dans les déserts de l'Afrique, les plaines de la Perse et les steppes de la Sibérie.

En Arabie et en Afrique, les eaux des déserts sont saumâtres. Dans les sables de l'Égypte, le sel se trouve en bancs et en masses. Le grand désert de Barbarie est recouvert en quelques endroits d'une croûte de sel quelquefois très-blanche et assez épaisse pour être coupée en grosses masses cubiques, dont on se sert comme pierres de taille pour bâtir les maisons. [1]

Le terrain argileux qui constitue le grand plateau du Mexique, d'après M. de Humboldt, est comme imprégné de sel.

Je connais plusieurs parties de la grande plaine comprise entre le Jura et les montagnes de la Bour-

1 Malte-Brun, Précis de géographie universelle, tom. 4.

gogne, près de Châlons-sur-Saône, dont le sol est sensiblement salé.

Blocs erratiques. Il y a encore un fait extrêmement curieux, et qui, très-probablement, est dû à la même cause dont nous venons d'examiner les principaux effets; je veux parler des blocs de granite et d'autres roches anciennes répandues sur plusieurs points de l'Europe, et si loin de toutes les roches en place d'où ils paraissent provenir, que leur présence intrigue encore beaucoup les observateurs; mais ces blocs présentant la plus grande analogie avec ceux que l'on trouve souvent au milieu du terrain diluvien, il me semble qu'on peut leur attribuer la même origine, et c'est pour cela que j'en parle ici.

Saussure, et tous les observateurs qui ont visité le Jura, ont remarqué sur le versant qui regarde les Alpes, et à une hauteur plus ou moins considérable, une assez grande quantité de blocs erratiques de roches primitives, dont quelques-uns ont mille mètres cubes. Saussure observe que ces blocs sont en plus grande abondance vis-à-vis les grandes vallées alpines. Des blocs tout-à-fait semblables se retrouvent aussi de l'autre côté des Alpes, ce qui a fait penser à cet observateur que les eaux de la grande débâcle universelle se versèrent avec une égale furie des deux côtés de la chaîne. Ces blocs gisent sur les flancs des montagnes calcaires comme si on les y avait posés avec la main; et ils sont séparés du centre des Alpes, d'où ils paraissent provenir, par plusieurs vallées profondes et des montagnes beaucoup plus élevées que celles sur lesquelles on les trouve dans le Jura.

Presque toutes les plaines du nord de l'Europe présentent, sur un terrain de transport, des blocs de roches primitives qui n'ont aucune analogie avec les montagnes environnantes. MM. de Buch et Hausmann ont reconnu l'identité de nature entre ceux de la Basse-Allemagne et les roches qui constituent les montagnes de la Scandinavie, de l'autre côté de la Baltique; ce qui a fait penser que leur transport devait être antérieur à l'existence du bassin de cette mer.

Enfin, dans toutes les contrées visitées par les voyageurs on a reconnu des blocs isolés et totalement étrangers aux pays dans lesquels ils se trouvent.

D'après les observations que j'ai été à même de faire dans plusieurs parties de la France, je regarde les blocs erratiques comme ayant été déposés en même temps que le terrain diluvien, et postérieurement à la formation de la plupart des vallées. Le fait principal sur lequel j'appuie mon opinion, est celui-ci : ces blocs existent très-souvent dans une couche de transport qui appartient évidemment à l'époque diluvienne, et qui s'étend sur les plateaux et dans le fond des vallées.

De tous les faits que nous venons d'exposer, on peut tirer des conséquences extrêmement remarquables.

1.° On a quelques raisons de croire qu'immédiatement avant l'époque actuelle la différence des climats sur la terre était infiniment moindre qu'aujourd'hui et peut-être nulle. Sa surface était alors habitée par une grande quantité d'animaux, qui étaient les mêmes partout; mais l'homme n'avait point encore paru.

2.° La grande révolution qui a produit le terrain diluvien a été générale.

3.° Ce cataclysme a détruit presque tout ce qui existait alors sur les continens, et principalement les grands animaux.

4.° Enfin l'équilibre s'est établi entre les forces de la nature, et le globe a été peuplé comme nous le voyons aujourd'hui.

Nous ne savons rien de bien positif sur la cause à laquelle le grand atterrissement diluvien doit son existence. La nature des matériaux qui le composent, leur disposition et les coquilles marines trouvées dans plusieurs localités, ont fait dire à quelques observateurs que cette cause était une irruption générale et subite des eaux de la mer sur les continens.

D'autres ont cru y reconnaître plusieurs dépôts superposés, qu'ils attribuent aux débâcles successives de grands lacs, qui, existant d'abord entre les diverses parties des chaînes de montagnes, se seraient vidés à différentes époques.

Enfin, les mêmes forces qui ont soulevé les chaînes de montagnes ont pu, en poussant fortement les eaux sur les continens, détruire tous les animaux terrestres, et couvrir la surface des nombreux débris que nous y remarquons aujourd'hui.

TROISIÈME ÉPOQUE. TERRAIN TERTIAIRE.

Formations stratifiées supérieures à celle de la craie.[1]

§. 38. Cette division n'est établie que depuis les beaux travaux de MM. Brongniart et Cuvier sur les environs de Paris, publiés, pour la première fois, en 1810. Depuis, en 1822, il a paru une seconde édition de ce célèbre ouvrage, dans laquelle nous avons puisé les descriptions que nous allons donner des cinq groupes qui composent ce terrain. Nous faisons cela, parce que le bassin de Paris est la contrée où on a, jusqu'à présent, rencontré le plus grand nombre de formations tertiaires réunies, et

1 M. Desnoyers vient d'observer, dans le bassin de la Loire, des dépôts marins superposés à la première formation tertiaire de celui de la Seine. Ces dépôts sont caractérisés par la présence d'ossemens de grands mammifères, beaucoup de coquilles marines parfaitement conservées; *huîtres*, *peignes*, etc., et des zoophytes. Il regarde comme contemporains de ces dépôts le *crag* des Anglais, le calcaire moellon de Montpellier, la molasse coquillière du bassin du Rhône, les faluns de Touraine, etc. Dans un Mémoire, dont la première partie seulement est publiée au moment où j'écris (Annales des sciences naturelles, Février 1829), ce géognoste pense que l'ensemble de toutes ces roches constitue une époque géognostique particulière, placée entre le terrain diluvien et le terrain tertiaire. Je suis d'autant plus disposé à adopter son opinion à cet égard, que j'ai moi-même observé une formation analogue en Provence, où elle est évidemment plus nouvelle que le calcaire lacustre du bassin d'Aix; mais cette division n'étant point encore adoptée, je me borne à l'indiquer ici.

que c'est là aussi qu'elles ont été étudiées avec un soin et un talent qui ne laissent rien à désirer.

Caractères généraux. Les formations de la troisième époque présentent des mélanges fréquens de couches très-solides, de roches mal agrégées et souvent meubles; ce qui est cause qu'on les a confondues long-temps avec celles des deux premières. On avait d'abord faussement considéré ces formations comme peu importantes, comme irrégulières dans leur stratification et restreintes à un petit nombre de localités. Depuis la publication de la première édition de la Géologie des environs de Paris, on les a retrouvées presque partout; mais jamais aussi bien développées que dans le bassin de cette capitale.

Les coquilles que renferment les différentes parties du terrain tertiaire sont en général très-bien conservées. Ce sont elles qui ont tant avancé l'étude de la conchyliologie souterraine; tous les genres, même plusieurs espèces, vivent encore aujourd'hui: elles se rapprochent d'autant plus des nôtres, que les couches qui les renferment sont plus nouvelles; et celles-ci paraissent avoir aussi été le plus modifiées par les circonstances locales.

Nous ne devons donc pas nous attendre à trouver dans ces formations les familles ni même les genres de coquilles perdus. En effet, on n'y a jamais cité des *ammonites*, des *bélemnites*, des *gryphites*, etc., et à plus forte raison des *orthocératites*, des *productus*, des *spirifères*, etc., qui n'ont encore été trouvés que dans les dernières formations métazoïques.

C'est vers la partie moyenne du terrain tertiaire que les mammifères terrestres ont commencé à paraître dans la nature. Cependant, si le fait unique de Stonesfield était bien constaté, cette classe d'animaux se serait montrée dans la quatrième époque; mais comme, depuis le temps qu'on observe, Stonesfield est la seule localité où l'on ait cité des débris de mammifères terrestres dans des couches secondaires, on peut regarder ce fait comme un cas particulier, que nous chercherons à expliquer à l'article de la formation qui le présente.

Les groupes tertiaires contiennent une grande quantité de végétaux dont les espèces ne vivent plus, mais qui peuvent se rapporter aux genres actuels. L'ensemble des plantes fossiles de ces groupes forme la quatrième époque de végétation terrestre, établie par M. Ad. Brongniart, qui en admet cinq, dont la première commence au terrain de transition, et la dernière est celle de la surface actuelle du globe.

Cette quatrième époque de végétation présente une analogie complète avec celle d'aujourd'hui: « Les dicotylédones sont quatre ou cinq fois plus « nombreuses que les monocotylédones; quant aux « autres classes, des circonstances particulières pa« raissent en avoir diminué le nombre: ainsi on ne « trouve que quelques traces de fougères, d'équi« sétum et de mousses, et les agames ne sont re« présentées que par diverses espèces de plantes « marines. »

Quoique l'on rencontre quelquefois dans la troisième époque des roches si compactes et si solides, que, par leurs caractères minéralogiques, on ne peut parvenir à les distinguer de celles des époques antérieures, cependant, en général, les roches qui appartiennent à ce terrain sont moins bien agrégées que celles des formations plus anciennes; jusqu'à présent on n'y a encore cité que des roches calcaires, siliceuses, gypseuses et argileuses : les autres espèces paraissent en être exclues, à l'exception toutefois des roches volcaniques.

Il paraît que le sel gemme de Wieliczka est dans les gypses du terrain tertiaire; mais je ne sache pas qu'aucun de ses groupes contienne des filons métalliques.

Les tufs calcaires postdiluviens, les brèches, les poudingues et les grès du terrain diluvien forment souvent des passages insensibles de ces deux époques à la troisième. Il existe même plusieurs localités où les limites sont extrêmement difficiles à établir; et beaucoup de géologues modernes pensent que les eaux qui déposent maintenant les travertins, à une époque plus reculée, ont déposé de la même manière les calcaires d'eau douce.

Nous allons maintenant passer à la description des différentes formations qui composent le terrain tertiaire.

1.re Formation. *D'eau douce supérieure.* (Pl. 3, fig. 1.)

§. 39. Dans les environs de Paris, sous le terrain diluvien, et même fréquemment sous les différentes formations postdiluviennes, on rencontre des meulières, des sables ferrugineux, des calcaires d'eau douce, qui souvent sont mêlés les uns avec les autres. D'autres fois, une des roches se présente seule ou deux ensemble; mais on ne peut point dire qu'elles forment des étages. Cette première formation paraît avoir été beaucoup modifiée par les circonstances locales; en général on n'y remarque point de stratification régulière. M. Brongniart y établit deux divisions.

a. Dans le haut, on trouve des silex et des marnes calcaires remplis de coquilles d'eau douce. Ces deux pierres se présentent tantôt mêlées, tantôt séparément. Le calcaire d'eau douce à peu près pur est le plus commun; ensuite le mélange de silex et de calcaire; et les grandes masses de silex d'eau douce sont les plus rares. Le silex est tantôt pyromaque, pur et transparent; tantôt opaque, à cassure largement conchoïde; tantôt c'est un silex corné, qui a tous les caractères des meulières proprement dites, mais en général plus compacte que les meulières sans coquilles.

Quoique les caractères extérieurs du calcaire d'eau douce soient peu tranchés, ils sont cependant assez remarquables lorsqu'ils existent. Dans les environs de Paris, il est blanc ou d'un gris jaunâtre; tantôt tendre et friable, comme la marne et la craie; tantôt compacte, solide, à grain fin et à cassure conchoïde : on en trouve qui se taille très-bien. Que ce calcaire soit marneux ou compacte, il fait voir très-souvent des cavités cylindriques, irrégulières, à peu près parallèles, quoique sinueuses.

Quand le silex et le calcaire sont mêlés ensemble, le premier est caverneux, et ses cellules irrégulières sont remplies de la marne calcaire qui l'enveloppe.

b. Au-dessous de ce mélange de calcaire et de silex vient une meulière poreuse et sans coquilles, qui est la roche dominante dans les environs de Paris. Cette partie consiste en sables argilo-ferrugineux, en marne argileuse, verdâtre, rougeâtre, ou même blanchâtre, et en meulière proprement dite. Ces trois substances ne paraissent suivre aucun ordre dans leur superposition. La meulière est tantôt dessus, tantôt dessous et tantôt au milieu ou du sable ou de la marne; elle y est rarement en couches continues, mais plutôt en morceaux anguleux.

La plupart des meulières des environs de Paris ont une teinte rougeâtre, rosâtre et jaunâtre, rarement blanchâtre, avec une nuance bleue : on n'y voit ni calcédoine, ni cristaux de quarz; ce qui peut servir à les distinguer, hors de place, de celles du calcaire siliceux. Elles sont cependant quelquefois, comme ces dernières, presque compactes. La meulière pure n'est presque composée que de silex; mais un autre caractère des meulières proprement dites, de celles qui par la continuité de leurs masses peuvent donner des pierres à meules, c'est l'absence de tout corps organisé, animal ou végétal.

Minéraux. M. Brongniart ne cite point de gîtes de minéraux dans toutes les roches que nous venons de décrire.

Restes organiques. On y trouve des végétaux dont les principaux genres sont les suivans : *exagenites*, *lycopodites*, *poacites*, *chara* et *nymphea*. Cette formation est caractérisée par des coquilles d'eau douce et terrestres, presque toutes semblables, pour les genres, à celles qui vivent maintenant dans nos contrées; ce sont[1] : des *limnées*, des *planorbes*, des *potamides*, des *cyclostomes*, des *hélix*, des *bulimes*, etc. On y trouve aussi de petits corps ronds cannelés, que M. de Lamarck nomme *gyrogonites*, et qui, d'après M. Leman, paraissent être des graines de *chara*. Il est à remarquer que parmi les coquilles, dans les environs de Paris, on n'a pas trouvé une seule bivalve; on n'y rencontre point de coquilles marines.

Formes du sol. Dans le bassin de Paris, les roches que nous venons de décrire recouvrent constamment toutes les autres : elles se trouvent dans toutes les situations, mais cependant plutôt sur le sommet des collines et sur les grands plateaux que dans le fond des vallées. Quand elles existent dans ces derniers lieux, elles sont ordinairement recouvertes par le terrain de transport.

Emploi dans les arts. Le calcaire d'eau douce, se désagrégeant facilement à l'air, est très-employé comme marne d'engrais; on l'exploite pour cet usage près de Versailles et dans la Beauce. Les meulières sans coquilles donnent d'excellentes pierres à moulin. C'est à la Ferté-sous-Jouarre qu'elles sont principalement exploitées pour cet usage.

Localités. La formation d'eau douce supérieure est très-répandue, non-seulement aux environs de Paris,

---

1 Deshayes, pl. 1, fig. 1, 2, 3, 4, 7, 8, 9, 10, 11, 12, 13.

où on la retrouve jusqu'à trente lieues au sud, mais encore dans beaucoup d'autres parties de la France et de l'Europe. Nous citons les principales.

Aux environs de Montpellier on trouve une formation d'eau douce, très-semblable à la précédente, contenant les mêmes coquilles, et des végétaux, parmi lesquels on cite : des feuilles de vigne, de chêne vert et d'olivier.

Près de la fontaine de Vaucluse, M. Beudant a observé un calcaire d'eau douce contenant des limnées.

M. Brongniart a retrouvé cette formation dans le Cantal et le Puy-de-Dôme, contenant des limnées, des planorbes, des potamides et même des gyrogonites.

MM. Jobert et Croiset, dont nous avons déjà cité les travaux sur cette partie de la France, ont reconnu dans ce calcaire d'eau douce des animaux analogues à ceux de l'époque diluvienne, et, ce qui est plus étonnant encore, des os de poulets et des œufs passés à l'état calcaire, mais dont la coquille est parfaitement conservée.

On connaît aussi une formation d'eau douce près de Tours, qui paraît devoir se rapporter à celle-ci. M. Fargeaud vient d'en observer une aux environs de la Charité (Haute-Saône).

En Angleterre il existe, dans l'île de Wight, un calcaire d'eau douce avec des limnées, des planorbes, des paludines et des gyrogonites.

M. Prévost, dans son Mémoire sur le bassin de Vienne en Autriche, cite un calcaire lacustre recouvrant toutes les autres formations et présentant les mêmes caractères de texture et de couleur que celui des environs de Paris.

Enfin, M. Beudant, dans son Voyage en Hongrie, cite le calcaire d'eau douce sur un grand nombre de points : il renferme des limnées, des planorbes et des hélix.

2.e Formation. *Grès et sables marins supérieurs. Grès de Fontainebleau.*

§. 40. Les meulières sans coquilles reposent en plusieurs endroits, et particulièrement sur la route de Chartres au village de Pontchartrin, sur des sables renfermant des grès en quantité : quelquefois, quand ces sables manquent, on les voit recouvrir un banc de marne argileuse, qui paraît appartenir à la formation du gypse ; mais cela est très-rare.

La formation que nous allons décrire est complexe : on y distingue trois étages bien caractérisés, quoique pour ainsi dire il n'y ait point de stratification régulière.

a. Le premier étage est formé par une roche de grès ou de calcaire siliceux, remplie de coquilles marines, désignée souvent sous le nom de *grès marin supérieur.* Cette roche varie de couleur, de solidité et même de nature ; tantôt c'est un grès pur, mais friable et rougeâtre (Montmartre) ; tantôt c'est un grès rouge argileux (Romainville) ; enfin, quelquefois il est remplacé par une couche mince de calcaire sableux rempli de coquilles, que recouvrent de grandes masses de grès gris, dur et sans fossiles (Hauteuil le Hardouin).

b. Au-dessous de cette roche viennent des lits horizontaux, épais de $0^m,2$, de minérais de fer presque géodiques, d'une couleur brunâtre et très-sablonneux, que l'on peut très-bien observer sur les plateaux de Montmorency, de Meudon et de Fontenay-aux-Roses. Ces lits sont souvent irréguliers. Peu à peu le sable devient plus pur; il s'y mêle des masses de grès, et bientôt on arrive à une masse très-épaisse, et souvent très-étendue, composée de sables siliceux et de grès en bancs, mais dont les deux surfaces sont rarement parallèles : elles offrent souvent des saillies et des cavités à contours arrondis, qui ne se correspondent pas, et donnent aux bancs une épaisseur très-variable et très-inégale; les dépressions, étant souvent opposées, amincissent tellement les bancs de grès en certains points, qu'elles les séparent en plusieurs masses : alors ces portions de bancs rompues ont roulé sur les flancs des collines qu'ils formaient, et les ont couvertes de gros blocs arrondis et comme entassés sur ces pentes. Telle est la disposition des grès sur les flancs des collines de la forêt de Fontainebleau. En général cet étage ne renferme point de restes organiques; mais dans la forêt de Villers-Cotterets M. Héricard-Férand a reconnu, vers la partie inférieure, un grand nombre de coquilles marines, dont quelques-unes des espèces paraissent les mêmes que celles du calcaire grossier.

c. Dans le texte, M. Brongniart réunit ce troisième étage à la formation inférieure; mais dans sa coupe (pl. III, fig. 1), il le comprend dans la formation marine supérieure; ce qui doit être, d'après les observations de M. Héricard-Férand, et d'ailleurs la formation gypseuse est entièrement d'eau douce.

Ce troisième étage se compose d'un banc d'huîtres, au-dessous duquel viennent des marnes argileuses vertes, sans coquilles. La première partie consiste en un sable argileux sans coquilles, sous lequel vient un banc de petites huîtres brunes. Ce banc est très-épais, mais il est divisé en plusieurs lits; dessous celui-ci se trouve une couche de marne blanche sans coquilles, puis un banc de grandes huîtres très-épaisses, qui ont jusqu'à $0^m,1$ de longueur; ensuite viennent plusieurs couches de marnes remplies de bivalves marines, et d'autres contenant des palais de raie et des coquilles marines univalves et bivalves; enfin, un banc de marnes argileuses verdâtres sans fossiles, mais contenant des géodes argilo-calcaires et des rognons de strontiane sulfatée qui, d'après moi, sépare ce groupe de celui qui vient immédiatement après.

Minéraux. Les espèces minérales de cette formation sont : les minérais de fer du premier étage, le mica en paillettes, dont les sables et grès du second sont remplis ; enfin, les géodes calcaires et les rognons de célestine dont nous venons de parler.

Restes organiques. D'après MM. Brongniart et Cuvier, les fossiles de cette formation appartiennent tous à des animaux marins. Les voici distribués dans les trois étages que nous avons établis.

1.er Étage.	2.e Étage.	3.e Étage.
Oliva. *Fusus.* *Cerithium.* *Melania.* *Pectunculus.* *Crassatella.* *Donax.* *Cytherea.* *Corbula.* *Ostrea.* — *flabellosa.*	*Discorbites*, et espèces semblables à celles du calcaire grossier. Voyez page 220.	1.er Banc. *Ostrea* { *Cochlearia.* *Spatula.* 2.e Banc. *Ostrea* { *Hypopus.* *Conalis.* Et dans les marnes : *Cytherea.* *Spirorbes.* *Cerithium.* *Ampullaria.* *Cardium.* *Nucula.* Os de poissons, aiguillons et palais de raie.

On voit, d'après ce tableau, qu'il y a de l'analogie entre les coquilles du premier étage et celles du troisième. Ainsi je crois avoir raison de les réunir tous les trois en une même formation.

Formes du sol. Le groupe que nous venons de décrire est très-bien développé dans le bassin de Paris; il forme des collines peu élevées, dont la surface est presque toujours couverte de gros blocs de grès ; il existe entre elles des vallées fort larges, et souvent de grandes plaines.

Emploi dans les arts. Les grès sont très-employés: c'est avec eux que l'on fait tous les pavés de la capitale, et même ceux des routes environnantes. Les sables sont souvent très-purs, et alors fort estimés dans les arts, au point qu'on va les recueillir dans la forêt de Fontainebleau et même jusqu'à Étampes. Il paraît qu'on n'a pas cherché à tirer parti des minérais de fer, qui existent en assez grande abondance dans le haut du second étage.

Localités. Hors du bassin de Paris on cite peu de localités où se présentent des formations analogues et parallèles à celle que venons de décrire. M. Bertrand-Geslin place ici les sables micacés supérieurs au gypse dans le bassin d'Aix. J'ai observé sur les montagnes de craie du Haut-Boulonnais des masses de grès qui ressemblent beaucoup, pour la composition de la roche, à ceux de Fontainebleau, et qui ne contiennent non plus jamais de fossiles.

C'est à ce groupe géognostique qu'il faut rapporter la formation marine supérieure des Anglais, composée de sable et de gravier : souvent les sables sont ferrugineux et renferment de véritables grès. Les coquilles y sont bien conservées. Quelques géognostes y rapportent aussi les mollasses de la Suisse et leurs analogues ; mais M. Voltz les croit plus modernes.

3.e Formation. *Gypse à ossemens.*

§. 41. M. Brongniart dit : « Le groupe dont nous « allons tracer l'histoire, est un des exemples les « plus clairs de ce qu'on doit entendre par forma- « tion. On y va voir des couches très-différentes par « leur nature chimique, mais évidemment formées « ensemble. »

Cette formation n'est pas seulement composée de gypse, elle consiste en couches alternatives de gypse et de marnes argileuses et calcaires, dont l'ordre de superposition est le même depuis Meaux jusqu'à Triel et Grysy, sur une longueur de plus de vingt lieues. Des couches manquent quelquefois ; mais celles qui restent sont toujours dans la même position respective. C'est dans cette partie du terrain tertiaire qu'ont commencé à paraître en abondance les premiers mammifères terrestres; ils sont tout-à-fait caractéristiques de l'époque. Toutes les roches de cette formation ont indubitablement été formées dans les eaux douces; les coquilles qu'elles renferment le prouvent. Nous croyons devoir y établir trois étages.

a. Immédiatement au-dessous des marnes vertes sans fossiles de la partie inférieure du groupe n.° 2, vient un banc de marne jaune feuilletée, renfermant de petites bivalves (*cythérées*), et dans sa partie inférieure des rognons de célestine. Dessus on trouve des couches nombreuses et souvent très-épaisses de marnes argileuses, calcaires, d'une couleur blanche, et ne contenant point de fossiles. Mais après celles-ci viennent des bancs très-épais de marne blanche, tantôt calcaire et tantôt argileuse, dans les assises inférieures desquels il existe des troncs de palmiers pétrifiés en silex, et formant des couches. C'est aussi là qu'on trouve des *limnées* et des *planorbes*, qui diffèrent à peine des espèces qui vivent dans nos marais.

b. Le second étage est composé de marnes et de gypse alternant entre eux. M. Brongniart le divise en deux masses.

La première masse, qui fournit tout le plâtre que l'on emploie à Paris, est essentiellement caractérisée par la présence d'une grande quantité d'ossemens de *mammifères*, d'*oiseaux*, de *reptiles* et de *poissons*. Les couches supérieures du gypse alternent avec les marnes du premier étage. Celles qui viennent ensuite, et que l'on exploite, se divisent naturellement en prismes à plusieurs pans, ce qui les fait nommer *hauts-piliers*. On y trouve des silex qui semblent se fondre dans la matière gypseuse et en être pénétrés.

La masse inférieure est composée de couches alternatives peu épaisses de gypse souvent séléniteux, de marnes calcaires solides, et de marnes argileuses très-feuilletées. C'est dans les premières que se trouvent principalement les gros cristaux de gypse jaunâtre, lenticulaires ; et c'est dans les dernières qu'existent les *silex ménilites*, qui paraissent caractériser la formation n.° 3.

Dans le bassin de Paris, les parties inférieures de cette masse ont été déposées, tantôt sur un sable calcaire marin coquillier, et alors elles renferment des coquilles marines; tantôt sur un fond de marne blanche, renfermant une grande quantité de coquilles d'eau douce. En creusant on arrive, soit au calcaire marin, soit au calcaire siliceux lacustre.

c. On trouve sous la seconde masse de gypse un étage formé d'assises distinctes de calcaire tantôt tendre et blanc, tantôt gris et compacte, et à grains très-fins ; il est pénétré de silex qui s'y est infiltré dans tous les sens et dans tous les points ; il est fréquemment caverneux. Les cavités sont grandes, irrégulières, et se communiquent dans toutes les directions. Le silex, en s'infiltrant dans ces cavités, en a tapissé les parois de stalactites mamelonnées et diversement colorées, et de cristaux de quarz très-courts, mais limpides. Cette disposition est très-remarquable à Champigny. Par ses caractères extérieurs, ce calcaire ressemble beaucoup aux meulières du groupe n.° 1. Cette roche repose quelquefois immédiatement sur le calcaire marin; alors elle contient des coquilles marines dans sa partie inférieure : mais celles du haut sont toutes d'eau douce, ce qui engage M. Brongniart à la ranger dans la formation gypseuse, et à la considérer comme en en formant le dernier terme.

Minéraux. Le groupe n.° 3 contient plusieurs espèces minérales. Le premier étage renferme des rognons de célestine, et du silex qui forme la substance des bois de palmiers. Le second, outre son gypse, qui est l'objet de grandes exploitations, contient, dans le haut, beaucoup de silex, et dans la seconde masse, des cristaux de sélénite, et des silex ménilites, qui paraissent ne se trouver que là.

Restes organiques. Les restes de végétaux sont très-communs dans le premier étage; ils appartiennent à la famille des palmiers : on n'en cite point dans les autres. On y trouve aussi des débris de *poissons*, des *limnées* et des *planorbes.*

Le second est très-remarquable par les nombreux restes du règne animal qui s'y trouvent.

Les mammifères sont : des *palæothérium*, des *anaplothérium*, des *carnassiers*, et quelques autres espèces décrites par M. Cuvier.

Il y a aussi trois ou quatre espèces d'oiseaux, et autant d'espèces de poissons d'eau douce.

Les reptiles sont : un *trionix*, deux *tortues* et un

crocodile. On cite encore une espèce de mollusques, le *cyclostoma mumia*, qui paraît caractéristique. (Deshayes, pl. 1, fig. 3 et 4.)

Les coquilles du troisième étage sont d'eau douce: *limnées*, *planorbes*, etc.

Formes du sol. La formation n.° 3 est très-développée dans le bassin de Paris. Les collines gypseuses forment comme une longue et large bande, qui se dirige du sud-est au nord-ouest. Ces collines ont un aspect particulier, qui les fait reconnaître de loin : étant toujours placées sur le calcaire grossier, elles forment comme des secondes collines, alongées ou coniques, distinctes, situées sur d'autres plus étendues et plus basses.

Pour les arts. Les gypses de cette formation sont l'objet de grandes exploitations. Ce sont eux qui fournissent tout le plâtre que l'on emploie à Paris.

Les eaux qui en sortent sont très-chargées de sulfate de chaux, ce qui les rend impotables. Telles sont toutes celles des puits de l'intérieur de la capitale.

Localités. Hors du bassin de Paris, les groupes de roches, semblables à celui que nous venons de faire connaître, paraissent être peu nombreux. En France on n'en a encore cité qu'en deux endroits fort éloignés l'un de l'autre : aux environs du Puy en Velay, et dans les collines au nord d'Aix en Provence.

Au Puy la formation est placée sous des roches volcaniques; les restes organiques présentent la plus grande analogie avec ceux des environs de Paris : on y a reconnu des os de *palæothérium*, des *tortues;* et, parmi les mollusques, des *cyclostomes*, des *limnées* et des *planorbes*.

Dans son Mémoire sur le bassin d'Aix, M. Bertrand-Geslin[1] prouve qu'il existe une grande analogie entre la formation gypseuse de ce pays et celle de Paris. Il cite des palmiers d'une grande dimension et des poissons d'eau douce, mais point d'ossemens de mammifères. La formation d'eau douce inférieure des géognostes anglais est parallèle à notre troisième groupe, et présente même quelque analogie avec lui : d'abord les coquilles sont des *limnées*, des *planorbes* et des *cyclostomes ;* et ensuite elle contient souvent des cristaux de gypse.

4.e Formation. *Calcaire grossier* ou *à cérites*.

§. 42. *a.* Nous avons dit que le troisième étage de la formation précédente reposait quelquefois immédiatement sur le calcaire grossier. Mais on trouve aussi dessous, formant la partie supérieure du quatrième, des couches de marne calcaire dure, se divisant en fragmens dont les faces sont couvertes d'un enduit jaune et de dendrites noires. Ces couches sont séparées les unes des autres par des marnes calcaires, argileuses, tendres, et par du sable calcaire, quelquefois agrégé, et qui renferme des silex cornés à zones horizontales. En réunissant cette partie au premier étage, nous croyons devoir en distinguer quatre dans cette formation marine, qui, suivant les obser-

1 Mémoires de la Société d'histoire naturelle, tom. 1.

vations de M. Desnoyers, est séparée en deux par un banc de lignite contenant des coquilles fluviatiles.

Dessous ces marnes viennent des couches de grès ou des masses de silex corné, remplies de coquilles marines et mêlées de couches calcaires. Quelquefois le calcaire est remplacé par les grès; ceux-ci sont tantôt friables et d'un gris blanchâtre, opaque; tantôt luisans, presque translucides, à cassure droite et d'un gris foncé. Cette partie renferme souvent des cérites en quantité prodigieuse; elle est particulièrement désignée dans plusieurs ouvrages sous le nom de *grès marin inférieur.*

b. Au-dessous des grès marins inférieurs vient une masse très-puissante, composée de calcaire grossier, plus ou moins dur; de marne argileuse, souvent en lits très-minces, et de marne calcaire. Ces diverses couches suivent toujours le même ordre dans une étendue considérable : il arrive souvent que quelques-unes manquent, mais jamais l'ordre n'est interverti. Cet étage est celui qui donne des pierres de construction. Les coquilles y sont bien conservées : on y voit aussi des restes de végétaux.

La masse du calcaire grossier, telle que nous venons de la décrire, est divisée en deux parties par un banc de lignite (pl. III, fig. 1).

Ce banc de lignite a 2^{m} d'épaisseur; il est composé d'une substance charbonneuse terne, mélangée de végétaux, dont quelques-uns sont encore bien conservés, et d'une grande quantité de coquilles d'eau douce très-friables, parmi lesquelles il est facile de reconnaître des limnées et des planorbes.

Ce dépôt d'eau douce, qui vient couper en deux la formation marine, est un fait d'autant plus singulier, qu'au-dessus et au-dessous le calcaire est à peu près le même, et qu'il contient les mêmes coquilles marines, parmi lesquelles je ne sache pas que l'on ait encore trouvé une seule coquille fluviatile.

c. La roche sur laquelle repose le banc de lignite se charge peu à peu de grains verts, et passe à un calcaire coquillier, et même souvent à un sable qui renferme toujours de la terre verte, en poudre ou en grains. Cette substance, que l'on retrouve dans toute la série tertiaire, même dans la série secondaire, d'après M. Berthier, est composée de silice 0,46, de protoxide de fer 0,22, plus un peu de magnésie, et 0,15 d'eau. Elle peut être regardée comme un silicate de fer.

C'est dans cette même partie qu'on trouve une si grande quantité de *nummulites*[1]; elles y sont souvent mêlées de madrépores et de coquilles dans un état de conservation parfaite (Grignon).

d. Quelquefois le calcaire grossier recouvre immédiatement l'argile plastique; mais il en est souvent séparé par une couche de sable plus ou moins épaisse, et qui réellement ne peut être placée ni dans l'une ni dans l'autre des formations : elle fait séparation entre les deux; elle ne contient point de coquilles : quelquefois on y trouve des bancs de grès assez purs et assez solides.

Minéraux. Les marnes du premier étage renfer-

---

1 Deshayes, pl. 3, fig. 11 et 12.

ment des cristaux de quarz, des rhomboïdes inverses de chaux carbonatée et de petits cubes de chaux fluatée.

Les autres renferment du silex et la matière verte dont nous avons parlé, qui a beaucoup d'analogie avec la terre verte de Vérone.

Restes organiques. Les végétaux du calcaire grossier, nommés par M. Ad. Brongniart, sont : des *endogénites*, des *culmites*, des *phyllites*, des *flabellites*, des *pins* et des *équisétum*.

Voici comment MM. Brongniart et Cuvier ont distribué les coquilles.

PARTIE SUPÉRIEURE.	COUCHES MOYENNES. Coquilles de Grignon.	COUCHES INFÉRIEURES.
Miliolites.[1]	*Orbitolites.*	*Nummulites.*
Cardium.	*Cardita.*	*Madrepora*, 3 espèces.
Lucina.	*Ovulites.*	*Astrea*, 3 espèces.
Cerithium, 4 espèces.	*Alveolites.*	*Turbinolia.*
Corbula.	*Turritella.*	*Cerithium giganteum.*[2]
	Terrebellum.	*Lucina.*
	Calyptrea.	*Cardium.*
	Pectunculus.	*Voluta.*
	Citherea.	*Crassatella.*
	Miliolites.	*Turritella.*
	Cerithium.	*Ostrea flabellosa.*

Il faut ajouter à ces coquilles les limnées et les planorbes du banc de lignite.

Formes du sol. La formation du calcaire grossier ou à cérites, est très-répandue dans le bassin de

1 Deshayes, pl. 3, fig. 1 — 10.
2 *Idem*, pl. 2, fig. 3.

Paris; elle paraît rarement à la surface, en sorte que l'on peut très-peu observer les formes des montagnes qu'elle constitue. Les lits sont généralement horizontaux.

Emploi dans les arts. C'est ce groupe qui fournit toute la pierre de construction que l'on emploie communément à Paris : le calcaire est exploité pour cet usage dans tous les environs, au moyen de puits souvent très-profonds.

Localités. M. Brongniart rapporte les faluns de la Tourraine à la même époque géognostique que notre quatrième groupe, d'après l'analogie des corps organisés fossiles. En suivant les mêmes principes, il regarde aussi comme lui étant parallèles les couches calcaires de la montagne des Diablerets, certains calcaires des environs de Mayence, etc.

M. Constant-Prévôt a décrit une formation du bassin de Vienne en Autriche, qui a beaucoup de rapport avec la nôtre. Elle est composée de marnes argileuses, mêlées de lignites, et de calcaire grossier avec des coquilles qui le caractérisent.

M. Beudant, dans son voyage en Hongrie, a vu, aux environs de Bude et de Pest, des carrières de pierres à bâtir rappelant aux géologues celles des environs de Paris ; il y a retrouvé les mêmes genres de coquilles. La formation de l'argile de Londres correspond parfaitement à celle du calcaire grossier; les roches diffèrent, mais les coquilles sont les mêmes. C'est le gisement des nodules calcaires nommés *septaria :* ce sont des nodules souvent très-gros, quelquefois creux, mais toujours divisés par des veines de chaux carbonatée, qui se coupent dans toutes les directions.

Enfin, presque tous les observateurs rangent dans cette formation les calcaires de Turin, de la Ronca et du Montebolca.

5.ᵉ Formation. *Argile plastique.*

§. 43. Ce dernier terme de la troisième époque est beaucoup plus simple que ceux que nous avons décrits jusqu'ici; cependant on y remarque encore deux étages bien tranchés.

a. Sous les dernières parties de la formation n.° 4, dans le bassin de Paris, viennent des couches d'argiles sableuses dont la stratification concorde avec celle du calcaire grossier. Ces argiles, que les ouvriers nomment *fausses glaises*, sont souvent remplies de corps organisés, végétaux et animaux.

Au-dessous est un lit de sable qui divise la formation en deux.

b. Sous le lit de sable vient un banc d'argile pure, composé de 64 de silice, 24 d'alumine et 12 d'eau, dont l'épaisseur est très-variable; elle est quelquefois de 16^m, et d'autres fois ce n'est plus qu'un lit mince de $0^m,1$ à $0^m,2$. Cette argile fait parfaitement pâte avec l'eau; elle est entièrement infusible au four à porcelaine: on n'y trouve pas un seul corps organisé, ce qui distingue essentiellement cet étage du premier.

Minéraux. Les espèces minérales disséminées dans cette formation, sont: dans le premier étage, des pyrites souvent très-abondantes, des cristaux de sélénites, du succin en nodules plus ou moins volumineux, ou des résines succiniques. Le second ne présente que du fer pyriteux.

Restes organiques. Les restes organiques appartiennent exclusivement au premier étage, ce sont : du *lignite*, qui tantôt n'est indiqué que par quelques végétaux charbonneux, tantôt les végétaux y sont avec la texture ligneuse et même avec la forme d'arbre. Ces traces s'effacent peu à peu, et le dépôt présente alors des apparences très-différentes : tantôt il forme des lits régulièrement stratifiés ou des couches d'aspect terreux, tantôt il constitue des masses compactes d'un noir assez pur, d'une texture dense et même susceptible de poli : on le nomme alors *jay* ou *jayet*, *charbon brun*, *houille sèche*. Dans ces deux cas la texture ligneuse est entièrement effacée ; mais on trouve toujours des parties végétales assez bien conservées, tiges, feuilles et fruits. Les végétaux sont fréquemment dicotylédons, quelquefois monocotylédons, et presque toujours de la famille des palmiers, jamais de celle des fougères ; ce qui distingue les dépôts de cette époque de ceux des houilles véritables. Parmi les restes du règne animal, je cite particulièrement les *insectes*, qui existent souvent, au milieu des nodules de succin, dans un état de conservation parfaite.

Les coquilles de cette partie supérieure appartiennent à des genres qui vivent dans des milieux très-différens : les uns marins, et les autres d'eau douce. Ces coquilles sont quelquefois en lits minces qui se touchent, et qui, réunis, n'ont pas o^{m},3 d'épaisseur. Tantôt les coquilles d'eau douce et marines sont séparées, tantôt elles sont mélangées les unes avec les autres. Ordinairement ce n'est que dans les parties supérieures que l'on remarque le mélange de ces coquilles; mais immédiatement au-dessus de l'argile plastique proprement dite, ce mélange est très-rare. Voici le tableau que donne M. Brongniart d'après M. de Férussac.

COQUILLES D'EAU DOUCE ET TERRESTRES.	COQUILLES MARINES DU MÉLANGE DES COUCHES SUPÉRIEURES.
Planorbis punctatus.	*Cerithium sanatum* et *melanoides.*
P. rotundatus.	*Ampullaria depressa.*
Physa.	*Ostrea bellovacca.*
Limneus Demarestii.	
Paludina.	Végétaux fossiles du premier étage:
Melania triticea.	*Exogenites.*
Melanopsis.	*Phyllites multinervis*, Ad. B.
Nerita.	*Endogenites echinatus.*
Cyrena tellinoides, F.	

Il faut remarquer ici qu'à la limite inférieure de la troisième époque, nous trouvons un amas considérable de végétaux; ce qui annonce, qu'après un long repos sur la surface de la terre, pendant lequel la végétation s'était bien établie, il est venu une grande révolution qui a tout renversé. Cette révolution est annoncée par les poudingues et les brèches qui, sur beaucoup de points, remplacent l'argile plastique, comme nous le dirons tout-à-l'heure.

Formes du sol. La formation n.° 5 se montre rarement à la surface. D'après l'inégalité de son épaisseur et les différentes recherches que l'on a faites dans le bassin de Paris, M. Brongniart la regarde comme remplissant les cavités qui sont à la surface de la craie, et déposée sur cette surface comme le montre la fig. 1, pl. 3.

Emploi dans les arts. Les lignites de l'argile plastique donnent souvent un très-bon combustible. Le succin est aussi exploité pour les arts. En faisant effleurir à l'air les parties pyriteuses, on en tire de la couperose et du sulfate d'alumine. L'argile du second étage est très-employée pour faire de la faïence fine, du grès, des creusets et des étuis à porcelaine.

Localités. La formation de l'argile plastique, telle que nous venons de la décrire, se retrouve à Soissons et à Rheims, reposant sur la craie, et dans plusieurs points elle est recouverte par le calcaire grossier. Je l'ai trouvée près de Castellane. (Basses-Alpes.)

En Angleterre elle vient immédiatement dessous l'argile de Londres; elle repose aussi sur la craie, et présente la plus grande analogie avec celle des environs de Paris.

Mais dans plusieurs autres localités, et particulièrement en Provence, dans le bassin d'Aix, l'équivalente géognostique de l'argile plastique est composée de poudingues de grès, ou de brèches, dont les fragmens appartiennent à une infinité de roches; ce qui les a fait nommer, par M. Brongniart, *poudingues polygéniques.*

Dans le bassin de Paris le groupe n.° 5 ne présente point ces roches fragmentaires; mais à moins de trente lieues au sud, dans le Gâtinois, il existe entre la craie et l'argile plastique, et même enclavée dans les parties basses de celle-ci, une brèche siliceuse dont les fragmens appartiennent aux silex de la masse crayeuse qui se trouve dessous. La présence de tous ces débris annonce la grande révolution dont nous avons parlé. Cette catastrophe paraît avoir été générale, et il en est résulté un nouvel ordre de choses, celui pendant lequel se sont déposés les groupes que nous venons d'étudier.

Si nous reprenons maintenant les principaux faits que nous a présentés cette étude, nous pourrons avoir une idée de ce qu'était la surface de la terre pendant la formation du terrain tertiaire.

Les végétaux terrestres, si semblables à ceux d'aujourd'hui; les grands pachydermes, les carnassiers et les oiseaux, dont nous avons cité de nombreux débris fossiles, prouvent qu'alors une grande partie de la surface du globe était à sec. Mais d'un autre côté, les coquilles marines et d'eau douce, si abondantes dans les couches tertiaires, forcent à admettre qu'il existait encore de grands lacs, dans lesquels les dépôts se formaient.

Plusieurs géologues pensent que l'eau de ces lacs était analogue à celle de la mer actuelle; et que les affluens y amenaient, avec les coquilles et les poissons fluviatiles, les débris des animaux et des végétaux terrestres : ce qui explique l'alternance entre les dépôts marins et ceux d'eau douce que l'on observe dans cette époque, et comment ces derniers contiennent souvent une si grande quantité de productions terrestres.

QUATRIÈME ÉPOQUE. TERRAIN SECONDAIRE.

Formations depuis la craie jusqu'à la grande époque des houilles.

§. 44. Tout annonce, comme nous venons de le voir, que les formations de la troisième époque ont été déposées après une grande révolution qui a changé la face des choses; et qu'immédiatement avant la nature avait joui d'un calme assez parfait, pour permettre à la terre de se peupler de végétaux. Dans les temps qui ont précédé ce calme, l'organisation était différente de celle que nous venons d'examiner; et ici se trouve la limite d'une grande époque de la nature. Les groupes qui constituent la quatrième époque sont composés de roches généralement plus solides que celles de la troisième, et dans lesquelles la stratification est beaucoup plus régulière; mais pour la composition elles diffèrent peu. Presque toutes les roches secondaires sont calcaires, siliceuses, marneuses ou gypseuses : on ne cite que très-rarement des couches felspathiques.

Les gîtes de minéraux sont plus nombreux dans ce terrain que dans le précédent : on y trouve des veines et des filons métalliques bien caractérisés; les différentes assises en ont été beaucoup moins modifiées par les circonstances locales; mais ce qui les distingue surtout, ce sont les restes organiques.

Dans toutes les formations comprises entre la craie et la grande époque des houilles, les mammifères, s'ils existent, sont infiniment rares. Mais c'est là que se sont montrés pour la première fois les *sauriens*, quadrupèdes ovipares. Toutes les espèces de coquilles de cette époque n'ont plus d'analogues vivantes; plusieurs genres même sont tout-à-fait perdus; tels sont : les *ammonites*, les *belemnites*, les *gryphites*, etc., qui paraissent caractériser particulièrement le terrain secondaire.

On cite quelques ammonites dans celui de transition; mais ce fait n'est pas encore bien constaté, et d'ailleurs ce sont des espèces et peut-être même des genres particuliers.

La végétation de cette époque géognostique présente des caractères spéciaux : on n'y trouve presque point de végétaux dicotylédons; les monocotylédons sont rares; mais il y existe une assez grande quantité de *conifères*. La partie supérieure, jusqu'à la formation du *lias*, est caractérisée par un grand nombre de *cycadées*, plantes qui ont quelques rapports avec les conifères. La partie inférieure ne présente plus de cycadées, mais des fougères, des monocotylédones et des conifères.

Ces deux divisions, dans les végétaux terrestres du terrain secondaire, ont été établies par M. Ad. Brongniart, et forment pour lui les deuxième et troisième époques de la végétation terrestre.

Enfin, après les dernières assises du terrain n.° 4, on ne rencontre presque plus de roches en couches horizontales; ce qui établit généralement une limite tranchée avec l'époque inférieure : c'est pour cela que les anciens géognostes l'ont appelé *terrain horizontal.*

La quatrième époque géognostique est partagée en onze formations, qui sont représentées avec toutes leurs divisions ou étages, pl. 3, fig. 2. Nous allons les décrire successivement.

1.re Formation. *Craie et sables verts.*

§. 45. Ce groupe est parfaitement tranché, et reconnaissable, tant par ses fossiles, que par la grande quantité de silex pyromaques qu'il contient. Ses restes organiques diffèrent complétement de ceux de l'époque précédente; ainsi il forme bien le commencement d'un nouvel ordre de choses, celui qui a précédé la révolution dont nous avons fait connaître les effets.

Cette formation a été très-bien étudiée; elle est complexe : on y distingue cinq étages, qui sont intimement liés entre eux.

a. Craie blanche. La partie supérieure de la formation n.° 1 est composée de craie pure; c'est une roche d'un blanc mat, douce au toucher, à cassure terreuse, qui happe à la langue et tache les doigts. Dans celle des environs de Paris, M. Berthier a trouvé 98 de chaux carbonatée, 1 de magnésie, de fer et d'argile. La variété de cette roche la moins pure est jaunâtre ou même jaune; quelquefois les parties inférieures sont rougeâtres, ce qui paraît provenir de la présence d'une petite quantité de fer.

On y trouve aussi des parties plus ou moins chargées de ces grains verts dont nous avons parlé au §. 42. Quelquefois la craie prend une dureté assez considérable (île de Wight); mais en général c'est une roche très-tendre. La stratification est très-irrégulière : on y voit rarement des couches bien réglées; le plus souvent elles sont horizontales.

Cet étage est caractérisé par une quantité considérable de silex pyromaques, qui se trouvent particulièrement à la partie supérieure. Ces silex sont disséminés dans la masse, et forment aussi de nombreux lits très-réguliers, toujours parallèles à la stratification. Ils présentent toutes sortes de formes, quelques-uns sont soudés ensemble; cette substance existe aussi en plaques épaisses de $0^m,04$ à $0^m,07$, qui sont quelquefois parfaitement horizontales.

On observe souvent dans cet étage de grandes fentes plus ou moins verticales, dans lesquelles les silex sont en saillie; et on y trouve encore des cristaux de chaux carbonatée. Cette dernière substance forme des filons et des espèces de géodes dans la craie blanche, qui contient aussi des nodules et des cylindres de fer pyriteux, quelquefois très-abondans.

Les restes organiques de cet étage sont des vertèbres et des dents de plusieurs espèces de poissons. Beaucoup d'*échinites* et de *térébratules* se montrent dans toute la masse. Les *ammonites*, les *bélemnites*, etc., commencent à paraître dans les parties inférieures.

b. Craie tufau. Les dernières couches du premier étage contiennent peu de silex, et même souvent il n'y en a plus du tout. On voit alors la dureté de la craie augmenter peu à peu, et souvent la stratification se régulariser complétement; enfin on arrive à une roche d'une couleur plus ou moins grisâtre, et quelquefois (midi de la France) à un véritable calcaire compacte très-bien stratifié. La craie tufau est généralement composée : 1.° d'une matière crétacée; 2.° d'argile; 3.° de sable. Dans les parties supérieures la matière crétacée domine. La dureté de cette roche varie beaucoup, mais elle ne marque jamais comme la craie blanche. C'est ordinairement vers le bas que la matière argileuse prévaut. On voit alors la craie tufau passer insensiblement à une masse argileuse, tenace, d'une couleur gris-bleuâtre et souvent d'un gris très-foncé (Boulonnais, Folkstone, etc.). Quand le sable domine, on a une espèce de grès grisâtre et d'une texture peu agrégée.

Les modifications que nous venons de faire connaître, se présentent quelquefois en bancs distincts avec des lignes de démarcation bien tranchées; mais jamais le grès et la marne ne sont stratifiés, et ces divisions ne se continuent pas dans toute la masse. D'après M. Brongniart, il n'existe plus de silex pyromaques dans tout cet étage; ceux qu'on y voit, quelquefois en assez grande abondance, sont des silex cornés. Les fers pyriteux en nodules et en cylindres radiés sont très-communs depuis le haut jusqu'en bas; la chaux carbonatée en veines et en cristaux n'y est pas rare : on y cite aussi des cristaux de sélénite. On trouve souvent des végétaux, même des lignites, conservant encore la texture fibreuse.

C'est dans les parties inférieures de la craie tufau que les fossiles sont le plus abondans. Les principaux sont : des *bélemnites*, des *ammonites*, des *nautiles*, des *hamites*, des *baculites*, des *turrilites*, des *échinites*, des *madrépores* et des *encrines*. Nous donnerons plus bas le tableau de tous ces fossiles; les restes d'animaux vertébrés ne sont pas communs, cependant on en trouve quelquefois.

c. Sables verts supérieurs. La partie basse de l'étage précédent, renfermant une quantité prodigieuse de fossiles et de fer pyriteux, se charge peu à peu de points verts; et bientôt on arrive à une masse composée d'un sable vert plus ou moins marneux, et souvent à un grès vert à ciment calcaire. La matière verte paraît être la même que celle du terrain tertiaire (§. 42) : on y remarque des paillettes de mica; en un mot, c'est une glauconie parfaitement caractérisée. La masse marneuse n'est jamais stratifiée; mais le grès calcaire l'est très-souvent (Provence). On trouve accidentellement dans cette partie des lits d'argile, de larges fragmens ronds de quarz, mais plus de silex pyromaques. Dans quelques localités les sables sont colorés en brun par de l'oxide de fer, ce qui les fait quelquefois confondre avec les sables ferrugineux inférieurs.

Les fers pyriteux sont toujours très-abondans : on y trouve aussi du fer hématite, quelques cristaux de baryte sulfatée, et de la calcédoine.

Les restes organiques de cet étage sont extrêmement nombreux, et plusieurs espèces paraissent être caractéristiques. On y cite quelques fragmens de bois silicifié; le têt des coquilles est souvent aussi changé en silex. Les restes d'animaux vertébrés consistent en quelques dents de poissons; mais les testacés sont extrêmement nombreux, nous en donnons la liste plus bas. La famille des échinites présente les genres *cidaris* et *spatangue*, dont le dernier paraît ne plus se trouver au-dessous des sables verts. Cette partie de la formation n.° 1 contient encore une grande quantité de polypiers. En Angleterre son épaisseur va jusqu'à 60 mètres.

d. Gault. Dans les îles britanniques comme en France, la masse des sables verts est divisée en deux par un banc d'argile souvent très-puissant. Ce banc est très-bien développé dans le Boulonnais et le pays de Bray. L'argile est d'un bleu grisâtre; elle fait bien pâte avec l'eau, ce qui la rend propre à la fabrication des briques et de poteries grossières. Cette argile paraît ne contenir d'autres substances minérales que des veines d'oxide de fer.

Les Anglais ont désigné ce banc sous le nom de *gault;* ils y citent des ammonites et d'autres coquilles, et surtout l'*inoceramus sulcatus.*[1]

e. Sables verts inférieurs. Au-dessous du gault les sables verts ne diffèrent pas sensiblement de ceux du haut; mais les fossiles y sont beaucoup moins abondans. Plusieurs des genres de la partie supérieure ne se retrouvent plus dans celle-ci.

La masse est composée de sables généralement

1 Deshayes, pl. 12, fig. 7.

verts, alternant avec des grès calcaires et silicеux, avec des conglomérats, des marnes jaunâtres à cristaux de gypse, et même avec des strates réguliers de calcaire compacte, qui prennent quelquefois un développement assez considérable. La matière verte est du silicate de fer : on cite encore dans cet étage des nodules de calcédoine et du fer hydroxidé, des traces de lignite, des feuilles et d'autres débris de végétaux dicotylédons.

Les coquilles sont des *ammonites*, des *térébratules*, des *trigonies*, etc. Les Anglais regardent comme caractéristique le *trigonia alæformis.*[1]

Les cinq étages que nous venons de décrire, et qui constituent le premier groupe de la quatrième époque, se trouvent réunis sur plusieurs points de la France : Boulonnais, environs de Rouen, pays de Bray, etc. En Angleterre on les trouve tous dans le Sussex (pl. 5, fig. 3). Partout on remarque une liaison intime entre eux ; ils constituent une formation bien caractérisée, dont la puissance dépasse souvent 260 mètres.

Minéraux. En récapitulant ce que nous avons dit dans la description des différens étages, nous trouvons dans la formation n.° 1 les espèces minérales suivantes :

Des silex pyromaques et cornés, de la calcédoine, de la chaux carbonatée, de la barytite, du gypse, enfin, du fer pyriteux, hydroxidé et hématite.

---

1 Deshayes, pl. 10, fig. 6 et 7.

Restes organiques. Voici le tableau des fossiles organiques, rangés *dans les différens étages.* Les coquilles caractéristiques sont distinguées par un astérisque.

CRAIE BLANCHE.	CRAIE TUFAU.	SABLES VERTS SUPÉRIEURS.	BANC D'ARGILE.	SABLES VERTS INFÉRIEURS.
Animaux vertébrés (*Squalus*).	Quelques dents de poissons.			
MOLLUSQUES.	MOLLUSQUES.			
Ammonites.	*Amm. varians.*	*Ammonites.*	*Ammonites.*	*Nautilus.*
Belemnites.	*Nautilus.*	*Nautilus.*	*A. splendens.*	*Ammonites.*
B. Scaniæ.	**Hamites.* (4)	*Hamites.*	*Nautilus.*	*Hamites.*
**Scaphites.* (1)	*H. alternatus.*	*Baculites.*	*Hamites.*	*Turrulites.*
Cirrus.	**Baculites.* (5)	*Scaphites.*	*Dentalium.*	*Belemnites.*
Catillus.	*Scaphites.*	*Turrulites.*	*Nucula.*	*Dentalium.*
Crania.	**Turrulites.* (6)	*Belemnites.*	*Belemnites.*	*Rostellaria.*
Pecten.	*T. costatus.*	*Dentalium.*	*B. Listeri.*	*Melania.*
Terebratula.	*Belemnites.*	*Solarium.*	*Rostellaria.*	*Venus.*
**Inoceramus.* (2)	*B. mamillatus.*	*Pleurotomaria.*	*Inoceramus.*	*Astarte.*
Trigonia alæformis.	*Dentalium.*	*Rostellaria.*	*Ampullaria.*	*Cardita.*
	Cerithium.	*Pecten.*	*Plicatula.*	*Trigonia.*
	Terebratula.	*Inoceramus.*	*Echinites.*	*T. scabra.*
ÉCHINITES.	*Arca.*	*Ampullaria.*		*Plagiostoma.*
Cidaris.	*Pecten.*	*Cucullæa.*		*Podopsis.*
Ananchites.	*Inoceramus.*	*Nucula.*		*Gryphæa.*
**Spatangus.* (3)	**Gryphæa columba.* (7)	*Corbula.*		*G. aquila.*
		Venus.		*Ostrea.*
ZOOPHYTES.	*Catillus Cuvieri*	*Chama.*		*Pinna.*
Millepora.	ÉCHINITES.	*Maya.*		*Inoceramus.*
Encrinites.	*Spatangus.*	*Perna.*		*Gervillia.*
Madrepora.	*Cidaris.*	*Ostrea lateralis.*		*Perna.*
Alcyonites.		*Trigonia alæformis.*		*Natica.*
	ZOOPHYTES.			*Nummulites.*
	Alcyonites.	ZOOPHYTES.		*Hallirhoa costata.*
	Pentacrinites.	*Alcyonites.*		
	Etc.			

En examinant le tableau ci-dessus, on remar-

1 Deshayes, pl. 6, fig. 7 et 8.
2 *Idem*, pl. 12, fig. 7.
3 *Idem*, pl. 7, fig. 4.
4 *Idem*, pl. 6, fig. 5.
5 *Idem*, pl. 6, fig. 2.
6 *Idem*, pl. 6, fig. 4.
7 *Idem*, pl. 12, fig. 3.

que que les coquilles les plus caractéristiques de cette formation sont : les *hamites*, les *turrulites*, les *scaphites* et les *baculites*. Ces genres paraissent n'avoir encore été trouvés que dans la formation n.° 1. Parmi les espèces des autres, plusieurs sont regardées comme caractéristiques ; mais les bornes de cet ouvrage ne nous permettent pas d'entrer dans tous les détails.

Formes du sol. La stratification du groupe n.° 1 est généralement horizontale : on ne cite que quelques localités (Provence, île de Wight en Angleterre) où les couches aient une forte inclinaison. Cette disposition fait que les montagnes sont toujours arrondies ou terminées par de grands plateaux ; elles ne sont jamais très-élevées, et on y voit peu d'escarpemens. Les vallées commencent ordinairement par une espèce de cirque ; elles sont profondes, peu larges, et leurs flancs sont assez rapides. Celles des divers ordres se coupent sous des angles voisins de l'angle droit. Dans le sol occupé par la formation de la craie, on remarque souvent de grands bassins ouverts d'un côté (Boulonnais, toute la Picardie, le Sussex, etc.), et qui paraissent devoir leur existence à la dénudation des matières crayeuses.

Emploi dans les arts. Les silex pyromaques, si communs dans la craie blanche, servent à faire des pierres à fusil. Le fer pyriteux donne du soufre par la distillation : on l'emploie aussi à la fabrication de la couperose. On se sert quelquefois des craies blanche et tufau pour bâtir et faire de la chaux.

Certaines portions du second étage sont employées comme terre de pipe; et les parties argileuses de toute la formation peuvent servir à faire des briques et de la poterie. Enfin, les cultivateurs font un grand usage de toutes les roches de ce groupe pour marner leurs champs.

L'eau, pénétrant très-facilement la craie blanche et la craie tufau, ne s'arrête que dans les parties argileuses; ce qui fait que les puits creusés dans cette formation ont ordinairement une grande profondeur.

Localités. Le groupe géognostique que nous venons de décrire, est très-développé en France et en Angleterre. Les côtes opposées de ces deux pays, dans le canal de la Manche, sont presque entièrement formées par lui; et on remarque de chaque côté une identité frappante, ce qui a fait dire à quelques observateurs que l'Angleterre et la France avaient été anciennement réunies. En France la craie forme une large zone qui, partant des environs de Valenciennes, comprend une partie des départemens du Nord, du Pas-de-Calais, de la Somme, de l'Aisne, de l'Eure, et celui de la Seine inférieure tout entier; enfin, les parties orientales de ceux du Calvados et de l'Orne; et s'étend, au sud de Paris, jusqu'à Joigny sur les bords de l'Yonne. Dans tout le nord du royaume cette formation est complétement développée; mais dans le midi la craie blanche paraît manquer entièrement. A Vence et à Castellane j'ai vu la craie tufau et les sables verts réunis.

La craie tufau est très-commune dans le nord de l'Europe; il paraît qu'elle forme le fond du sol du Hanovre, du Holstein, du Danemarck et de la Scanie. On la retrouve jusque dans la Poméranie, au pied des montagnes de la Saxe, de la Silésie et des Krapacks : en Cracovie la craie blanche est tout-à-fait semblable à celle de Meudon.

2.° Formation. *Argile, sables et calcaire d'eau douce.*

§. 46. La formation que nous allons décrire est complexe : on y a reconnu trois étages qui ont été déposés dans l'eau douce; ce qui est démontré par les restes organiques qu'ils renferment. Jusqu'à ces derniers temps, les deux premiers, réunis aux sables verts inférieurs, avaient été regardés comme formant un groupe particulier, nommé *grès secondaire à lignite.* Mais les observations récentes ayant prouvé que, comme le calcaire inférieur, ils ne contenaient que des animaux d'eau douce et des végétaux terrestres, on s'est empressé de les séparer des sables verts, qui sont remplis de coquilles marines, et de les réunir à ce même calcaire pour en former un groupe particulier.

a. Weald clay ou *argile de Weald.* Au-dessous des sables verts, dans le comté de Kent, il existe une masse dont la puissance dépasse cent mètres, et qui est composée d'une argile bleue ou grisâtre, contenant des couches subordonnées de calcaire argileux. Ce calcaire présente souvent une structure concrétionnée, il est ordinairement rempli de coquilles appartenant au genre *paludina*.[1] On voit dans toute la masse de petites paillettes de mica, du fer pyriteux et des cristaux de sélénite, et quelques traces de lignite.

Avec les coquilles du genre *paludina* on trouve une grande quantité de *cypris*.

b. La masse argileuse recouvre des sables et grès connus sous le nom de *sables ferrugineux*, et qui prennent souvent un développement très-considérable. Presque toujours le sable est siliceux : sa couleur varie du jaunâtre au rougeâtre, rarement il est bleu : il contient dans sa masse des grès en couches très-irrégulières, et avec lesquels on le voit quelquefois alterner régulièrement : on y trouve aussi des couches subordonnées d'argile, de marne, de terre à foulon et d'ocre.

Cet étage contient une quantité considérable d'oxide de fer brun, souvent assez abondant pour être exploité avec avantage; les restes du règne végétal sont extrêmement nombreux : on y trouve une quantité considérable de bois fossiles, et même des lits réguliers de charbon. Les grès qui alternent avec ces lits présentent souvent une grande ressemblance avec ceux de la formation houillère. On y a même découvert quelques empreintes de fougères; mais appartenant à des espèces différentes de celles de la grande époque des houilles.

Les coquilles de cet étage et les restes d'animaux vertébrés peuvent se rapporter à des genres fluviatiles.

---

1 Deshayes, pl. 5, fig. 1, 2, 3 et 4.

c. Purbeck stone. En Angleterre, aux environs de Purbeck, au-dessous des sables ferrugineux, vient une assise de plus de 80^{m} de puissance, composée de calcaire argileux alternant avec des marnes schisteuses, et dont nous empruntons la description à M. Webster.

La roche dominante de cet étage est un calcaire connu sous le nom de pierre de Purbeck : cette roche est composée de coquilles (*paludina*) réunies par un ciment calcaire, qui est quelquefois très-pur et bien cristallisé; d'autres fois elle ressemble à de la marne endurcie. Les strates coquilliers sont séparés par d'autres sans coquilles, ou par des couches de marne plus ou moins schisteuses. Depuis le haut jusqu'en bas ce troisième étage est formé d'une alternance de ces différens strates.

La pierre connue en Angleterre sous le nom de *Purbeck marle*, et dont on s'est servi pour la construction des églises gothiques, occupe la partie supérieure, et diffère du *Purbeck stone* commun seulement dans la dureté de la matière calcaire.

Les espèces minérales sont peu nombreuses : on ne cite que des pyrites et des cristaux de gypse strié, provenant de leur décomposition.

Les calcaires et les marnes schisteuses offrent souvent de très-belles empreintes de poissons d'eau douce, des restes de tortues et de crocodiles. La plus grande partie des coquilles appartient au genre paludina.

Minéraux. La formation n.° 2 n'est pas riche en espèces minérales; en récapitulant ce que nous avons dit dans la description, nous trouvons qu'elles se réduisent à du fer pyriteux, du fer hydroxidé, des cristaux de sélénite, de la calcédoine, des paillettes de mica, et au charbon du second étage.

Restes organiques. Les coquilles n'ont pas encore été très-bien étudiées : il est à remarquer que dans les trois étages nous avons trouvé le genre *paludina*. Parmi les cypris du premier on cite l'espèce *cypris faba*[1] comme caractéristique. Tous les restes de reptiles, de sauriens et de poissons appartiennent à des espèces fluviatiles. C'est un fait extrêmement remarquable que de trouver dans le terrain secondaire une formation dont tous les animaux ont vécu dans l'eau douce.

Formes du sol. Les montagnes constituées par le groupe que nous venons d'étudier sont généralement aplaties et peu élevées. Les sables ferrugineux occupent souvent le fond des vallées longitudinales, comprises entre la craie et le terrain oolitique. Dans le Boulonnais ils se trouvent sur les plateaux, et dans les escarpemens les grès et les calcaires, résistant plus que les sables, sont toujours en saillie. Les marnes et les argiles, qui sont si communes dans toute cette formation, retiennent les eaux, et il en sort une quantité de sources, dont plusieurs sont ferrugineuses.

Emploi dans les arts. Les oxides de fer du second étage sont souvent exploités avec avantage; les lignites donnent un assez bon combustible pour les

---

1 Deshayes, pl. 10, fig. 4 et 5.

cheminées et les fourneaux, mais qui ne peut pas servir à forger le fer. En Angleterre la pierre de Purbeck est très-employée pour les constructions.

Localités. En France, sur presque tous les points où la formation de la craie est bien développée, celle que nous venons de décrire existe aussi, mais réduite aux deux premiers étages, du moins à ce qu'il paraît. C'est en Angleterre qu'elle est le mieux développée, et c'est là seulement qu'elle a été bien étudiée.

J'observe ici que les sables ferrugineux qui occupent la partie moyenne du groupe n.° 2 ont été la source d'une foule d'erreurs; et cela parce que des sables et grès absolument semblables reparaissent plus bas dans plusieurs termes de la série géognostique; et, ne voulant pas s'en tenir aux superpositions, on les a souvent confondus avec ceux-ci. Pour éviter ce grave inconvénient, il faut, avant de prononcer, se bien assurer de la position relative des roches, et examiner avec soin les restes organiques.[1]

Les descriptions des cinq premiers groupes dont nous allons nous occuper maintenant, sont en partie extraites de l'ouvrage anglais publié par MM. Phillips et Conybeare[2]. C'est réellement dans les îles britanniques qu'ils ont été établis et étudiés avec un soin tout particulier. Les Français et les Allemands, guidés par les observations des Anglais, les ont tous retrouvés sur le continent dans la même posi-

1 Un exemple naturel de la réunion de tous les étages des deux formations que nous venons de décrire, est donné pl. 5, fig. 3.

2 *Outlines of the geology of England and Wales.*

tion relative, et aussi bien développés que dans la Grande-Bretagne. L'ensemble de ces groupes constitue ce que l'on nomme depuis bien long-temps le *terrain jurassique*, voyez pl. 3, fig. 2, et pl. 5, fig. 1, parce qu'il a d'abord été étudié dans les montagnes du Jura, dont il forme presque la totalité. Les Anglais l'appellent *série oolitique*, parce que les oolites y sont les roches dominantes; ils le divisent en trois systèmes : *supérieur*, *moyen* et *inférieur*. Dans la planche 3 nous avons réuni ces groupes par une accolade, pour indiquer la grande liaison qui existe entre eux; mais, malgré cela, on y reconnaît cinq formations distinctes, dont chacune mérite une description particulière.

3.e FORMATION. *Calcaires et marnes à gryphées virgules.*

§. 47. Ce groupe a été établi d'après mes propres observations dans plusieurs parties de la France: il comprend les deux formations nommées par les Anglais *Portland oolite* et *Kimmeridge clay*. Partout où j'ai eu occasion d'observer ces deux groupes, j'ai toujours remarqué entre eux la plus intime liaison; c'est pourquoi je crois devoir les réunir en un seul, dans lequel je distingue trois étages.

a. Portland oolite. Dans le Boulonnais, immédiatement sous la formation n.° 2, et en stratification concordante avec elle, viennent des couches assez minces de calcaire mal agrégé, fissile, plus ou moins sableux et rempli de fossiles, parmi lesquels on distingue une grande quantité de *trigonies* et des *gry-*

phées virgules. Au-dessous existent souvent des masses assez puissantes de sables ferrugineux, tout-à-fait semblables à ceux du n.° 2. Ces sables recouvrent des strates de calcaire sublamellaire, siliceux, qui se trouvent quelquefois aussi en gros blocs noduleux, disséminés dans les sables.

En Angleterre, à Portland, la partie supérieure est composée de lits d'une pierre à chaux granulaire et peu agrégée, ayant un aspect terreux, d'une couleur gris-jaunâtre; et plus rarement c'est un calcaire crétacé, ayant une cassure conchoïde. Comme en France, les lits inférieurs sont très-sableux et contiennent souvent une grande quantité de parties glauconieuses et des concrétions noduleuses de calcaire siliceux, tous les strates sont assez souvent oolitiques : c'est ici que cette espèce de roche paraît pour la première fois. Ils contiennent tous une quantité plus ou moins considérable de végétaux pétrifiés, monocotylédons et dicotylédons. Les Anglais y citent de la barytite jaune.

Les fossiles sont très-nombreux et souvent bien conservés : on y trouve des restes de grands sauriens et des empreintes de poissons. Les *ammonites*, les *trigonies*, les *gryphées* y sont très-abondantes. Parmi les coquilles, les Anglais regardent comme caractéristique l'*ammonites triplicatus*[1] et le *pecten lamellosus*[2]. On trouve des cydaris, et, parmi les zoophytes, un très-beau madrépore agrégé.

---

1 Deshayes, pl. 10, fig. 1.
2 *Idem*, pl. 8, fig. 10.

b. Kimmeridge clay. Les derniers strates de l'étage précédent alternent avec une marne bleue, plus ou moins schisteuse, quelquefois d'un gris jaunâtre, contenant des lits d'un schiste très-bitumineux, et même de véritables lignites, qui prend bientôt un développement considérable. Dans la masse on retrouve beaucoup de fossiles de la partie supérieure, et surtout la *gryphea virgula*. Les Anglais disent que cette roche, exposée au feu, se divise en larges masses tubulaires. Au milieu de cette marne il existe beaucoup de nodules endurcis de la même substance, de véritables *septaria;* et d'autres d'un calcaire ferrugineux, même d'un véritable fer carbonaté, qui ne sont jamais très-gros.

Toute cette masse argileuse, dont la puissance est souvent de plus de 80^{m}, contient des lits de lignites subordonnés, qui, en Angleterre et dans quelques parties de la France, sont exploités avec avantage; des cristaux de sélénite, sur les joints de stratification, du calcaire, et entre les fissures de la marne; beaucoup de fer pyriteux. A Boulogne cet étage renferme des bancs subordonnés de calcaire sublamellaire d'une couleur jaune.

c. Vers le bas la marne devient moins schisteuse, et les strates calcaires subordonnés plus abondans, au point qu'ils forment un véritable étage parfaitement distinct (Boulogne, Weymouth), que les Anglais ont désigné par le nom de *weymouths-beds.* Mais quelquefois aussi, du haut en bas, la masse est composée, soit de marne schisteuse avec quelques bancs subordonnés de calcaire marneux, soit d'une alternance continue de strates calcaires et de marne. Les strates sont séparés par de la marne pétrie de gryphées virgules, qui pénètrent aussi dans le calcaire. On voit dans celui-ci de nombreuses veines de chaux carbonatée, qui le coupent dans tous les sens. Vers le bas le calcaire devient siliceux et contient souvent une si grande quantité de grains verts, qu'il ressemble tout-à-fait à la craie verte; c'est une véritable glauconie. Cet étage, à Boulogne, a une puissance de 10 à 15 mètres. Ses parties inférieures contiennent une quantité considérable d'huîtres et de trigonies. Les substances minérales et les restes organiques des deux derniers étages sont à peu près les mêmes. Le troisième renferme plus de coquilles que le second, et quelques espèces qui lui sont propres. Les ammonites et les trigonies ne sont pas les mêmes espèces que celles du premier : toutes les trois contiennent une quantité considérable de *pernes*[1] assez étroites et de *gryphées virgules*.[2]

Minéraux. En récapitulant ce que nous venons de dire, il résulte que les espèces minérales de la formation n.° 3 sont : de la barytite, de la chaux carbonatée, du carbonate de fer, du fer pyriteux et de la sélénite.

Restes organiques. Les restes organiques de cette formation sont extrêmement curieux. Les végétaux pétrifiés et charbonneux qui existent dans les trois parties, n'ont point été déterminés. Des animaux

1 Deshayes, pl. 9, fig. 5.

2 *Idem*, pl. 5, fig. 11 et 12.

vertébrés se trouvent dans toutes les trois, ce sont: une espèce d'*ichtyosaurus* différente de celle du lias; des restes du genre *plesiosaurus*, et même des os de *cétacés* dans l'argile de Kimmeridge; enfin, de belles empreintes de poissons. Tout le groupe renferme aussi des *serpules*, des *cidaris* et des *astéries* assez bien conservées.

Voici le tableau des coquilles rangées dans les différens étages:

1.er ÉTAGE.	2.e ET 3.e ÉTAGES.
Ammonites.	*Ammonites.*
* *Ammonites triplicatus.* [1]	*Belemnites.*
Ampullaria.	*Ampullaria.*
Natica.	*Natica.*
Solarium.	*Nautilus.*
Trochus.	*Trochus.*
Turbo.	*Turbo.*
Ostrea solitaria.	* *Ostrea deltoidea.* [3]
* *Pecten lamellosus.*	*Pecten.*
* *Trigonia gibbosa.* [2]	*Trigonia.*
Astarte.	*Astarte.*
Nerita.	*Modiola.*
Isocardia striata.	*Cardium.*
Venus.	*Tellina.*
Cardita.	*Cardita.*
Cyclas.	*Cyclas.*
Perna.	*Perna*, très-commune.
* *Gryphæa virgula.*	* *Gryphæa virgula.*
Serpula.	*Pholadomia acuticosta.*
Pterocerus oceani.	*Avicula.*
P. Ponti.	*Chama.*
Protor	*Terebratula.*

Les Anglais considèrent l'*ostrea deltoidea* comme caractéristique des deux derniers étages. En France tous les trois contenant une si grande quantité

1 Deshayes, pl. 10, fig. 1.
2 *Idem*, pl. 10, fig. 8.
3 *Idem*, pl. 13, fig. 3.

de l'espèce *gryphæa virgula*, et cette coquille ne se trouvant que dans le haut de la formation suivante, où encore elle est très-rare, je la regarde comme caractéristique.

Formes du sol. Le troisième groupe secondaire en Angleterre acquiert souvent une puissance de plus de 200 mètres; dans le Boulonnais elle va jusqu'à 180 mètres. C'est dans cette dernière localité que j'ai eu occasion de le voir assez répandu à la surface du sol pour observer les formes des montagnes. Celles-ci sont toutes assez évasées et souvent terminées par des plateaux. Les escarpemens sont rares. Dans ceux des falaises les roches solides du premier étage sont en saillie sur la masse marneuse; comme partout ailleurs, on voit les roches dures saillir au milieu des roches tendres, sables et marnes. Les vallées se coupent sous des angles assez ouverts : elles sont plus évasées que celles de la craie, les pentes des versans sont beaucoup plus douces; en général, la largeur diminue à mesure que l'on approche de l'origine, et elles ne commencent presque jamais par un cirque, comme dans la craie.

Les marnes, qui sont si abondantes dans les parties inférieures, retiennent les eaux, en sorte qu'on en voit sourdre une infinité de sources, et que les puits sont en général peu profonds : il en sort aussi quelquefois des eaux minérales.

Emploi dans les arts. Plusieurs des substances minérales renfermées dans ce groupe sont employées dans les arts : le lignite est exploité comme combustible; les calcaires marneux donnent de bonne chaux maigre; et les nodules de calcaire ferrugineux fournissent l'excellent ciment connu sous le nom de *ciment de Boulogne*; les grès et les calcaires sublamellaires du premier étage sont d'excellentes pierres de construction.

Localités. La formation que nous venons de faire connaître est très-bien développée dans le Boulonnais, le pays de Bray et au cap de la Hève. Je l'ai retrouvée dans le département de la Nièvre et jusque sur les bords de la Méditerranée. Ce groupe, que M. Desnoyers nomme *marnes argileuses de Honfleur*, est connu depuis long-temps sous le nom de *marnes supérieures au calcaire jurassique*. Dans cette chaîne il se montre à Montbéliard, Céveux, Trécourt, suivant M. Thirria. En Angleterre il existe bien développé dans l'île de Portland, à Kimmeridge, Weymouth, etc. Dans toutes ces localités l'inclinaison est peu considérable; le plus ordinairement même les strates sont horizontaux, excepté dans la Nièvre et les Bouches-du-Rhône, où ils sont inclinés de 30 à 40° à l'horizon.

4.e FORMATION. *Oolite de Mortagne, coral-rag des Anglais.*

§. 48. La formation que les Anglais nomment *coral-rag*, et qui forme le premier terme de leur système moyen oolitique, est tout-à-fait identique avec celle que j'ai observée dans le bassin de Boulogne. Cette dernière me paraît mieux développée qu'en Angleterre, et c'est d'après elle que je vais caractériser ce quatrième groupe, que je divise en quatre étages, qui sont bien tranchés dans le Boulonnais.

a. Les parties basses de la formation n.° 3 commencent à alterner avec un calcaire marneux jaunâtre, qui se présente seul après trois ou quatre alternances. Ce calcaire est tantôt marneux et friable, tantôt compacte, très-solide et à cassure plus ou moins conchoïde. La stratification est assez régulière; mais on y remarque seulement une infinité de fissures qui divisent la masse en fragmens irréguliers. Cette roche n'est point siliceuse, et elle ne contient d'autres minéraux que du spath calcaire en veines et en cristaux. Dans le Jura on y trouve des concrétions de calcaire siliceux qui portent vulgairement le nom de *chailles*.

Les premiers strates, et les marnes qui alternent avec eux, contiennent encore le *gryphæa virgula;* mais plus bas il disparaît entièrement. Les principales coquilles sont des *ammonites* et des *pernes*, différentes de celles du groupe précédent, et surtout des *nérinées*.

Vers sa partie inférieure le calcaire compacte passe à une lumachelle dont les coquilles sont indéterminables; mais on y voit des nérinées bien caractérisées.

b. La lumachelle passe insensiblement à un calcaire oolitique, cannabin, qui se présente tantôt en masse sans structure déterminée, tantôt avec une stratification très-régulière. C'est une roche d'un blanc jaunâtre, parfaitement oolitique, toujours remplie de fissures qui la coupent dans tous les sens. Elle contient beaucoup de nérinées, de térébratules et d'autres bivalves; mais je n'y ai point vu d'ammonites. Vers le bas les oolites deviennent plus petites; la roche se charge de silice et passe à un calcaire siliceux, compacte ou sublamellaire.

c. C'est à cet étage que les Anglais ont appliqué plus particulièrement le nom de *coral-rag*. Dans le Boulonnais il est formé par le calcaire siliceux, inférieur à l'oolite, et qui est souvent en strates minces. Le *coral-rag* des Anglais est une roche calcaire mal agrégée, contenant une quantité considérable de différentes espèces de madrépores; souvent ce calcaire est marneux et d'une couleur grisâtre.

d. En Angleterre, à Boulogne, dessous le *coral-rag*, vient une masse de sables siliceux très-ferrugineux, contenant des couches de calcaire graveleux, jaunâtre (*calcareous grit*), et des concrétions de calcaire siliceux. C'est dans cette partie que les fossiles se présentent en plus grande abondance, et sont le mieux conservés.

Minéraux. Les espèces minérales sont en très-petit nombre dans les quatre étages que nous venons de décrire : on y cite seulement de la chaux carbonatée, en concrétions dans les marnes supérieures; du spath calcaire, et des oxides de fer, qui sont souvent très-abondans vers le bas.

Restes organiques. On rencontre çà et là quelques fragmens de végétaux : des *cycadées*.

Les restes d'animaux vertébrés sont très-rares : cependant en Angleterre on a trouvé, dans le *calcareous grit*, quelques vertèbres de sauriens; presque tous les madrépores appartiennent aux genres *astrée*, *caryophillie* et *méandrine*.[1]

Les échinites sont : trois espèces du genre *cydaris* et deux du genre *clypeus*. Les coquilles n'ont pas encore été bien étudiées : voici les deux divisions que j'y ai établies dans ma Description du Bas-Boulonnais.

CALCAIRE COMPACTE.	LES TROIS AUTRES ÉTAGES.
Pleurotomaria.	*Ammonites.*
Ammonites.	*Nautilus.*
Natica.	*Belemnites excentricus.*
Melania.	*Melania.*
* *Nerinea.*[2]	*Turbo.*
Cardium.	*Trochus.*
Cardita.	*Ampullaria.*
Unio.	*Turritella.*
Modiola.	*Serpula.*
* *Mytilus pectinatus.*	* *Nerinea*, 2 espèces inédites.
Pholadomya.	* *Ostrea gregarea.*
Ostrea.	*Pecten vimineus.*
* *Ostrea gregarea*, Sow.[3]	*Chama.*
Gryphæa virgula, Def.	*Trigonia clavellata*, Sow.
Terebratula.	*Mytilus.*
Palinurus Regleyani.	*Terebratula.*
Turritella.	*Modiola.*
Astrea caryophylloides.	*Unio.*
A. tabulosa.	*Trichites spissa*, Def.
A. confluens.	*Astarte.*
Sarcinula astroides.	
Meandrina astroides.	

Formes du sol. Les Anglais donnent à cette formation une puissance de 30 à 40 mètres ; sur plusieurs points de la France elle paraît en prendre une beaucoup plus considérable. Les formes de ses mon-

1 Deshayes, pl. 11, fig. 2.
2 *Idem*, pl. 4, fig. 1 et 2.
3 *Idem*, pl. 13, fig. 2.

tagnes et de ses vallées sont à peu près les mêmes que celles des deux autres groupes oolitiques qui nous restent à décrire. Aussi nous renvoyons à en parler après leur description.

Emploi dans les arts. Le calcaire compacte, quand il n'est pas trop coupé de fissures, donne d'excellentes pierres lithographiques; le plus grand nombre de celles employées à cet usage en proviennent. Souvent les fissures sont si nombreuses dans cette roche, qu'il est impossible de l'employer pour les constructions; mais elle fournit toujours une bonne chaux hydraulique. Les oolites et les parties marneuses, étant très-friables, servent aussi comme marnes d'engrais. On peut quelquefois exploiter les oxides de fer des sables ferrugineux.

Localités. La quatrième formation secondaire est très-bien développée en Angleterre et, sur les côtes de France, dans le Boulonnais, le département du Calvados, etc. C'est une des parties constituantes des montagnes du Jura, de la Bourgogne, etc. Dans le département de la Nièvre elle vient immédiatement sous les marnes avec gryphées virgules. M. Desnoyers la nomme *oolite de Mortagne* ou de *Lisieux*. Partout elle contient un grand nombre de nérinées. Dans le département des Bouches-du-Rhône nous avons observé avec M. Delcros un calcaire compacte rempli de nérinées et des madrépores du *coral-rag*, et renfermant en outre une immense quantité d'*hippurites* et de *spérulites*. Ce calcaire me paraît appartenir au même terme de la série géognostique que le n.° 4.

5.° Formation. *Argile de Dives, Oxford clay.*

§ 49. En France et en Angleterre, immédiatement sous les sables ferrugineux du *coral-rag*, vient une formation calcaréo-marneuse, qui ne se lie point du tout avec le groupe n.° 4, mais qui est cependant avec lui en stratification concordante, quand ils sont immédiatement en contact. Cette formation est divisée en deux étages.

a (*Oxford clay.*) La partie recouverte immédiatement par les sables ferrugineux du n.° 4, est composée d'une marne argileuse bleu foncé, et devenant brune par l'exposition à l'air. Elle contient des bancs de calcaire marneux subordonnés, et une grande quantité de nodules, de formes souvent très-bizarres, de calcaire argileux. Parmi ces nodules on trouve des géodes et des *septaria*. Quelques parties de la marne sont bitumineuses; les fossiles diffèrent entièrement de ceux de la formation précédente. Les ammonites et les grandes gryphées y dominent: on n'y voit point de nérinées, ni cette abondance de madrépores qui caractérisent le groupe n.° 4.

b. Vers le bas, les strates calcaires sont plus nombreux, et bientôt ils forment dans la masse une division bien tranchée, et à laquelle les Anglais ont donné le nom de *Kelloway-rock*. Ces strates ne sont pas bien continus, mais souvent composés de nodules irréguliers, sableux et formés d'un agglomérat de coquilles, parmi lesquelles dominent des ammonites et de grandes gryphées. Les calcaires et les nodules de la marne sont quelquefois oolitiques (à Dives, à Mamers, etc.).

Minéraux. Dans toute cette formation on trouve du fer pyriteux, des cristaux de sélénite, des veines d'oxide de fer et des traces de lignite.

Restes organiques. La partie marneuse contient quelques os d'*ichtyosaurus;* mais ils sont très-rares. Voici la liste des coquilles :

1.er ÉTAGE.	2.e ÉTAGE.
Ammonites cristatus.	*Ammonites plicatilis.*
A. Lamberti.	*Nautilus.*
Nautilus.	*Belemnites.*
Belemnites ferruginosus.	*Rostellaria.*
Rostellaria.	*Cardita.*
Serpula.	*Chama.*
Patella.	*Gryphaea dilatata.*
Ostrea.	**Pecten fibrosus.*[2]
Terebratula.	**Plagiostoma obscura.*[3]
Perna.	*Avicula.*
Grypaha.	*Terebratula.*
**Gryphaea dilatata.*[1]	
Pentacrinites subteres, V.	
Pentagone.	

Formes du sol. Cette formation constitue peu de montagnes : on la rencontre souvent sur les versans des vallées, où ses marnes, s'éboulant facilement, forment des talus. Dans le Boulonnais, où elle occupe un assez grand espace à la surface du sol, les pentes sont très-douces, les vallées larges, et se coupent sous des angles aigus. L'*Oxford clay* des Anglais acquiert une puissance de 150 mètres.

Emploi dans les arts. Les calcaires du second étage sont exploités pour faire de la chaux hydraulique.

1 Deshayes, pl. 8, fig. 7.
2 *Idem*, pl. 8, fig. 5.
3 *Idem*, pl. 8, fig. 6.

Localités. En France j'ai vu ce groupe bien caractérisé dans le Boulonnais et le département des Basses-Alpes. M. Boblaye l'a retrouvé dans les Ardennes; il est très-bien développé dans la partie nord-ouest de la France, où il occupe une bande étroite qui s'étend, du nord au sud, depuis la mer jusqu'à Mamers : là il se présente à peu près avec les mêmes caractères qu'en Angleterre. M. Desnoyers le nomme *marnes argileuses de Dives ou de Mamers.* On l'a reconnu dans le Jura, à Chamsol et Percey-le-Grand, où il renferme un fer oolitique placé dans le bas du premier étage et qui est caractérisé par les fossiles suivans: *Ammonites Lamberti*, *A. armatus*, *A. plicatilis*, *A. biplex; Belemnites ferruginosus*, Voltz; *Gryphæa gigantea*, Sow.; *Nucleolites scutatus*, *Pentacrinites subteres*, *Encrinites echinatus*, Schloth.

En Angleterre l'*Oxford clay* forme aussi une bande qui correspond bien à son analogue en France, et qui s'étend depuis Oxford jusqu'à la mer, dans le sens du nord-ouest. L'inclinaison des couches que nous venons de décrire est généralement peu considérable; quelquefois cependant elle va jusqu'à 30 mètres. (Basses-Alpes, Weymouth en Angleterre.)

6.° Formation. *Grande oolite.*

§. 50. La grande oolite est la formation la plus étendue et la plus compliquée de toutes celles connues jusqu'à présent. On l'observe depuis longtemps; c'est elle qui constitue la plus grande partie de la chaîne du Jura, cependant on est encore loin de l'avoir bien étudiée : tantôt on y a joint des étages qui ne lui appartiennent point, et tantôt on en a séparé d'autres qui ont été considérés comme des formations. Ce n'est que depuis la publication de l'ouvrage de MM. Philipps et Conybeare que nous avons une idée assez juste de ses différentes parties, qui paraissent plus nombreuses en Angleterre que dans tout autre pays. Nous allons suivre la description donnée par ces auteurs.

En séparant la formation du lias, dont je fais un groupe à part, je comprends dans la sixième formation secondaire tout ce que les Anglais ont appelé *système inférieur oolitique;* et cela parce que les diverses parties en sont tellement liées entre elles, qu'il est impossible de ne pas les réunir. Quant au lias, c'est une formation bien distincte et bien caractérisée.

En Angleterre on a reconnu sept étages dans la formation n.° 6, sous les noms de *cornbrash*, *forest-marble*, *bradfordclay*, *great oolite*, *fullers-earth*, *inferior oolite*, *marly sandstone*.

a. Cornbrash. Le premier étage est composé de strates calcaires généralement fissiles, et mélangés d'une grande quantité de marnes argileuses. Le calcaire (cornbrash) a une couleur bleue et quelquefois blanchâtre. Les strates ont rarement plus de $0^{m},2$ d'épaisseur; ils sont quelquefois séparés par des lits de marne. A la partie inférieure la marne domine et forme souvent séparation avec l'étage suivant. Les fossiles sont très-inégalement répandus dans cet étage; ceux des couches inférieures diffèrent quelquefois beaucoup de ceux des couches supérieures. Le cornbrash est bien caractérisé à Belfort (H.-Rhin), à la Malachère (H.te-Saône) et dans le Wiltshire (Angleterre).

b. Forestmarble. Au-dessous de la partie marneuse vient un assemblage de strates calcaires fréquemment fissiles, comme les premiers, et divisés par des parties argileuses; ils sont souvent siliceux et alternent quelquefois avec des sables et des grès. Les calcaires siliceux paraissent contenir environ un tiers de matière calcaire. Généralement ce calcaire se présente divisé en lits minces et schisteux; on y remarque cependant quelquefois des couches d'un mètre d'épaisseur. La couleur est grise ou bleuâtre, et brune à l'intérieur. Cette pierre paraît composée de morceaux durs de coquilles colorées, mêlées avec des oolites blancs. Dans les bancs épais les bivalves sont très-communes; dans les lits minces, au contraire, les univalves dominent. Des pyrites décomposées donnent souvent une couleur rouge partielle; et quelquefois les joints de stratification sont rougeâtres. Les lits de marne interposés varient en épaisseur depuis un pouce jusqu'à un mètre. Le forestmarble se voit bien à Bucey-lès-Gy et à Oiselay (Haute-Saône), dans la forêt de Wichwood (Oxfordshire).

C'est à cette partie de la grande masse oolitique que les géognostes anglais rapportent leur fameux schiste de *Stonesfield*, si remarquable par le singulier mélange des restes organiques qu'il contient : on y a découvert des *reptiles volans*, des *mammifères terrestres*, des *amphibies*, des *insectes*, des *coquilles marines* et des *végétaux*.

M. C. Prévost pense que ce dépôt pourrait bien

n'être qu'une formation tertiaire, placée dans une cavité de la grande oolite. Les géognostes anglais persistent à le ranger dans le terrain jurassique.

M. Brongniart rapporte aussi à cet étage les calcaires lithographiques de la Bavière, qui reposent sur des dolomies jurassiques et renferment des sauriens, dont trois espèces volantes, des poissons, des mollusques marins, des crustacés, des fucoïdes, des conifères, etc. Les coquilles de cet étage sont mal conservées, excepté celles de l'argile qui sépare les strates calcaires : les univalves sont plus communes dans les strates minces, et les bivalves dans les épais. On y voit aussi des impressions de végétaux et des ossemens de sauriens.

c. Bradfordclay. La partie que nous venons de décrire est séparée de la grande masse oolitique par un banc très-puissant d'une marne argileuse bleue, qui a ses fossiles particuliers. Quelquefois cette marne manque ; alors il devient impossible de tracer la ligne de séparation entre les deux étages, les roches passant souvent de l'une à l'autre par degrés insensibles.

d. Great oolite. Cette partie de la formation à laquelle on a donné plus particulièrement le nom de grande oolite, est une masse calcaire très-bien stratifiée, dont l'épaisseur varie depuis 40 jusqu'à 60 mètres. On y distingue deux espèces de pierres : l'une, la plus commune, est d'un blanc jaunâtre, assez tendre, même quelquefois friable et parfaitement oolitique ; l'autre, plus dure, alterne avec la première ; elle est moins oolitique, et souvent même presque compacte ; sa couleur est le blanc jaunâtre, mais quelquefois elle est grise, et même bleue dans le milieu des couches. Vers le bas, au contact avec le *fullers-earth*, on rencontre des strates très-chargés d'oxide de fer. Les oolites sont en général petits, dans les parties blanches ils sont plus gros; mais c'est toujours une oolite miliaire. Beaucoup de couches de cet étage présentent un clivage laminaire, non parallèle à la stratification : on y voit aussi un grand nombre de fissures verticales, remplies par une marne argileuse jaunâtre, et des cavités tapissées de cristaux de chaux carbonatée. Les espèces minérales sont très-rares dans cet étage; on n'y cite que du spath calcaire, et rarement quelques cristaux de quarz et des pyrites.

M. Brongniart rapporte ces dolomies jurassiques à cet étage. M. Boué cite des faits qui prouvent qu'elles n'occupent pas une place constante dans la série des étages jurassiques.

Les restes organiques parfaits sont assez rares : on y trouve cependant des térébratules en fort bon état; et, dans la partie supérieure, une quantité considérable de petites coquilles turbinées, qui donnent quelquefois à la roche un aspect très-singulier (Ardennes). Les madrépores ressemblent beaucoup à ceux du *coral-rag*.

Le *great oolite* se trouve à Bath, à Caen, dans le Boulonnais, à Bouxwiller, etc.

e. Terre à foulon (*fullers-earth*). La grande oolite repose en Angleterre sur une masse argiléo-calcaire assez bien stratifiée. Ordinairement on y distingue quelques strates de calcaire assez dur, bleu dans l'intérieur, et qui alternent avec des lits de marnes argileuses bleues et jaunes, parmi lesquelles on trouve d'excellente terre à foulon. Cet étage contient quelquefois du spath calcaire fibreux. Les coquilles y sont en bon état. Le *fullers-earth* se présente à Bath (Angleterre), aux Jéniveaux (Moselle), à Bouxwiller (Bas-Rhin), à Navenne (Haute-Saône), avec des lits d'oolite jaunâtre. Le banc bleu du Calvados appartient à cet étage.

f. Oolite inférieure. Dessous la terre à foulon vient une masse composée de strates de calcaire oolitique, de calcaire compacte et sublamellaire, gris, jaunâtre et brunâtre, dans la partie inférieure de laquelle on trouve à Hayange (Moselle), à Calmoutiers (Haute-Saône), à Bayeux (Calvados), et toute la Rauh-Alb, des strates subordonnés d'un fer oolitique, brun, rouge ou gris : le gris est ordinairement magnétique. L'oxide de fer, le spath calcaire, et rarement le gypse, paraissent être les seules espèces minérales de cet étage. Les coquilles sont nombreuses et très-bien conservées.

g. Marly sandstone. Enfin, l'oolite inférieure repose sur des marnes et grès marneux micacés, alternant entre eux, d'une couleur verte très-semblable à celle de la craie inférieure et due à la même substance (le fer silicaté). Ceci nous prouve qu'il faut bien se garder de juger de l'âge d'une formation par ses caractères minéralogiques. C'est cependant une erreur dans laquelle sont tombés des géognostes du plus grand mérite. Cet étage se voit à Down-Clif, près Bridport-Harbour, à Eutrange et Hayange (Moselle).

Minéraux. La grande formation dont nous venons

de décrire les différentes parties, renferme très-peu d'espèces minérales. En réunissant celles que nous avons citées dans les différens étages, nous trouvons seulement du spath calcaire en veines et en cristaux, du fer pyriteux, du fer oxidé brun, du fer silicaté, quelques cristaux de quarz, de gypse et du silex.

Restes organiques. Ils sont très-abondans et plusieurs très-bien conservés : dans ce que nous allons en dire, nous ne parlerons point de ceux de Stonesfield, déjà cités p. 258. On y trouve aussi des traces de lignites. L'*inferior oolite* renferme des gîtes de houille (stipites de M. Brongniart), à Brora (Écosse), dans le Yorkshire, au Larzac, près Milhau.

Les végétaux sont souvent nombreux et bien conservés : ce sont des *fougères*, des *mousses*, un grand nombre de *cycadées;* enfin, dans toute la formation, des bois fossiles et des traces de lignite. Ce groupe renferme des os de grands sauriens, des tortues et plusieurs espèces de crustacés. Les échinides y sont aussi assez communs : ce sont plusieurs espèces de *cidaris*, des *clypeus*, des *galerites depressus* et des *nucléolites.* La famille des crinoïdes présente aussi de nombreux restes. Les madrépores sont très-semblables à ceux du *coral-rag.* Dans la grande oolite on cite des astrées et des caryophillies, une espèce de *cyclolite*, un *tubipore* et plusieurs petites espèces de *millépores branchus.* On observe souvent dans tout le groupe des branches irrégulières et cylindriques, qui paraissent provenir d'alcyons.

Voici le tableau des principaux genres de coquilles, et des espèces les plus caractéristiques :

1.er ÉTAGE.	2.e ÉTAGE.	3.e ÉTAGE.	4.e ÉTAGE.	5.e ÉTAGE.	6.e ÉTAGE.	7.e ÉTAGE.
Ammonites. *A. discus.* *Turbo.* *Turritella.* *Ampullaria.* *Rostellaria.* (1) *Modiola imbricata.* (2) *Trigonia costata.* *Cardita.* *Ostrea Marshii.* *Pecten laminatus.* *Lima gibbosa.* *Terebratula.* *Pholadomia lirata.*	*Ammonites.* *Patella.* *Turritella.* *Rostellaria.* *Ancilla.* *Serpula.* *Trigonia costata.* *Ostrea cristagalli.* *Pecten fibrosus.* *Terebratula.*	*Nautilus.* *Belemnites.* *Turritella.* *Trochus.* *Serpula.* *Trigonia costata.* *Ostrea acuminata.* *O. cristagalli.* *Pecten.* *Avicula costata.* *Terebratula reticulata.* *Chama crassa*, Smith. *Plagiostoma.* *Apiocrinites rotundus*, Mill.	*Bel. longus*, Voltz. *Bel. Blainvillii*, V. *Melania.* *Turbo.* *Serpula.* *Ostrea cristagalli.* **O. acuminata.* *Pecten similis.* *Terebratula.* *Terebratula octoplicata.* (3) *Plagiostoma.* **Avicula echinata* *Pholadomia Murchisonii.*	*Ammonites.* *A. modiolaris.* *Nautilus.* *Belemnites canaliculatus*, Schl. *Trigonia costata.* *Cardium.* *Cardita.* *Pholadomia.* *Lutraria gibbosa.* *Astarte.* *Modiola anatina.* *Venus.* *Terebratula globata.* *Ostrea rugosa.* *O. Knorrii*, Voltz. (4) **O. acuminata.* *Pecten.* *Plagiostoma ovalis.* *Serpula articulata*, Bronn. *Galeolaria gigantea*, Desh. *Gervillia aviculoides.*	*Ammon. elegans.* *Ammon. Stockesi.* *Ammon. discus.* *Nautilus.* **B. aalensis*, Voltz. **B. gigant.*, Schl. **B. sulcatus*, Mill. *B. compressus*, Bl. *B. canalicul.*, Sch. **Trochus similis.* *Trigonia costata.* *Cardium.* *Cardita producta.* *Pholadomia.* *Lutraria gibbosa.* *Astarte.* *Modiola cuneata.* *Donax.* **Tereb. spinosa.* *T. acuta.* *Ostrea Marshii.* *Pecten lens.* *Plagiost. rigida.* *Pinna.* *Perna.* *Gryphaea cymbium*, Lamk. (5) **Lima proboscid.*	*Ammonites elegans.* *Nautilus.* *Belemnites giganteus*, Schl. *Belemnites compressus*, Bl. *Trigonia.* *Cardita producta.* *Lutraria gibbosa.* *Modiola cuneata.* *Terebratula crumena.* *T. punctata.* *Ostrea.* *Pecten.* *Lima proboscidea.* *Gryphaea cymbium.*

1 Deshayes, pl. 10, fig. 3.

2 Les noms d'espèces sans nom d'auteur sont déterminés suivant Sowerby.

3 Deshayes, pl. 9, fig. 3 et 4.

4 Knorr, pl. *D. V.*, fig. 5 et 6.

5 Deshayes, pl. 12, fig. 1 et 2.

Ce tableau montre que les coquilles sont beaucoup plus abondantes dans les trois derniers étages que dans le reste de la formation. Le *Bel. aalensis* et le *Bel. sulcatus* sont surtout très-communs, et regardés comme caractéristiques de l'oolite inférieure.

Formes du sol. Le sixième groupe du terrain secondaire a pris un développement et une puissance très-considérables; il constitue souvent des chaînes entières de montagnes en Angleterre et dans plusieurs parties de la France.

Les montagnes formées par le terrain oolitique présentent, à très-peu près, toutes les mêmes caractères.

Quand les couches sont horizontales ou peu inclinées, ces montagnes sont terminées par de longs plateaux, penchant légèrement vers les vallées qui les limitent. Ces vallées sont très-évasées, les pentes sont douces; elles commencent en général assez largement : les angles saillans et rentrans se correspondent bien. L'inclinaison du *thalweg* est peu considérable, et la partie horizontale du fond très-étendue. Les angles d'intersection des différens ordres sont assez ouverts, excepté vers l'origine des vallées, où l'angle est toujours plus aigu que dans le milieu et vers l'extrémité.

Mais il arrive souvent que les strates du terrain oolitique sont très-inclinés; alors les montagnes présentent presque toutes un escarpement d'un côté et une pente douce de l'autre. Au pied de chaque escarpement existe un talus plus ou moins élevé, et dominé par des rochers dont la hauteur est quelquefois très-considérable. Ces rochers présentent des formes extrêmement bizarres; leurs masses ressemblent à de grandes murailles flanquées de tours. Dans les montagnes calcaires des Cévennes j'ai souvent pris de loin ces masses pour des villages.

Les vallées comprises entre les montagnes sont généralement étroites et de véritables vallées de fracture, sur les flancs escarpés desquelles on remarque quelquefois une correspondance parfaite dans les couches; comme si, sans les déranger, on avait enlevé la portion qui manque. Les vallées du premier ordre sont ordinairement très-larges et très-sinueuses, présentant des escarpemens et des pentes douces, et beaucoup de masses isolées dans leur intérieur. A la séparation entre deux formations il existe presque toujours une vallée longitudinale; c'est du moins ce que j'ai remarqué dans le midi de la France. Quand les couches du terrain oolitique sont très-inclinées, les vallées communiquent entre elles par des cols étroits: l'inclinaison du *thalweg* est très-irrégulière, elle augmente brusquement vers l'origine; la partie horizontale du fond est peu étendue; enfin, on n'observe presque point de correspondance entre les angles saillans et rentrans.

Dans la chaîne du Jura les couches calcaires sont souvent fortement arquées, ou même festonnées, de manière à s'élever du fond des vallées longitudinales jusqu'au sommet des deux crêtes qui la bordent, et à redescendre ensuite de celles-ci jusqu'au fond des vallées qui se trouvent au-delà de part et d'autre.

Emploi dans les arts. La formation de la grande oolite fournit beaucoup de matériaux pour les arts : on en tire d'excellentes pierres de taille, qui souvent prennent un beau poli, des pierres à chaux, et les parties fissiles servent dans les montagnes de la Bourgogne à couvrir les maisons. La terre à foulon est très-employée, et, enfin, les minérais de fer oolitique sont, dans beaucoup de points de la France, l'objet d'exploitations très-avantageuses.

Localités. Ce groupe est un de ceux qui se présentent le plus fréquemment à la surface du sol. On le retrouve dans la Provence presque aussi bien développé qu'en Angleterre; il constitue une grande partie des montagnes du Jura, de la Bourgogne, des Cévennes, des Ardennes, etc. J'en ai observé deux étages dans le Boulonnais.

M. Desnoyers a reconnu dans la grande formation oolitique du nord-ouest de la France, toutes les divisions établies par les Anglais.

En Angleterre la grande oolite forme une bande qui traverse ce pays du nord-est au sud-ouest.

Le terrain oolitique couvre sans interruption une grande étendue de pays, depuis la chaîne du Jura jusque dans le centre de l'Allemagne; presque partout il renferme des cavernes à ossemens et des brèches osseuses[1]. M. Beudant l'a retrouvé en Hongrie. M. de Humboldt a cru le reconnaître sous la zone équinoxiale de l'Amérique.

1 C'est le gisement des brèches et cavernes à ossemens de Nice et du midi de la France, de la Franche-Comté et de la Franconie.

7.° Formation. *Lias.*

§. 51. La formation que nous allons étudier est parfaitement connue : ses caractères sont bien tranchés; c'est un très-bon horizon géognostique, dont on fait souvent usage. Les Anglais, qui l'ont comprise dans le système inférieur oolitique, y distinguent deux étages, que nous avons également reconnus sur plusieurs points de la France. Les autres caractères sont aussi les mêmes; en un mot, l'identité est complète dans les îles britanniques et sur le continent.

a. La partie supérieure de ce groupe consiste en une masse de marne argileuse très-puissante, formant la base sur laquelle repose toute la série oolitique.

La couleur de cette marne est le gris bleuâtre, quelquefois noirâtre; elle est très-schisteuse. Entre les feuillets on trouve de belles empreintes de coquilles, et particulièrement une assez petite *posidonia*, que M. É. de Beaumont et moi avons retrouvée dans toutes les marnes du lias dans le midi de la France, et qui semble caractéristique. Ces marnes sont quelquefois très-bitumineuses, et contiennent de véritables lignites et même des houilles. Les masses ont une cassure largement conchoïde. Vers le haut on remarque quelques strates subordonnés de gypse (Gard), de calcaire marneux, en général très-irréguliers, et qui sont ordinairement composés de nodules aplatis, placés à côté les uns des autres. Dans les Cévennes ces strates contiennent souvent une grande quantité de bélemnites; ce qui les a fait nommer *calcaire à bélemnites* par M. Dufrénoy.

Ce calcaire est gris ou bleuâtre; sa cassure est encore largement conchoïde : il est fréquemment schistoïde et traversé par des veines de spath calcaire, qui pénètrent aussi dans la marne, et qui la divisent en fragmens rhomboïdaux assez réguliers. Dans le bas, le calcaire devient plus abondant, il finit par alterner régulièrement avec les couches de marne. Bientôt celles-ci deviennent très-minces, le calcaire domine et prend un développement considérable; mais la puissance de la partie marneuse est presque toujours des deux tiers de celle de la formation.[1]

b. Les strates calcaires qui succèdent aux marnes sont très-réguliers; de minces lits de schiste marneux séparent ceux du haut, mais ils disparaissent presque entièrement vers le bas. Ce calcaire est caractérisé par son aspect terreux et sa grande cassure conchoïde; sa couleur varie du bleu clair au gris de fumée et au blanc. En Angleterre la première

---

1 Les observations suivantes m'ont été communiquées par M. Voltz, pendant l'impression de cet ouvrage.

Dans le Wurtemberg et le département du Bas-Rhin le premier étage de la formation du lias est complexe : la partie supérieure est occupée par un grès (*grès-lias*), dont les strates alternent avec des argiles schisteuses sur une épaisseur qui atteint quelquefois 25 mètres. Ce grès renferme des *fucoïdes*, des *astéries* et des coquilles, dont les plus caractéristiques sont : un petit *pleuronecte*, des *avicules* et des *nucules*.

Il contient quelquefois des couches subordonnées de fer oolitique; il repose sur des marnes argileuses schistoïdes, dont la puissance est de plusieurs centaines de pieds, et qui renferment peu ou point de restes organiques.

Au-dessous de celles-ci viennent des marnes schistoïdes avec nodules de calcaire marneux et fer carbonaté lithoïde à

variété constitue ordinairement la partie supérieure, et l'autre l'inférieure.

Sur le continent, en Bourgogne et en Provence, le lias blanc des Anglais est remplacé par un calcaire siliceux très-dur, d'un gris noir, renfermant même des rognons de silex corné, beaucoup d'entroques et des coquilles dont les têts sont changés en silex. Ce calcaire est susceptible de prendre un beau poli, et on l'exploite comme marbre. Les strates ont souvent plus d'un mètre d'épaisseur.

La puissance de ce second étage n'est guère que le tiers de celle de toute la formation, qui varie entre 100 et 200 mètres.

Minéraux. Les espèces minérales sont assez rares dans le lias : on y trouve un peu de fer pyriteux, quelques traces de galène en veines et disséminée; de la célestine, de la barytite (M. de Bonnard en a trouvé beaucoup en Bourgogne) et du silex. Le fer pyriteux, souvent très-abondant dans les marnes, en

---

couches concentriques, et qui paraissent être caractérisées par les coquilles suivantes : *Trigonia navis*, Lamck.; *Ammonites serpentinus*, Schl.; *A. sigmifer*, Phill.; *A. lytheusis*, Y. et Bird; *Belemnites breviformis*, Volts; *B. subclavatus*, Voltz; *Nucula lævigata major*, Münst.

Enfin, la partie inférieure est occupée par des schistes marno-bitumineux, avec bancs subordonnés de calcaire fétide. A Boll (Wurtemberg) ces schistes acquièrent une puissance de 15 mètres; ils renferment des empreintes de fucoïdes, et particulièrement l'*algacites granulatus*, Schl.; des ossemens de *Crocodilus bollensis*, de *Geosaurus bollensis*, Jäger; d'*Ichthyosaurus*; des crinoïdes, *Pentacrinites subangularis?* Mill.; des coquilles, *Ammonites Walcotii*, *Belemnites subdepressus*, Voltz; *belemnites paxillosus*, Schl.; plusieurs espèces de *Posidonia* et le *Trigonellites lamellosa*, Park, var.

se décomposant, produit une efflorescence de sulfate d'alumine que l'on exploite avec avantage en Angleterre. On peut attribuer à cette cause les inflammations spontanées que l'on observe souvent dans la falaise près de Charmouth, en Dorsetshire.

Restes organiques. Les végétaux du lias offrent des lignites, des bois fossiles, quelquefois silicifiés, et des empreintes de plusieurs espèces de fougères, de cycadées et de fucoïdes.

Les restes du règne animal contenus dans cette formation, sont extrêmement intéressans. C'est ici que l'on rencontre en abondance et bien conservés des os de grands quadrupèdes ovipares, appartenant au grand ordre naturel des sauriens, mais différant la plupart complétement des genres connus : ce sont les genres *geosaurus*, *ichthyosaurus* et *plesiosaurus*, dont il existe des débris dans toute la formation, mais dont des squelettes entiers et d'une conservation assez parfaite n'ont encore été reconnus que dans le premier étage. On cite aussi plusieurs espèces de poissons et de crustacés.

La formation n.° 7 contient une immense quantité de coquilles, parmi lesquelles domine l'espèce *gryphæa arcuata*[1]; les calcaires *b* en sont quelquefois entièrement pétris ; ce qui les a fait nommer *calcaires à gryphites.* Jusqu'à présent cette espèce est regardée comme caractéristique du lias. En Bourgogne et dans les Ardennes, le *gryphæa cymbium*[2],

---

1 Deshayes, pl. 12, fig. 4, 5 et 6.

2 *Idem*, pl. 12, fig. 1 et 2.

Lamk., que l'on avait d'abord cru appartenir uniquement aux formations oolitiques plus nouvelles que le lias, se trouve associé au *gryphæa arcuata;* et à Aix en Provence c'est l'espèce dominante dans la formation. Voici l'état des principaux fossiles des deux étages :

1.er ÉTAGE.	2.e ÉTAGE.
Ammonites comptus, Reineck.	**Ammonites Bucklandii.*
**A. costatus*, Schl.	*A. Walcotii.*
**A. planicosta.*	**A. Conybeari.*
A. serpentinus, Schl.	*Nautilus intermedius.*
**A. sigmifer*, Phill.	*N. striatus.*
A. Stockesi.	*Belemnites longissimus*, Bl.
**Belemnites paxillosus*, Schl.	*B. elongatus*, Mill.
**B. breviformis*, Voltz.	*B. umbilicatus*, Bl.
B. compressus, Voltz (les 3 var.).	*Melania striata.*
**B. digitalis*, F. Big.	*Trochus anglicus.*
**B. subdepressus*, Voltz.	*Pinna quatrivalvis.*
Cerithium.	**Gryphæa arcuata*, Lamk.
Turritella.	*G. cymbium*, Lamk.
**Turbo ornatus.*	*Modiola scalprum.*
Trochus duplicatus.	**Plagiostoma gigantea.*
Patella discoïdes, Schl.	**Pl. Hermanni*, Voltz.
**Terebratula crumena.*	*Terebratula acuta.*
**T. triplicata*, Phill.	**Spirifer Walcotii.*
**Plicatula spinosa.*	*Ostrea.*
Pecten acuticosta, Lamk.	*Dentalium.*
Avicula inæquivalvis.	*Pecten.*
Gervillia avicul. (*Perna*, *id.* Sow.)	ZOOPHYTES.
**Trigonia navis*, Lamk.	
**Nucula lævigata major*, Münst.	*Pentacrinites caput Medusæ.*
**Cytheræa luciaia* (*Tell. id.*, Schl.)	*Astrea.*
C. trigonellaris (*Venul. id.*, Schl.)	*Turbinolia.*
Tellina gnidia, Schl.	VÉGÉTAUX.
Gryphæa cymbium, Lamk.	
ZOOPHYTES.	*Mantellia cylindrica*, Ad. Brong.
Cyclolites.	
Pentacrinites basaltiformis.	
P. subangularis.	

Les coquilles les plus caractéristiques sont l'*ammonites Bucklandii*[1], le *gryphæa arcuata*, le *plagiostoma gigantea*[2], le *belemnites paxillosus* et le *belemnites digitalis*. On trouve encore avec ces coquilles quelques échinides. Les couches calcaires sont souvent remplies de petites entroques, qui donnent à la roche l'aspect lamellaire.

Formes du sol. En Angleterre les strates du lias sont presque horizontaux, et occupent de larges plaines au pied des chaînes oolitiques. En Bourgogne et dans la Provence ce terme de la série géognostique est bien développé ; les couches sont inclinées et constituent de grands plateaux, offrant toujours un escarpement occupé souvent par les formations inférieures, et une pente douce plongeant dans une large vallée longitudinale, creusée dans les marnes et dont le versant opposé présente un escarpement formé par les couches du terrain oolitique. Ces plateaux sont sillonnés par des vallées toujours très-étroites, comprises entre deux escarpemens dans lesquels les couches se correspondent très-bien. Ces vallées tombent les unes dans les autres sous toutes sortes d'angles.

Emploi dans les arts. Les roches que nous venons de décrire fournissent plusieurs substances employées dans les arts : on en tire du sulfate d'alumine ; les calcaires donnent d'excellente chaux maigre, la variété blanche une pierre lithographique ; et, en France, les parties inférieures du second étage

1 Deshayes, pl. 10, fig. 2.
2 *Idem*, pl. 14, fig. 1.

fournissent des marbres qui présentent des accidens très-jolis par le grand nombre de coquilles qu'ils contiennent, et qui, au poli, se détachent en blanc sur un fond noir.

Localités. Dans les îles britanniques le lias occupe une grande bande parallèle à celle du terrain oolitique. En France il se montre sous l'oolite aux environs de Caen; il est très-bien développé dans les Ardennes, le duché de Luxembourg, le Wurtemberg, où il forme la base de toute la Rauh-Alb, les contrées qui entourent les Vosges, le Jura, et jusque dans le midi de la France, où je l'ai reconnu dans les départemens des Basses-Alpes et des Bouches-du-Rhône. Dans la chaîne des montagnes de la Bourgogne ce groupe a pris un développement considérable; il y est parfaitement caractérisé, et présente une circonstance de gisement qu'il faut faire connaître[1]. Au granite, qui forme le noyau de cette chaîne, succède une arkose granitoïde renfermant beaucoup de barytite, et dans laquelle on trouve des gryphées, des ammonites, des plagiostomes, des térébratules, etc. Ensuite, et sans l'interposition d'aucune roche, on voit la formation du lias se développer: mais je l'ai aussi vue, dans cette même chaîne, reposer sur le groupe que nous allons étudier, et dont les parties inférieures paraissent recouvrir l'arkose, dans laquelle je n'ai reconnu ni barytite, ni coquilles.

---

1 Voyez la Notice géognostique de M. de Bonnard, Annales des mines, tom. 10.

8.ᵉ Formation. *Marnes irisées (keuper des Allemands).*

§. 52. D'après les observations que j'ai faites en Alsace, en Bourgogne, etc., et les avis de MM. Hausmann et Voltz, je comprends dans cette division le grès quarzeux inférieur au lias, *keuper-sandstein*, qui a été désigné très-longtemps par le nom de *quader-sandstein*, et tout le groupe des marnes irisées (*keuper*) avec gypse et sel gemme, si bien étudié par MM. Charbaut, d'Alberti, É. de Beaumont et Voltz.

Ce huitième groupe secondaire, toujours complexe, est composé essentiellement de grès, de marnes et de dolomies; il peut se diviser en quatre étages; le dernier est extrêmement important, à cause des mines de sel gemme, dont il est un des principaux gisemens. Nous étudierons chacun de ces étages séparément.

a. Grès keupérien supérieur. Au-dessous du lias, et en stratification concordante avec lui, vient un grès d'une couleur blanchâtre, jaunâtre, ou grisâtre, quelquefois bigarré, à grains très-fins, agglutinés par un ciment argileux ou quarzeux presque invisible: on y distingue du mica argentin en paillettes isolées, peu abondantes. L'état d'agrégation de cette roche est extrêmement variable; sa cassure est inégale. Elle se présente en strates assez réguliers, de 0,5 à 1ᵐ d'épaisseur, entre lesquels on voit quelquefois des bancs calcaires sableux et même des calcaires oolitiques interposés, et qui renferment parfois des masses irrégulières et aplaties d'argile. Ce grès n'est jamais schisteux; son ciment est souvent si rare qu'il se réduit très-facilement en un sable fin. On y cite du fer hydraté en nodules, et de la strontiane sulfatée.

Cet étage offre quelquefois des traces de houille; on y trouve, dans la Moselle, des *myes?* des *pecten*, des *plagiostomes?* à Velmainfroy (Haute-Saône) on y voit des coquilles du lias; il montre aussi des empreintes végétales: *clathropteris meniscoides* et *pecopteris* indéterminé.

b. Marnes irisées proprement dites. Sur plusieurs points de la France, Charsey en Bourgogne, Lons-le-Saulnier, Vic, etc., les derniers strates de l'étage précédent alternent avec des marnes diversement colorées; bientôt le grès disparaît entièrement, et les marnes se développent.

Ces marnes, que M. Charbaut nomme *marnes irisées*, présentent alternativement des bandes *blanches*, *vertes*, *violettes*, *rouges*, *grises* et *bleues;* elles sont généralement compactes, granuleuses, feuilletées, et leur agrégation est très-faible. Dans leur masse elles renferment quelques strates plus solides de calcaire variable d'aspect et de nature, beaucoup de dolomies et quelques lits isolés de grès siliceux.[1]

Dans les environs de Lons-le-Saulnier et de Vic on a trouvé, vers le haut, des lits calcaires presque uniquement composés de petites coquilles. A Sierk,

---

1 A Degerloch, près Stouttgart, on trouve immédiatement sous le lias le grès *a*, qui paraît reposer sur des marnes irisées renfermant, dans toute la Souabe, de puissantes assises d'un macigno composé de gros grains de quarz blanc et de fragmens ou de cailloux de calcaire ou de dolomie avec quelques grains de felspath.

près Thionville, des dolomies, parfois oolitiques, renferment de petits univalves, des pectinites et des entroques.

MM. Charbaut et Voltz citent dans les marnes irisées, des masses de gypse irrégulières, et qui paraissent ne pas avoir ordinairement plus de 10^{m} de long, et 0,5 à 2^{m} d'épaisseur. Ces masses sont souvent enveloppées par les couches de marne, et produisent une grande irrégularité dans la stratification, qui est beaucoup mieux réglée quand le gypse manque. Mais en Bourgogne, dans les environs de Saint-Léger, de Charsey, etc., le gypse se présente en couches très-étendues : au-dessous d'un épais banc de dolomie, vient une couche de marne remplie de morceaux de gypse fibreux non soyeux, puis un banc de gypse blanc, parfaitement régulier et parallèle à la stratification, ensuite 2 mètres de minces lits de marne noirâtre et de gypse en alternance, et enfin, au-dessous de tout ceci, trois gros bancs de 2 mètres d'épaisseur d'un gypse grossier, mélangé, dans sa masse, avec une marne noirâtre, qui lui donne une bonne qualité à la cuisson. Cette masse gypseuse, dont la stratification concorde parfaitement avec celle des marnes irisées, est développée sur plus de deux lieues de longueur; elle forme le flanc ouest d'une chaîne de montagnes, dont le flanc opposé est toujours occupé par le lias. Malgré toutes mes recherches, je n'ai pu découvrir dans cette partie aucune trace de sel gemme, ni d'autres espèces minérales ; elle paraît être entièrement dépourvue de restes organiques.

On trouve dans les marnes irisées beaucoup de fer pyriteux, en veines et en rognons, et dans les fissures des roches subordonnées, de la strontiane sulfatée fibreuse.

Cet étage renferme des dents et des os de sauriens, des coquilles univalves indéterminées, des *pectinites* et des *entroques*.

c. Grès keupérien inférieur. En Lorraine, en Alsace et dans le Wurtemberg, au-dessous de l'étage précédent, viennent des psammites, dont la couleur, rouge d'abord, passe insensiblement au gris dans les parties inférieures. Ces roches alternent quelquefois avec des marnes et des dolomies, et contiennent des couches de gypse et de houille : ces dernières sont accompagnées d'argiles schisteuses qui renferment des bivalves indéterminées, une espèce du genre *ophiura*, trouvée dans le département des Vosges, et, en grande abondance, l'*equisetum columnare?* Brong.; *E. Meriani*; *calamites arenaceus?* quelques fougères, *filicites stuttgardiensis* et *lanceolatus*; plusieurs espèces de cycadées, *pterophyllum longifolium*, *P. Meriani* et *P. Jägeri*; enfin, la *Marantoidea arenacea.* Ces houilles sont exploitées pour combustible, ou pour minérais d'alun et de vitriol, à cause de la grande quantité de fer pyriteux qu'elles renferment, à Walmunster (Moselle), à Noroy et à Saint-Menge (Vosges), à Corcelle (Haute-Saône), à Gemonval (Doubs), à Gaildorf et Westernach dans le Wurtemberg, etc.

d. Terrain salifère keupérien. Les dernières couches des psammites reposent sur des lits marneux d'un gris plus ou moins foncé, contenant quelques rognons de gypse; au-dessous de ceux-ci vient une alternative d'argiles schisteuses (*salzthon*), de bancs de gypse et surtout de karsténite, qui se trouve être un des principaux gisemens des mines de sel gemme : vers le bas, les argiles alternent avec des couches de dolomie, qui forment passage entre le n.° 8 et le n.° 9. Dans le Wurtemberg, à Sulz sur le Necker, ces dolomies sont poreuses et constituent presque à elles seules, sans gypse ni sel, tout l'étage. (*Poröser kalkstein* de M. d'Alberti.)

Les mines de sel gemme de Dieuze, département de la Meurthe, sont toutes situées dans cette partie de la formation des marnes irisées. Le sel gemme se présente ici en bancs puissans, en lits, en amas ou en veines, ou disséminé d'une manière peu visible dans les roches argileuses et marneuses qui font partie de cet étage[1]. Les deux surfaces des couches ne sont pas constamment parallèles, et quand on peut les explorer sur plusieurs points, on y remarque des renflemens et des rétrécissemens. Toutes les mines de sel marin rupestre qu'on a pu observer sur une assez grande étendue, ont indiqué cette disposition ; ou bien le sel est quelquefois tellement disséminé dans ces roches, qu'il est invisible : c'est là ce qui constitue le terrain de marne argileuse salifère, qui précède les amas de sel marin rupestre, ou qui se montre quelquefois seul. On y place l'origine des sources d'eau salée, si communes dans des pays où

1 Extrait de l'article *Selmarin* du Dictionnaire des sciences naturelles, par M. Brongniart.

on ne connaît encore aucune trace de sel marin, quoiqu'on l'y ait souvent cherché.

« Les roches et les minéraux qui accompagnent « le sel gemme offrent un exemple remarquable de « généralité et de constance. Ce sont, dans l'ordre « de leur présence la plus habituelle:

« 1.° Une *marne argileuse* diversement colorée, « et quelquefois une marne calcaire brunâtre.

« 2.° Le *gypse sélénite*, saccaroïde, fibreux, com- « pacte, pur ou mêlé d'argile, gris ou rougeâtre, « en strates continus (ce qui est assez rare), en petits « amas, en veinules ou en rognons; enfin, dans « une disposition qui paraît présenter en petit la « manière d'être du sel en grand.

« 3.° La *karsténite*, rougeâtre, laminaire et la- « mellaire, mêlée plus ou moins abondamment « avec le gypse ou avec le sel marin lui-même.

« 4.° Le mélange de toutes sortes de sels, qu'on « a nommé *polyhalite*.

« 5.° Le *soufre* en petits amas ou en cristaux. »

La question des restes organiques qui accompagnent ce minéral est très-difficile à résoudre; on y a souvent cité des restes appartenant à d'autres formations, et particulièrement ceux des groupes salifères de Wieliczka et de Salzbourg, qui paraissent être beaucoup plus modernes. A Vic et à Dieuze on n'y a jamais trouvé de restes organiques.

Minéraux. En récapitulant ce que nous avons dit dans la description des différens étages, nous trouvons dans le huitième groupe secondaire les espèces minérales suivantes : fer hydroxidé, fer pyriteux, célestine, gypse, karsténite, soufre, sel gemme, polyhalite, stipite et du mica en paillettes.

Restes organiques. Les restes organiques n'ayant pas encore été bien étudiés, nous n'ajouterons rien ici à ce qui a été dit plus haut.

Formes du sol. En Bourgogne, où la formation des marnes irisées est bien développée, j'ai remarqué une grande analogie, pour la forme des montagnes et la disposition des vallées, avec le terrain oolitique. Presque partout ces montagnes présentent un escarpement occupé par les marnes, et une pente douce formée par les parties inférieures du lias.

Emploi dans les arts. Les grès et le macigno fournissent d'excellentes pierres pour les constructions. Le gypse du deuxième et du quatrième étage est souvent l'objet d'exploitations suivies et très-avantageuses. A Vic et à Dieuze on a établi de grands travaux pour extraire le sel gemme. Enfin, les houilles que nous avons citées peuvent quelquefois être exploitées avec avantage comme combustible ou comme minérais d'alun et de vitriol.

Localités. Le groupe géognostique dont nous venons d'exposer les caractères, a été observé pour la première fois par M. Charbaut dans les environs de Lons-le-Saulnier ; depuis on l'a reconnu et étudié sur plusieurs autres points en France, dans l'Alsace, la Lorraine, la Franche-Comté et la Bourgogne. M. Steininger l'a signalé et décrit dans le duché de Luxembourg; enfin, il est très-bien développé dans le pays de Bade et le Wurtemberg. (Voyez pl. V, fig. 3.)

9.e FORMATION. *Muschelkalkstein.*

§. 53. D'après ce que nous venons d'exposer, le muschelkalk serait placé immédiatement au-dessous de l'étage salifère; mais bien certainement, dans la Lorraine et la Franche-Comté, il est au-dessous des marnes irisées. La mauvaise dénomination de *muschelkalk* (calcaire coquillier), que lui avait appliquée l'école de Freyberg, a été cause d'une foule d'erreurs. Werner comprenait dans ce groupe tous les calcaires secondaires coquilliers; mais un grand nombre d'observations ayant démontré l'existence d'une formation calcaire bien caractérisée entre les marnes irisées et le grès bigarré, on a dû modifier la classification de Werner. C'est à cette formation que les Allemands appliquent aujourd'hui le nom de *muschelkalk*, nom que M. Brongniart traduit par celui de *calcaire conchylien.*

On pourrait peut-être distinguer trois parties ou étages dans le neuvième groupe secondaire: 1.° des marnes feuilletées, grisâtres ou jaunâtres, alternant avec des dolomies à grains fins qui forment le passage au keuper et passent à un calcaire d'un gris jaunâtre, à cassure terreuse; 2.° un calcaire compacte en strates très-réguliers; 3.° enfin, au-dessous (pl. III, fig. 2) un calcaire et des marnes analogues à celles du haut, et qui alternent encore avec des dolomies à gros grains spathiques; mais ces diverses modifications sont presque toujours si intimement liées, qu'on est obligé de considérer ce groupe comme simple.

Le muschelkalk est un calcaire compacte d'un gris de fumée, quelquefois jaunâtre et quelquefois rougeâtre. Sa cassure conchoïde est mate, mais mélangée de petites lames spathiques, provenant peut-être de débris de pétrifications qui la rendent quelquefois un peu grenue et brillante. La stratification est en général fort régulière. Plusieurs petits lits marneux, arénacés ou passant à la structure oolitique, se trouvent disséminés entre les couches du calcaire compacte; mais les marnes et les argiles, si fréquentes dans les formations supérieures et inférieures, sont assez rares dans celle-ci. On y cite des amas salifères (Wurtemberg), tout-à-fait analogues à ceux de la formation supérieure, et que nous retrouverons encore dans les deux suivantes: c'est ce qui m'a engagé à réunir ces quatre formations sous le nom de *terrain salifère*. (Voyez pl. III, fig. 2, et pl. V, fig. 5.) Mais des observations récentes tendent à faire croire que le sel gemme se montre encore dans plusieurs autres formations.

Le calcaire compacte est quelquefois rempli de coquilles très-bien conservées; mais souvent aussi il n'en contient presque point.

Minéraux. Les espèces minérales sont assez rares. On y cite de la barytite, du fer hydroxidé, du cuivre carbonaté et oxidulé, de la galène et des calamines; les gîtes si riches de calamine, de plomb sulfuré et de fer hydroxidé de la Haute-Silésie sont dans le muschelkalk. Enfin, il renferme du gypse et du sel gemme, accompagné des minéraux dont nous avons parlé §. 52.

Quand le sel manque, sa place est ordinairement marquée par des schistes marno-argileux qui contiennent quelquefois du gypse.

Restes organiques. Ce terme de la série géognostique renferme beaucoup de coquilles très-bien conservées. On y cite des os de grands sauriens et des empreintes de plantes que l'on peut rapporter à des fougères et des fucoïdes.

Les mollusques y sont souvent distribués par familles : bélemnites, térébratules, plagiostomes. Entre les strates éminemment coquilliers sont disséminés des ammonites, des turbinites, quelques térébratules et des encrinites.

Les coraux et les échinites sont très-rares, mais les entroques y sont quelquefois si abondantes, que dans certaines parties de l'Allemagne on lui donne le nom de *calcaire à entroques* (*trochitenkalk*). L'*encrinites liliiformis*, extrêmement commune dans toute cette formation, est regardée comme caractéristique.[1]

Voici la liste des coquilles :

Ryncolites.	*Pleuronectites levigatus*, Schl.
Ammonites nodosus, Schl.	*Ostrea cristata-difformis*, id.
Nautilus bidarsatus, id.	*Trigonellites pes anseris*, id.
Buccinum obsoletum, id.	*Avicula socialis*, Bronn.[2]
Dentalites torquatus, id.	*Pecten reticulatus*, Schl.
Patellites mitratus, id.	*Mytulites eduliformis*, id.
Strombites denticulatus, id.	*Lingula.*
Myacites elongatus, id.	*Terebratula vulgaris*, Schl.
M. ventricosus, id.	*Palinurus Sueri*, Desm.
Plagiostoma striata, chamites, id.	*Encrinites liliiformis*, Schl.
P. punctata, id.	*Gorgonia.*

1 Deshayes, pl. 7, fig. 5.

2 *Idem*, pl. 14, fig. 5. (*Mytulites socialis*, Schl.)

L'ammonites nodosus et l'*avicula socialis*, paraissant appartenir exclusivement au muschelkalk, sont considérés comme caractéristiques. Cette dernière coquille est quelquefois si abondante que certaines parties de la roche en sont entièrement formées.

Formes du sol. Dans les régions peu élevées, les montagnes constituées par le calcaire n.° 9 diffèrent à peine, pour la forme, de celles du terrain jurassique. Quand ces montagnes offrent une pente douce et un escarpement, la pente est toujours occupée par le calcaire et l'escarpement par la formation inférieure n.° 10. Mais dans les Alpes et dans toutes les hautes régions ces montagnes présentent des formes différentes.

Voici ce qu'en dit M. Boué dans son Mémoire sur les Alpes allemandes.

« Le second calcaire secondaire des Alpes forme « au-dessus du premier calcaire secondaire, ou au-« dessus des marnes bigarrées, des montagnes fort « élevées d'environ 1000, 2000 à 4000 pieds et « au-delà de hauteur, et elles atteignent ainsi quel-« quefois des hauteurs très-considérables au-dessus « de la mer. Leurs sommets sont arrondis ou assez « pointus, ou bizarrement découpés ; leurs pentes « sont très-rapides, et même à grands escarpemens « verticaux, le long des lacs, des vallées ou des « gorges. On observe dans ces montagnes, comme « dans le muschelkalk du nord de l'Allemagne, que « leur forme dépend presque toujours de la strati-« fication des couches qui les composent. Ainsi,

« par exemple, des couches contournées produisent « des sommets ondulés. »

Emploi dans les arts. Le calcaire compacte, qui forme la plus grande partie du groupe n.° 9, donne d'excellentes pierres de construction ; on s'en sert aussi pour obtenir de la chaux grasse. Certaines couches peuvent prendre un beau poli et sont exploitées comme marbres.

Localités. Ce groupe géognostique a été observé sur plusieurs points de la France : on le trouve dans la Provence, le Dauphiné, le Jura, la Bourgogne et sur les deux versans des Vosges; mais c'est en Allemagne qu'il paraît être le mieux développé. Gœttingue est une localité classique. Il existe dans le duché de Luxembourg, le pays de Bade et le Wurtemberg. M. Boué le cite dans les Alpes allemandes, recouvrant tantôt la formation immédiatement inférieure, tantôt d'autres plus anciennes. Dans toutes ces localités la stratification est assez régulière, mais l'inclinaison varie beaucoup ; quelquefois les couches sont sensiblement horizontales, et d'autres fois si près de la verticale, qu'il est impossible de dire dans quel sens elles penchent.

Un fait assez remarquable, c'est que toutes les roches des deux dernières formations que nous venons d'étudier, paraissent manquer en Angleterre, ou du moins, si quelques-unes existent, elles sont très-peu développées, et mêlées avec d'autres; en sorte que, dans ce pays, le lias n.° 7 repose immédiatement sur le grès bigarré n.° 10. (Pl. V, fig. 1.) Il paraît qu'il en est de même dans le nord-ouest de la France. M. de Humboldt n'a point reconnu le muschelkalk dans la partie équinoxiale de l'Amérique : les couches qu'il avait cru devoir y rapporter, lui paraissent aujourd'hui appartenir au terrain tertiaire.

10.e FORMATION. *Grès bigarré, red marle et new red sandstone des Anglais, grès de Nébra.*

§. 54. On peut distinguer trois étages dans cette formation, quoique le plus souvent elle se présente avec deux seulement ; mais quand elle est tout-à-fait développée, il en existe trois bien caractérisés.

(Pl. III, fig. 2.) *a*. La partie supérieure est composée d'une marne argileuse toujours plus ou moins schisteuse, rarement bien stratifiée et alternant vers le bas avec des couches de grès. Sa couleur est souvent rouge, grisâtre et jaunâtre ; quelquefois aussi cette marne est bigarrée, ainsi que les grès qui alternent avec elle : de là le nom de *grès bigarré* donné par Werner à toute la formation.

Cet étage contient, comme bancs subordonnés, du gypse et du sel gemme; ces deux substances y sont souvent très-abondantes. On y voit quelquefois des portions de *calcaire globulaire :* c'est une substance calcaréo-magnésienne, composée de petits globules rayonnés du centre à la surface, et dont la grosseur varie depuis celle d'un pois jusqu'à celle d'un grain de millet ; la roche qui les renferme ressemble à une véritable oolite. On y trouve aussi des lits subordonnés de dolomie, qui se représentent dans le second étage avec le calcaire globulaire. Les espèces minérales les plus communes sont des arragonites, quelques cristaux de quarz; et avec le sel gemme, quand il existe, tous les minéraux dont nous avons parlé au §. 52. Cette partie contient parfois une grande quantité de productions cylindriques qui sont encore indéterminées; en Alsace et en Lorraine, où elle n'offre ni gypse ni sel gemme, elle montre souvent beaucoup de coquilles littorales et des ossemens de sauriens.

b. Au-dessous de la masse marneuse avec gypse et sel gemme, vient un psammite très-bien stratifié, dont les strates sont divisés par des fissures en fragmens rhomboïdaux. Cette roche est composée de grains de quarz très-fins avec un peu de mica agglutiné par de l'argile et de l'oxide de fer; en Angleterre elle renferme quelquefois de petits fragmens de felspath et passe ainsi à l'arkose; d'autres fois elle est amygdaloïde et passe au trapp par gradations insensibles; enfin, ce grès est souvent schisteux: dans toute la masse se trouvent interposées des portions d'argile aplaties et lenticulaires. Les couleurs du grès sont les mêmes que celles de la marne supérieure. Il renferme aussi du calcaire globulaire. Généralement cet étage n'est pas riche en restes organiques; mais le long des Vosges M. Voltz y a trouvé une petite *posidonia* et de nombreuses empreintes végétales que nous nommerons plus bas.

c. En Angleterre les parties inférieures du *new red sandstone* passent à une brèche formée de fragmens de différentes roches cimentées par le psammite (*red sandstone*), qui se présente en strates assez réguliers, et dont l'inclinaison concorde bien avec celle de l'étage supérieur. On remarque que les fragmens sont d'autant plus gros que les couches sont plus anciennes. Ce troisième étage paraît dépourvu de restes organiques; les couches subordonnées y sont très-rares : on y observe quelquefois des dolomies.

Depuis le Mont-Tonnerre jusque vers Mutzig, la plus grande partie de la chaîne de la Hardt et des Vosges est formée par un grès rouge (*grès vosgien*), qui appartient à ce troisième étage et est composé de grains de quarz sans ciment visible; cette roche contient souvent beaucoup de cailloux roulés de quarzites de transition blancs ou gris-rougeâtres, et passe quelquefois à l'état de poudingue : sa stratification est assez régulière et souvent horizontale. Le grès vosgien renferme des couches subordonnées de psammites schisteux et des filons de fer hydraté; à l'exception de quelques fragmens de plantes, excessivement rares, il paraît entièrement dépourvu de restes organiques.

M. Voltz considère aujourd'hui le groupe du grès vosgien comme étant intimement lié à la formation du grès bigarré et en constituant l'étage inférieur : partout où il a pu voir les deux roches en contact, il a remarqué une concordance parfaite entre les stratifications et un passage insensible de l'une à l'autre; enfin, à Bieber et à Kahl, dans le Spessart, le grès vosgien repose sur le zechstein n.° 11.

Aux environs d'Exter en Angleterre, la formation qui nous occupe renferme des trapps amygdaloïdes interposés entre les couches, dans lesquelles ils ont souvent causé des altérations et des dérangemens très-considérables.

Minéraux. On cite dans la formation du grès bigarré des filons de galène, de fer hydraté, de cuivre sulfuré et de cuivre carbonaté, dans une matrice calcaire; mais dans les Vosges ces filons existent seulement dans le troisième étage et ne pénètrent jamais dans les deux autres. La gangue est sableuse, et les filons ont une grande puissance et renferment quelquefois du plomb phosphaté, arséniaté, et du plomb carbonaté. Le sel gemme et le gypse s'y présentent en bancs et en parties disséminées. On y trouve plusieurs espèces minérales en cristaux : des arragonites, de la célestine, de la barytite et du quarz hyalin; enfin, des couches de mine jaune de cuivre, d'oxide de cobalt, d'oxide noir de manganèse, de goudron minéral, de houille, et peut-être de lignite.

Restes organiques. Les végétaux fossiles du grès bigarré appartiennent à une époque particulière de végétation terrestre, la seconde de celles établies par M. Ad. Brongniart. Ces végétaux, recueillis en grande partie par M. Voltz, sont assez nombreux. M. Ad. Brongniart, qui en a fait une étude spéciale[1], a reconnu vingt espèces appartenant aux familles des *équisétacées*, des *fougères*, des *conifères*

---

1 Essai d'une flore de grès bigarré (Annales des sciences naturelles, Décembre 1828.)

et des *liliacées*. Les équisétacées et les fougères diffèrent de celles du groupe houiller; et d'autre part, l'absence des cicadées distingue cette période de la troisième, appartenant au terrain jurassique, et qui commence au-dessus du muschelkalk.

La formation n.° 10 est caractérisée par un genre de fougères, *anomiopteris*, et par des conifères du genre *voltzia*, qui n'ont encore été trouvés que là. Rien à cette époque n'indique encore avec certitude la présence de plantes réellement dicotylédones; car les exogénites que l'on y trouve peuvent appartenir à des conifères.

Suivant M. Voltz [1] le grès bigarré des Vosges contient une assez grande quantité de coquilles, dont plusieurs espèces sont les mêmes que celles du muschelkalk; ce sont : des *térébratules*, des *plagiostomes*, des *pecten*, des *trigonelles*, des bivalves analogues à l'*avicula socialis*, des impressions d'un coquillage analogue aux turritelles et d'autres impressions très-abondantes qui paraissent devoir être rapportées au genre *natice*.

Formes du sol. En considérant le grès vosgien comme partie constituante de la formation n.° 10, nous pouvons dire que ce terme de la série géognostique acquiert une puissance extrêmement considérable, et qu'il constitue presque à lui seul des chaînes entières de montagnes. Celles-ci présentent des éminences très-élevées, qui sont souvent couronnées par des plateaux bordés par quelques escar-

---

1 Aperçu minéralogique de l'Alsace; Strasbourg, 1826.

pemens. On y voit aussi des vallées étroites, qui tombent les unes dans les autres sous d'assez grands angles.

Emploi dans les arts. Dans les îles britanniques, la réunion du *red marle* et du *new red sandstone* constitue un groupe identique avec le n.° 10, qui se trouve être le véritable gisement du sel gemme. Les brèches et les grès sont employés comme pierres de construction; les premières fournissent quelquefois des marbres estimés. Les couches de houille dont nous avons parlé plus haut, ne paraissent pas être assez étendues ni assez puissantes pour être l'objet d'un travail suivi. Enfin, les filons métalliques peuvent quelquefois être exploités avec avantage.

Localités. Le terme de la série géognostique que nous venons d'étudier, est développé sur plusieurs points de la France : il existe dans les départemens du Var et des Bouches-du-Rhône, au pied des Pyrénées entre Saint-Giron et Rimont, etc.; enfin, comme nous l'avons déjà dit, il constitue la plus grande partie de la chaîne des Vosges : il se retrouve ensuite dans le Hartz, la Forêt-Noire, l'Odenwald, etc. M. Boué l'a reconnu dans les Alpes allemandes, placé dans les anfractuosités du calcaire appartenant à la formation inférieure n.° 11. Le grès bigarré paraît avoir pris un développement extrêmement considérable dans l'Amérique méridionale; M. de Humboldt l'a observé au Mexique, près de Véra-Cruz.

11.e FORMATION. *Zechstein et schistes cuivreux des Allemands, newer magnesian or conglomerate limestone des Anglais.*

§. 55. Ce groupe est le dernier de la quatrième époque; c'est ici que finissent les terrains à couches horizontales, au-delà les strates sont le plus souvent inclinés, et dans les formations de la cinquième époque la stratification n'est plus identique avec celles des époques précédentes. On connaît cependant quelques exceptions à cette règle (chaîne des Vosges, Palatinat).

Les espèces minérales, et surtout les métaux, que nous avons vus augmenter à mesure que nous nous sommes avancés dans la série géognostique, sont très-abondans au milieu des roches de la formation n.° 11, et nous les verrons encore devenir plus communes dans les époques inférieures, la dernière formation secondaire, à cause que la grande quantité de ses gîtes de minéraux a été beaucoup étudiée, et surtout en Allemagne. Cependant ses limites et ses diverses parties sont assez mal connues, et cela parce que les géognostes ont appliqué le nom de *zechstein* à des roches appartenant à différentes formations et même à différens terrains.

En France, le groupe n.° 11 paraît être assez mal développé. On le cite dans les environs d'Autun, de Figeac et dans le département du Calvados. Je crois en avoir observé quelques lambeaux aux environs d'Aix en Provence[1]. Là, comme en Angleterre, les premières assises sont liées à celles du n.° 10 par des conglomérats calcaires; néanmoins il y a une séparation assez évidente : la stratification du n.° 11 et du n.° 10 concordent parfaitement; mais dans le n.° 11 la brèche ne forme que des portions de strates, et le ciment est de même nature que la roche, tandis que dans le n.° 10 la brèche forme des strates entiers. Parmi les fragmens, le plus grand nombre appartient évidemment au calcaire inférieur, et le ciment est le grès bigarré très-reconnaissable.

M. de Humboldt[2] décrit avec beaucoup de détails la formation du zechstein, qu'il a retrouvée en Europe et en Amérique, présentant partout à peu près les mêmes caractères géognostiques : ainsi nous n'avons rien de mieux à faire qu'à nous en rapporter entièrement à cet habile observateur.

D'après sa description je ne crois devoir établir que deux étages bien distincts dans cette formation : *a*, la portion qu'il nomme proprement zechstein, et *b*, les schistes avec empreintes de poissons, occupant la partie inférieure :

a. Le premier étage, considéré dans sa plus grande généralité, est tantôt d'une grande simplicité (dans les hautes montagnes), tantôt (dans les plaines) il est composé de plusieurs roches qui alternent les unes avec les autres. La roche dominante est un calcaire d'une couleur grisâtre, bleuâtre et quelquefois

---

1 Mémoire géognostique sur les environs d'Aix (Annales des sciences naturelles, Février 1829).

2 Essai géognostique sur le gisement des roches.

rougeâtre. Il passe, et surtout dans les hautes régions, du compacte au grenu à petits grains, et dans ce cas il est traversé par de petits filons de spath calcaire. Généralement la pierre a un brillant provenant de sa structure sublamellaire.

(Pl. VI, fig. 1.) Cette roche renferme comme couches subordonnées : de la houille, du sel gemme, du gypse, du calcaire fétide, compacte ou en parties désagrégées ; du calcaire magnétifère, du calcaire à productus, du calcaire ferrifère (*eisenkalk*), du calcaire celluleux à grains cristallins (*rauchwacke*), du grès, de la calamine, du plomb, du fer hydraté et du mercure. Nous joindrons à ces indications les substances qui se trouvent quelquefois disséminées dans le zechstein sans y former de couches continues : telles que le soufre, le silex et le cristal de roche.

Houille. On trouve dans la formation qui nous occupe des traces de véritable houille, soit en couches, soit comme parties disséminées.

Sel gemme et argile muriatifère. Les masses de sel gemme, dans le zechstein, sont moins subordonnées à des gypses lamelleux qu'à une argile particulière qui a long-temps été négligée par les géognostes, et que M. de Humboldt appelle *salzthon* (argile muriatifère). D'après cet observateur, elle caractérise dans les deux continens les dépôts de sel gemme, de même que l'argile schisteuse avec fougères caractérise ceux de houille. Les couleurs de cette argile sont généralement le gris de fumée, le gris blanchâtre et le gris bleuâtre ; quelquefois elle est brun-noirâtre, brun-rougeâtre et même rouge de brique. On la trouve ou en masses très-puissantes, ou disséminée en parties rhomboïdales, soit dans le sel gemme, soit dans du gypse subordonné à la formation calcaire. L'argile muriatifère n'offre ni les paillettes de mica ni les empreintes de fougères de l'argile schisteuse des houilles ; on y trouve quelquefois des coquilles pélagiques. Le sel gemme s'y présente de la même manière que dans le n.° 10, et accompagné des mêmes substances.

Le gypse grenu, blanc-grisâtre, rarement anhydre, se trouve par couches plus ou moins épaisses dans l'argile ; il y abonde plus que dans le sel gemme : toujours son volume est de beaucoup inférieur à celui de l'argile. Quelquefois ce gypse est mêlé de calcaire fétide et de chaux carbonatée magnésifère. Toute cette portion salifère renferme souvent des pyrites, de la blende et de la galène en parties disséminées. Les couches de calcaire fétide se présentent ici comme le résultat d'une accumulation accidentelle de bitume. Ce bitume donne lieu à des sources de goudron minéral, et peut-être même aux feux d'hydrogène qui sortent de cette formation dans les Apennins et les montagnes de Cumanacoa en Amérique.

Calcaire magnésien. Cette roche forme plutôt des mélanges que des couches dans cet étage. Ses couleurs sont le jaune de paille et le blanc jaunâtre : elle est tantôt compacte et tantôt un peu grenue, nacrée et brillante dans la cassure ; quelquefois on la trouve celluleuse et traversée par des veines de spath calcaire. Elle fait une effervescence lente avec les acides; et, comme la véritable dolomie du terrain primitif, elle ne forme souvent que des couches minces dans un calcaire non magnésifère.

Calcaire ferrifère, *rauchwacke et calcaire à productus*. Le calcaire ferrifère est une roche brunâtre ou jaune-isabelle, tantôt compacte, tantôt grenue et caverneuse, pénétrée de fer spathique, formant des couches dans la partie supérieure de cet étage. Elle est quelquefois traversée par des schistes cuivreux, et prend un tel développement qu'elle remplace tout l'étage inférieur de la formation. Lorsque cette roche devient gris-noirâtre, chargée de bitume et caverneuse, on lui donne, en Allemagne, le nom de *rauchwacke*. Les cavités du rauchwacke sont anguleuses, longues et étroites, tapissées de cristaux de carbonate de chaux. Cette roche est quelquefois magnésifère : elle contient du calcaire globulaire et du quarz grenu. Le calcaire fétide, le calcaire ferrifère et le rauchwacke sont intimement liés entre eux. C'est au rauchwacke aussi qu'appartient en grande partie cet amas de *productus aculeatus* que l'on avait nommé *calcaire à gryphées épineuses*, et que M. de Humboldt regarde comme caractérisant le zechstein.

Grès. Partout où la formation n.° 11 est bien développée, les strates de grès subordonnés sont très-rares. Ce grès, quand il existe, est très-quarzeux, dépourvu de pétrifications, et alterne avec des argiles brun-noirâtre; il renferme quelquefois du mercure.

Galène, fer hydroxidé, calamine et *mercure*. Ce sont, d'après notre auteur, quatre petites formations métalliques subordonnées au zechstein et qui le caractérisent dans les deux hémisphères.

Le fer hydroxidé et la calamine forment aussi des couches, comme on l'observe en Angleterre. Quant aux couches argileuses de fer hydroxidé, elles offrent dans les Andes du Pérou un caractère particulier : elles sont intimement mêlées d'argent natif filiforme et de muriate d'argent.

Le cinabre se trouve en parties disséminées, et surtout dans les grès quarzeux, en Carniole. Le minérai de mercure existe, suivant MM. Héron de Villefosse et de Bonnard, dans un schiste marneux semblable aux marnes cuivreuses du second étage. Indépendamment des substances que nous venons de faire connaître et qui forment de véritables couches, on cite encore dans les différentes roches de cet étage : du silex, du cristal de roche et du soufre.

b. La partie inférieure de notre 11.e groupe, se liant quelquefois intimement à la grande formation houillère, participe aussi à cette grande accumulation de carbone qui caractérise cette dernière; tantôt c'est toute la masse qui est pénétrée de parties bitumineuses, tantôt ce ne sont que des couches d'argiles et de marnes intercalées qui contiennent le bitume. Les plus célèbres de ces couches occupent ordinairement la partie inférieure de la formation. Elles sont composées d'un schiste cuivreux que l'on retrouve dans le Nouveau-Monde, renfermant des poissons fossiles. Le plus souvent il n'y a qu'une seule couche de schiste cuivreux; d'autres fois plusieurs, qui alternent avec des strates calcaires. M. de Humboldt a vu dans les deux continens les marnes cuivreuses représentées par de petites couches d'argile schisteuse carburée, d'un brun noirâtre, faiblement chargée de bitume et remplie de pyrites.

Les argiles schisteuses de cet étage ressemblent quelquefois beaucoup à celles des houilles; mais ce qui les en distingue éminemment, c'est qu'on n'y trouve point d'empreintes de véritables fougères: les schistes cuivreux ne présentent que des lycopodiacées, famille que Swartz, depuis long-temps, a séparée des fougères.

Minéraux. D'après la description que nous venons de donner du dernier groupe secondaire, on voit qu'il contient une grande quantité d'espèces minérales, et surtout des métaux. En réunissant ces espèces, nous y trouvons: de la houille, du bitume, du silex, du quarz hyalin, de la chaux carbonatée, en veines et en cristaux; de la barytite, de l'arragonite, du sel gemme, du gypse, du soufre natif, de la galène, du fer hydroxidé, de la calamine, du cinabre, de l'argent natif et de l'argent muriaté.

Restes organiques. Les restes organiques de cette formation sont assez rares, souvent même elle paraît en être dépourvue. On cite parmi les végétaux des empreintes de *fucoïdes* et des *zostérites*, point de vraies fougères; mais, ce qui est très-remarquable, des feuilles de plantes dicotylédones, analogues à celles du saule. M. de Humboldt dit que le zechstein contient des ossemens de monitor, et peut-être même de crocodiles. Les poissons du second étage paraissent se rapporter au genre chétodon. Les trilobites[1], si abondantes dans le terrain de transition, commencent à se montrer ici avec des orthocératites[2]; c'est une espèce particulière, nommée *trilobites bituminosus*.

Dans les régions les plus éloignées les unes des autres, on trouve dans cette formation des entroques et des pentacrinites d'une grande longueur.

Les coquilles sont moins disséminées dans la masse entière qu'accumulées sur certains points. En voici le tableau:

Orthoceratites, rare.	*Productus aculeatus.*[3]
Ammonites gibbosus.	*Productus rugosus.*
Terebratula paradoxa, Schl.	*Mytilus rostratus.*
Terebratula elongata, Schl.	*Terebratula ovata*, *lacunosa*, *trigonella.*
Spirifer alatus (*Ter. id.* Schl.)	
Encrinites ramosus, Schl.	

Formes du sol. Cette formation a une puissance très-considérable: elle est très-bien stratifiée; l'inclinaison des strates varie beaucoup. Le calcaire présente souvent de grandes cavernes analogues à celles du terrain oolitique et qui renferment de vastes réservoirs d'eau. Les montagnes sont en général arides et sauvages; leurs sommets atteignent des hauteurs très-considérables, jusqu'à 5000

1 Deshayes, pl. 7, fig. 6.
2 *Idem*, pl. 6, fig. 1.
3 *Idem*, pl. 8, fig. 3 et 4.

mètres au-dessus de la mer : elles présentent des pics, des aiguilles et des crêtes dentelées, des escarpemens ou des rochers entassés; leurs pentes sont très-rapides; elles renferment des vallées souvent fort étroites, beaucoup de gorges, et les traces d'écroulemens, de chutes de rochers y sont fréquentes.

Emploi dans les arts. Les métaux contenus dans les roches de ce groupe, donnent lieu à des exploitations avantageuses. Les couches de houilles sont souvent assez régulières et assez puissantes. Les calcaires, et surtout les parties bréchiformes, fournissent des marbres recherchés à cause des variétés de couleur qu'ils présentent.

Localités. La formation n.° 11 est à peine connue en France. M. de Charpentier l'a observée dans les Pyrénées. J'ai reconnu la partie supérieure du premier étage aux environs d'Aix en Provence; mais c'est en Allemagne qu'elle est le mieux développée. La localité classique est en Thuringe, près de Grosörner.

En Angleterre, dans le Northumberland, cette formation est très-bien développée; on y distingue également deux étages (pl. V, fig. 2). Le premier est mêlé de beaucoup de brèches qui alternent avec le calcaire magnésien. M. de Humboldt l'a vue dans l'Amérique équinoxiale bien caractérisée et présentant les plus grands rapports avec celle de l'Europe. Il observe que dans les deux continens, là où le n.° 11 a pris un grand développement, le grès houiller manque presque entièrement. Quand le grès houiller n'est point visible ou qu'il ne s'est pas développé, les limites entre le terrain secondaire et celui de transition sont très-difficiles à déterminer, parce qu'il existe au-dessous de la formation houillère des calcaires qui offrent de grands rapports avec le zechstein, et auxquels les Allemands ont souvent appliqué ce nom.

On a cité, dans le groupe que nous décrivons, des diorites et des dolérites, qui se trouvent effectivement en filons et en couches subordonnées dans le terrain de transition; on a même indiqué comme lui étant superposés, et même au-dessus du terrain jurassique, des syénites, des porphyres et des granites. Mais il n'y a rien d'embarrassant ici, ces roches appartiennent évidemment à la quatrième époque; plus tard nous expliquerons comment elles y sont venues. Ceci nous prouve encore qu'il ne faut pas juger du gisement des roches uniquement par leurs caractères minéralogiques.[1]

§. 56. Résumons maintenant les principaux faits que nous a présentés l'étude des groupes formant la quatrième époque géognostique.

Toutes les roches qui entrent dans la composition de ces groupes contenant des restes organiques bien conservés, et étant divisées en couches assez

---

1 Pour se faire une idée exacte de la disposition des différentes parties qui composent le terrain secondaire, il suffit de jeter un coup d'œil sur la pl. V, fig. 1, 2, 3, 4 et 5, et la pl. VI, fig. 1. Cette dernière montre le zechstein recouvert par le grès bigarré et reposant sur la formation houillère.

régulières, ont certainement été déposées tranquillement au milieu d'un liquide. Dans ce liquide, des eaux analogues à celles de la mer actuelle dominaient, parce que tous les strates contiennent, en plus ou moins grande abondance, des débris d'animaux marins. On trouve avec ceux-ci quelques coquilles fluviatiles, et des sauriens qui ont dû vivre aussi dans l'eau douce; des végétaux terrestres, généralement disséminés, mais réunis en grande quantité sur certains points. Quant à la présence des animaux à sang chaud au milieu des dépôts secondaires, elle n'est pas encore bien constatée; et, s'il en existe, ils sont du moins extrêmement rares.

De tout ceci nous pouvons conclure que pendant la formation du terrain secondaire presque toute la surface du globe était couverte par des eaux marines, et qu'il existait, çà et là, des lambeaux de terre, des îles, sur lesquelles la végétation s'établissait et qui contenaient déjà des eaux douces, rivières et lacs, nourrissant des mollusques et des sauriens; mais les grands continens n'ont été mis à découvert qu'après cette époque, et aussitôt une nouvelle génération s'en est emparée.

CINQUIÈME ÉPOQUE. TERRAIN DE TRANSITION.

§. 57. La formation houillère, qui se trouve immédiatement sous le zechstein, dans plusiurs localités, commence une grande époque géognostique. Ce groupe, et tous ceux qui suivent jusqu'au moment où l'on cesse de trouver des restes organiques, diffèrent des précédens par leurs caractères géognostiques. La stratification est toujours plus ou moins inclinée, et ordinairement l'inclinaison n'est pas la même que celle du groupe supérieur appartenant à la quatrième époque. Dans quelques cas assez rares, le calcaire n.° 11 est en stratification concordante avec la houille; mais cela n'a point lieu généralement. De plus, ce calcaire manque souvent, et alors les stratifications discordent, et la limite se trouve être bien tranchée.

Ici la composition minéralogique des roches, considérée dans l'ensemble des groupes, vient encore à notre secours pour distinguer les formations secondaires de celles de transition. Dans les premières la presque-totalité des roches a été formée par voie de sédimens; les roches cristallines qu'on y cite sont extrêmement rares, et tout-à-fait accidentelles. Les arkoses, très-abondantes sur certains points, résultent vraisemblablement des élémens du granite, remaniés par les causes qui ont déposé les roches sédimentaires; mais dans les secondes nous voyons paraître en quantité les roches cristallines; vers le haut elles alternent avec des dépôts de sédimens; mais, à mesure que l'on descend, ceux-ci diminuent, et ils finissent même par disparaître entièrement.

Enfin, les restes organiques de la cinquième époque diffèrent sensiblement de ceux de la quatrième : les végétaux sont de grands monocotylédons, qui appartiennent surtout aux familles des *fougères*, des *équisétacées* et des *lycopodiacées*. Les animaux sont aussi très-différens : parmi les vertébrés on ne trouve plus que des poissons; les crustacés appartiennent à des familles particulières : on ne voit plus d'échinites; les mollusques sont infiniment moins nombreux que dans le terrain secondaire; les bélemnites ont presque entièrement disparu; les ammonites, très-rares, sont des espèces particulières à cette époque; enfin, on ne rencontre plus d'huîtres, de gryphites, etc.

Ce que nous venons d'exposer prouve que la formation n.° 11 termine une grande époque d'organisation et de phénomènes géologiques, et que celle qui vient immédiatement au-dessous en commence une autre : jamais limite ne fut mieux établie, et je ne conçois pas pourquoi la plupart des observateurs ont placé jusqu'à présent dans l'époque précédente quelques-unes des formations inférieures, et notamment celle des houilles.

En établissant la différence qui existe entre les deux dernières époques métazoïques, nous avons déjà fait connaître une partie des caractères de la cinquième; nous allons maintenant les exposer avec détail.

Je comprends dans cette division, comme il a déjà été dit au §. 29, tous les groupes géognostiques métazoïques, à partir de la grande époque des houilles inclusivement. Ainsi, toutes les fois qu'une roche, ou qu'un groupe de roches, inférieur à la formation houillère, contient des restes organiques, ou est plus nouveau qu'un autre qui en renferme, il fait partie de la cinquième époque, quelle que soit d'ailleurs sa composition minéralogique.

Le terrain de transition réunit des roches cristallines et sédimentaires, alternant souvent les unes avec les autres. Beaucoup de ces roches sont felspathiques, quarzeuses, micacées, talqueuses, et offrent, dans leur composition, de grandes analogies avec celles de la deuxième classe.

« Si l'on examine les formations de transition « d'après leur structure et leur composition oryc- « tognostique, dit M. de Humboldt[1], on y distin- « gue cinq associations très-marquées : les roches « schisteuses, les roches porphyritiques, les roches « calcaires, grenues et compactes, avec gypse an- « hydre et sel gemme; les roches d'euphotide, et « les roches agrégées, psammites, brèches, etc. « En général, ces cinq groupes de roches ne « conservent pas partout la même place dans « la série des formations de transition : ils ne se « trouvent guère séparés dans la nature comme « dans une classification oryctognostique des « roches.

1 Essai géognostique, page 98.

« On observe que les schistes et les calcaires « noirs, les schistes et les porphyres, les schistes « et les psammites, pséphites, etc., les porphyres « et les syénites, les calcaires grenus et les mica- « schistes anthraciteux, forment des associations « géognostiques dans les contrées les plus éloi- « gnées les unes des autres. C'est la constance de « ces associations binaires ou ternaires, qui carac- « térise les formations de la cinquième époque, bien « plus que l'analogie qu'offre dans chaque groupe « la succession des roches homonymes. »

C'est encore d'après le même auteur que je cite un fait important, et qui paraît distinguer les roches de transition des roches primitives. La magnésie, le fer oxidulé magnétique, qui offre des rapports géognostiques si frappans avec toutes les substances dans lesquelles domine la magnésie, le fer titané, le carbone et la chaux carbonatée, pénètrent à travers la plupart des groupes de transition. M. Beudant a reconnu que les syénites et les porphyres de Schemnitz, de Plauen et de Guanaxuato font effervescence avec les acides; Saussure et M. Brochant ont trouvé effervescens des micaschistes de transition et des quarz compactes; enfin, M. de Humboldt a vu un phyllade qui offrait d'abord tous les caractères d'une roche primitive, mais qui peu à peu devenait effervescent, et dont les dernières couches présentaient des nœuds épars de calcaire compacte.

Les gites des espèces minérales sont extrêmement nombreux dans le terrain de transition; les métaux proprement dits y existent en grande abondance. Les gîtes les plus communs sont de formation postérieure : filons, veines et géodes; mais on y trouve aussi beaucoup de couches, d'amas, etc.

C'est dans les plus anciens dépôts de cette époque que les êtres organisés ont commencé à paraître sur la terre et dans les eaux. Ces êtres ont presque tous une organisation particulière, et sont entièrement inconnus aujourd'hui. Pour les mêmes espèces il y a une ressemblance vraiment extraordinaire dans les contrées les plus éloignées les unes des autres. Ce qui est tout-à-fait conforme à ce que nous avons dit §. 27, que l'on remarque d'autant moins de variétés entre les individus de chaque espèce organique fossile, dans les diverses parties du globe, que les couches qui les renferment sont plus anciennes.

Le terrain de transition nous offre la première période de végétation terrestre, qui commence immédiatement au-dessus des groupes prozoïques, et se continue jusqu'au zechstein exclusivement.

Les plantes de cette période sont toutes monocotylédones, et de taille gigantesque comparativement à leurs analogues vivantes, ce sont : des *fucoïdes*, des *calamites*, des *fougères*, des *lycopodes*, etc.

La classe des zoophytes a aussi laissé de nombreux restes : *madrépores*, *encrinites*, etc. Les mollusques sont : des *ammonites*, des *orthocératites*, des *térébratules*, des *productus*, des *spirifers*, etc. Les crustacés appartiennent à des familles particulières :

les *trilobites*[1], etc. Parmi les vertébrés on n'a encore cité que des empreintes de poissons.

Pl. 4, fig. 1. Nous divisons la cinquième époque géognostique en huit groupes ou formations, savoir : 1.° *formation houillère* ; 2.° *formation du calcaire anthraxifère* ; 3.° *formation du vieux grès rouge* ; 4.° *formation des porphyres, syénites, diorites*, etc. ; 5.° *formation du calcaire de transition* ; 6.° *formation des schistes* ; 7.° *formation de grauwackes* ; 8.° *formation d'ophite et de pétrosilex fragmentaire.*

Nous allons maintenant décrire chaque groupe séparément.

1.re Formation. *Grande formation houillère.*

§. 58. Depuis un temps immémorial on connaît le groupe que nous allons décrire; le combustible qu'il renferme presque toujours, est cause qu'il a été l'objet d'études particulières. Ce groupe est complexe; on y distingue trois étages bien caractérisés.

a. La partie supérieure de la grande formation houillère est ordinairement occupée par une assise très-puissante de psammites (Boulonnais, Saint-Étienne, etc.), quelquefois même d'un véritable porphyre (Saxe et Silésie), que la mauvaise dénomination de grès rouge, *roth liegendes*, a fait confondre avec des étages de formations entièrement différentes.

1 Deshayes, pl. 7, fig. 6.

Ces psammites, désignés souvent sous les noms de *grès granitoïde*, *grès granitique*, etc., sont quelquefois de véritables arkoses. En général, ces roches sont formées de grains de quarz, de felspath et de mica, réunis par un ciment argileux; mais on y remarque aussi quelquefois des fragmens de plusieurs roches d'une formation antérieure : souvent on croit reconnaître que les substances qui les composent proviennent de groupes plus ou moins voisins; et souvent aussi les psammites ressemblent parfaitement à ceux de transition connus sous le nom de *grauwackes*. La grosseur des grains ou des fragmens est très-variable, et on distingue des psammites à gros grains et à petits grains. La couleur varie beaucoup; elle passe du brun rougeâtre au gris, elle est même quelquefois mélangée par couches très-minces, comme dans le grès bigarré. Ces psammites présentent quelquefois de véritables cristaux de felspath, et passent ainsi au porphyre. Cette roche s'y rencontre souvent en masses ou en couches subordonnées. Dans cet étage la stratification paraît être assez régulière; il renferme plusieurs roches en strates subordonnés, des porphyres, des calcaires fétides, des schistes fortement carburés et bitumineux, des mandelstein celluleux, des basaltes, etc. Les substances métalliques sont des minérais argentifères, du cuivre gris, de la galène et du cuivre pyriteux.

Parmi les restes organiques on cite quelques empreintes de poissons fossiles, mais point de coquilles; beaucoup d'empreintes végétales, particulièrement des *calamites* : quelquefois ces empreintes sont garnies d'un enduit mince de houille ou d'anthracite ; mais l'épaisseur entière du végétal est de nature semblable à celle de la roche. C'est ici que, près de Saint-Étienne, pl. 6, fig. 2, on trouve une si grande quantité de tiges verticales, qui ne pénètrent point dans l'étage inférieur. « C'est « une véritable forêt fossile de végétaux monoco- « tylédons, dit M. Brongniart, d'apparence de « *bamboux* ou de grands *équisetum*, comme pétri- « fiés en place. »

b. Vers le bas les psammites, *grès houillers*, alternent avec des argiles schisteuses. Cette alternance se continue un grand nombre de fois, et donne naissance à l'étage le plus important de la formation, parce que c'est celui qui contient la houille en couches et en amas. L'argile est rarement pure ; elle est toujours plus ou moins micacée, et souvent elle passe au psammite, avec lequel elle alterne par sa texture et sa composition.

Près des couches de houille elle est ordinairement d'un gris bleuâtre, tendre et douce au toucher. Plus loin elle devient jaunâtre, plus dure et plus rude ; souvent elle passe au schiste bitumineux, souvent aussi elle est pesante et pénétrée, en plus ou moins grande proportion, de minérai de fer carbonaté et de fer pyriteux. L'argile schisteuse présente en abondance des empreintes végétales et quelques-unes de poissons. La partie extérieure des fossiles est changée en houille comme dans les psammites : on y voit quelquefois des troncs d'arbres entiers convertis en minérai de fer carbonaté argileux.

Cet étage renferme des couches subordonnées de véritable grès, qui ne paraît contenir autre chose que du quarz, et qui est quelquefois très-dur. Ailleurs on voit des couches d'une roche trappéenne alterner avec des couches de houille. En Silésie et en Saxe on y trouve des bancs épais de porphyre. Dans la partie supérieure il existe souvent des couches calcaires, lesquelles, quand le premier étage manque, semblent lier les deux époques. Ce calcaire est en général compacte, noir, d'un gris foncé ou d'un gris jaunâtre, ordinairement fétide, et renferme presque toujours des coquilles. Enfin, des lits et des amas de fer carbonaté lithoïde, en nodules plus ou moins aplatis et variables de grosseur, se trouvent en assez grande abondance dans toute la masse.

C'est au milieu de cette alternance de psammites et d'argiles schisteuses que se trouve la houille, en couches et en amas plus ou moins nombreux. Il arrive quelquefois qu'il n'en existe pas; mais cela est assez rare.

« Le schiste argileux forme en général le toit et « le mur de la houille; plus rarement c'est le « psammite : ordinairement aussi les psammites à « gros grains sont plus éloignés de la houille que « ceux à petits grains, et le tout se succède sou- « vent dans le même ordre, qui se présente à plu- « sieurs reprises avec assez de régularité. »

La houille constitue dans cet étage rarement une

seule, mais ordinairement plusieurs couches, situées à peu de distance les unes des autres. Le nombre de ces couches est quelquefois très-considérable : aux mines du Fléau, près Mons, on en compte 46; à Saint-Étienne, plus de 20, etc.

L'épaisseur de ces couches, que les mineurs nomment aussi *puissance*, est très-variable : le plus souvent elle est de 0,5^{m} à 1,5^{m}; mais quelquefois elle n'est que de quelques centimètres : à Mons, au contraire, elle va jusqu'à 5 ou 6 mètres; enfin, elle augmente tellement, que ce sont de véritables amas : telles sont celles des environs d'Aubin (Aveyron). La houille est souvent mêlée de beaucoup d'anthracite.

La puissance d'une même couche de houille est ordinairement assez constante; mais il arrive aussi que ces couches présentent des étranglemens et des renflemens successifs. Elles sont souvent coupées par de véritables filons de diverse nature, qui, en la traversant, ainsi que les couches adjacentes, rejettent une partie de la couche hors de son alignement, et produisent une *faille*. Les couches de houille présentent beaucoup d'accidens, dont la connaissance appartient à un traité spécial; parallèles aux strates de psammite et de schiste, dans lesquels elles sont encaissées, elles en suivent toutes les inflexions. Souvent on voit toutes les couches présenter la forme d'un Z, et cela sans se briser. (En Flandre et en Belgique, pl. 6, fig. 3.)

Cet étage est très-connu des géognostes sous le nom de *terrain houiller*. Il renferme plusieurs espèces minérales, dont les plus communes sont le fer carbonaté argileux et le fer pyriteux : on y cite de la galène et plus rarement de la blende. Dans plusieurs localités on trouve aussi du pétrole.

Les restes du règne végétal sont des troncs, des feuilles et des fruits de végétaux monocotylédons, *fougères*, *equisetum*, etc., dont nous parlerons ci-après : en Angleterre, dans le Palatinat, dans les Pays-Bas et en Westphalie, on y a trouvé des coquilles univalves et bivalves, dont nous donnerons aussi la liste.

c. Dans les îles britanniques, au-dessous du second étage, vient une masse quelquefois très-puissante (*millstone grit and shale*), composée d'une arkose grossière, granuleuse, et de schiste alternant entre eux. La première roche est formée de grains de quarz souvent assez gros pour lui donner l'aspect d'un poudingue, mêlés de grains de felspath arrondis, et d'un peu de mica agglutiné par un ciment argileux. Les lits de schiste qui alternent avec l'arkose, présentent à peine quelques caractères qui puissent les distinguer des argiles schisteuses du second étage. Dans les localités où cette partie de la formation est bien développée, les couches d'arkose dominent vers le haut, et les lits de schiste vers le bas. Néanmoins ces deux roches alternent dans toute la masse.

On cite dans cet étage quelques lits minces et peu nombreux de houille d'une mauvaise qualité : on y trouve aussi des strates subordonnés de calcaire, qui ont de l'analogie avec ceux de la formation inférieure; mais, en général, leur couleur est plus noire et ils contiennent plus de bitume.

Les minéraux sont des nodules de fer carbonaté argileux, et du fer pyriteux en grande abondance: on rencontre accidentellement quelques filons métalliques, dont le principal siége est dans la formation inférieure.

Les schistes de cette partie présentent des empreintes végétales, analogues à celles du second étage; le calcaire contient des coquilles.

Minéraux. Les principales espèces minérales qui ne forment point de couches dans la formation houillère, sont : des minérais d'argent, du cuivre gris et du cuivre pyriteux, de la galène, de la blende, du fer pyriteux, du fer carbonaté argileux, des agates, de la calcédoine, de la prehnite, de la chabasie et de l'anthracite. Le felspath et le mica sont en partie disséminés dans la plupart des roches.

Restes organiques. Cette formation est caractérisée par la grande quantité de végétaux monocotylédons qu'elle renferme. Les *palmiers*, les *cannées*, les *fougères*, les *equisétum*, les *marsiléacées* et les *lycopodiacées*, qui existent dans les trois étages, sont plus particuliers au second. Plusieurs espèces de fougères ont été regardées jusqu'à présent comme caractéristiques. C'est à cette époque que la végétation monocotylédone paraît avoir été le mieux développée sur la terre : avant on en trouve déjà des traces; et après, le nombre des plantes de cette classe va en diminuant jusqu'à l'époque actuelle, où celui des espèces dicotylédones l'emporte sur les autres.

Les restes du règne animal sont infiniment moins nombreux que ceux du règne végétal. Parmi les animaux vertébrés on ne trouve que quelques empreintes de poissons, dans les schistes. Pendant long-temps on a regardé cette formation comme entièrement dépourvue de coquilles; mais en Angleterre, dans le *Derbyshire*, indépendamment des coquilles que contiennent les calcaires subordonnés, on a trouvé, dans le second étage, les coquilles suivantes :

Ammonites Listeri, Sow.
Ammonites Walcotti, idem.
Orthocera Steinhaueri, idem.
Terebratula crumena.
Lingula mytiloides.
Mytilus crassus.
Unio acutus, *uniformis*, *subconstrictus*, Sow.

Les unios sont les seules coquilles un peu communes, ce qui met dans l'incertitrde pour décider si cet étage est une formation marine ou d'eau douce.

La puissance de cette formation est très-considérable; elle va au-delà de 200 mètres.

Formes du sol. Les trois étages que nous venons de décrire sont généralement bien stratifiés, et l'inclinaison concorde dans tous les trois. Les strates sont toujours plus ou moins inclinés, et présentent quelquefois des contournemens bizarres. Le groupe houiller occupe ordinairement des bassins oblongs, souvent très-vastes; il gît dans le fond et sur les flancs des vallées du terrain de transition, et même du terrain primitif, auquel il est quelquefois immédiatement superposé, comme à Rive de Gier (Loire); dans les environs de Saint-Étienne, où le sol houiller a plus d'un myriamètre de large, il constitue de nombreuses collines, dans lesquelles les couches plongent de tous les côtés.

Dans la zone tempérée de l'ancien continent, la formation houillère descend jusque dans les lieux les plus bas du littoral. En Angleterre, près de *New-castle-on-Tyne*, on trouve, au niveau et au-dessous du fond de la mer, cinquante-sept couches d'argile endurcie et de conglomérat, alternant avec vingt-cinq couches de houille. Au contraire, dans la région équinoxiale du nouveau continent, M. de Humboldt a vu cette formation s'élever à 2600 mètres au-dessus du niveau de l'océan.

Emploi dans les arts. Le groupe que nous venons d'étudier est le plus important de la série géognostique : dans les pays où il est bien développé, il a exercé la plus grande influence sur l'industrie; c'est lui qui a produit la richesse manufacturière de l'Angleterre; en France, celle des départemens de la Loire, du Nord, etc.; dans les Pays-Bas, celle de Liége et de Mons; dans la Prusse rhénane, celle de Sarrebrück, de la Ruhr, etc.

La houille n'est point la seule substance que ce groupe fournisse aux arts : le fer carbonaté est une mine très-riche, et que l'on exploite avec d'autant plus d'avantages, que le minérai et le combustible sont tous deux à la même place. Ce sont les Anglais qui, les premiers, ont su tirer parti de cette circonstance favorable ; et par ce moyen ils se procurent le fer et la fonte à si bon marché, qu'à Londres on emploie très-souvent ces métaux au lieu de bois ou de pierre : les colonnes de plusieurs édifices publics sont en fonte, et certaines rues sont pavées avec des cubes de la même matière. Depuis quelques années cette mine est aussi exploitée en France.

Les filons qui pénètrent dans le troisième étage sont quelquefois assez riches pour être exploités. Le fer pyriteux, contenu dans les argiles schisteuses, donne, par la calcination, du sulfate d'alumine et du sulfate de fer. Enfin, les roches compactes peuvent servir comme pierres de construction.

Localités. La formation houillère, quoique très-inégalement développée, est cependant très-répandue sur la surface de la terre. En France on connait des mines de houille dans plus de trente départemens, dont les principaux sont : ceux de la Loire, de l'Aveyron, de Saône-et-Loire, du Gard, de la Nièvre, du Calvados, du Pas-de-Calais, du Nord, du Haut et du Bas-Rhin, etc. En Belgique, cette formation occupe une grande bande, qui s'étend depuis Arras jusqu'au-delà d'Aix-la-Chapelle, en suivant une direction générale et constante d'est-nord-est à ouest-sud-ouest. En Allemagne on la retrouve sur plusieurs points : en Saxe, en Bohême, en Autriche, en Tyrol, en Bavière, etc., il existe plusieurs bassins houillers.

L'Angleterre et l'Écosse sont extrêmement riches en mines de houille. Il en existe quelques-unes en Irlande. La formation houillère s'est aussi développée dans la péninsule ibérique. En Portugal on ne cite qu'une mine de houille exploitée : celles d'Espagne sont situées dans l'Andalousie, l'Estramadure, la

Catalogne, etc. M. de Humboldt a retrouvé ce groupe géognostique dans la région équinoxiale du nouveau continent, il dit que l'hémisphère austral offre aussi des mines de houille au centre de ses hautes Cordillères, à plus de 4500 mètres au-dessus du niveau de la mer, très-près de la limite des neiges perpétuelles. L'Asie et l'Afrique contiennent aussi des gîtes de houille : on en exploite en Chine, au Japon et à l'île de Madagascar; enfin, dans les terres voisines du pôle boréal le capitaine Parry a reconnu des traces de houille et de la formation houillère.

Dans toutes les contrées que nous venons de citer, on observe une identité vraiment remarquable entre les diverses parties constituantes de la grande formation houillère.

2.e Formation. *Calcaire anthraxifère (Mountain limestone des Anglais).*

§. 59. En Angleterre, dans le nord de la France et la Belgique (pl. 5, fig. 1, 2 et 4), la grande formation houillère repose, en stratification concordante, sur une masse calcaire très-puissante, avec laquelle elle se lie intimement par ses parties inférieures. Cette masse constitue un groupe géognostique composé de deux étages, qui est très-bien développé dans le Boulonnais et la Belgique : c'est d'après l'étude que j'en ai faite dans ces localités, que je vais le caractériser.

a. Nous avons cité, au milieu du troisième étage du groupe n.° 1, des strates calcaires subordonnés, et qui lient les n.ºs 1 et 2. Plus bas le calcaire prend un développement considérable et commence évidemment une autre formation. La couleur de cette roche est le gris de fumée plus ou moins foncé; la cassure est inégale, imparfaitement conchoïde ou cireuse; la texture est compacte ou sublamellaire. Vers le haut les strates, assez minces, sont extrêmement fissiles et remplis d'une grande quantité de zoophytes, qui donnent souvent à la pierre un aspect très-singulier; mais à une certaine profondeur ils sont plus épais, et ne se divisent plus en plaques. La stratification de cet étage est irrégulière : au milieu de couches bien réglées se présentent d'énormes masses sans structure distincte. Dans le Boulonnais, toutes les fissures de stratification sont colorées en rouge par de l'oxide de fer, et souvent remplies de coquilles bien conservées. Ici, comme en Belgique, la masse est coupée par de nombreuses veines et des filons de chaux carbonatée laminaire, contenant dans leur intérieur des cristaux de chaux fluatée, de galène, etc.; des petites veines et couches d'anthracite se présentent de distance en distance : enfin, des couches et de grandes masses de dolomies grises sont subordonnées au calcaire. Ce calcaire est toujours phosphorescent, et plus ou moins fétide (*stinkkalk*); il passe quelquefois à un calcaire magnésien ferrugineux, bitumineux et très-fétide. Il contient beaucoup de cavités et même de grandes cavernes tapissées souvent de belles stalactites. Les espèces minérales et les fossiles paraissent être les mêmes dans toute la formation.

b. La couleur du calcaire gris se fonce dans les parties inférieures de la masse, et bientôt on arrive à un calcaire noir compacte, dont la stratification est beaucoup plus régulière que celle du précédent.

Les deux variétés de calcaire passent fréquemment l'une à l'autre par des nuances insensibles; mais à Boulogne, et sur plusieurs points de la vallée de la Meuse, j'ai vu un lit mince de schiste bitumineux calcaire qui formait séparation entre les deux. Le calcaire noir est compacte, sa cassure est plus ou moins conchoïde; toute sa masse est traversée par de nombreuses veines de spath calcaire blanc. L'épaisseur des strates est très-variable : tantôt ce sont des lits minces de 0,2^{m} à 0,3^{m} d'épaisseur, tantôt des bancs épais de 2 et 3 mètres, séparés les uns des autres par des schistes bitumineux calcaires. Dans les Ardennes la stratification de cette roche, quoique assez régulière, est néanmoins très-tourmentée : on y remarque une infinité de plis dans tous les sens, beaucoup de couches arquées. L'angle d'inclinaison est extrêmement variable.

Les strates renferment dans leur intérieur beaucoup de *phtanite* en rognons, en plaques et en lits minces, parallèles entre eux et aux fissures de stratification. Ces fissures sont fréquemment couvertes de plaques minces d'anthracite métalloïde, dont il existe aussi quelques petites veines au milieu du calcaire. Ce dernier est très-fétide, phosphorescent par la chaleur; il se dissout dans les acides en donnant une effervescence assez vive, et laisse déposer un résidu noir, qui paraît n'être ni du carbone pur, ni du bitume.

Les dolomies du premier étage pénètrent dans celui-ci, où elles se présentent égalcment en masses et en couches subordonnées; ces roches se lient intimement aux calcaires, et contiennent absolument les mêmes fossiles. Le calcaire noir renferme encore des couches subordonnées d'anthracite, et de psammites schisteux tout-à-fait semblables à ceux de la formation inférieure, avec lesquels il alterne souvent.

Minéraux. Le calcaire anthraxifère est très-riche en métaux; c'est pourquoi les Anglais l'ont nommé *calcaire métallifère*. Dans les îles britanniques on y exploite beaucoup de filons et d'autres gîtes de minérais, parmi lesquels je cite ceux de sulfure, de carbonate et de phosphate de plomb, de plomb antimonié, de sulfure et de carbonate de cuivre, de carbonate et d'oxide de zinc; enfin, des pyrites, des hématites et de l'oxide de fer. Dans le Boulonnais, cette dernière substance colore en rouge toutes les fissures de stratification du premier étage. Les espèces minérales non métalliques sont : plusieurs variétés de spath calcaire, de l'arragonite, du spath fluor, de la sélénite, du carbonate et du sulfate de baryte, du sulfate de strontiane, des cristaux de quarz et du bitume. Dans la Belgique on y exploite un minérai de fer oxidé oolitique qui s'y trouve en couches subordonnées.

Restes organiques. On trouve dans les schistes des empreintes végétales qui sont analogues à celles de la formation houillère.

Les restes du règne animal sont très-nombreux dans certaines parties du groupe anthraxifère : on y cite quelques empreintes de poissons; des *trilobites*, et une grande quantité de testacés et de zoophytes; certains strates sont pétris de ces derniers. Voici la liste des principaux genres de coquilles :

Ammonites, *Nautilus*, *Orthocera*[1], *Conularia*, *Euomphalus?*[2] *pentagulatus*, *Cirrus*, *Nerita*, *Melania*, *Turbo*, *Bellerophon*, *Modiola*, *Mya*, *Cardium*, *Terebratula*, *Spirifer*[3], *Productus striatus*.

Les polypiers sont : des *Platycrinites*, des *Cyathocrinites*, des *Actinocrinites*, des *Rhodocrinites*; et parmi les coralloïdes on remarque les genres *Caryophyllia*, *Turbinolia*, *Astrea*, *Turbipora*, *Retipora* et *Favosites*.

Formes du sol. La puissance de cette formation est très-considérable; elle dépasse souvent trois cents mètres. Les couches sont toujours plus ou moins inclinées, et la stratification est assez irrégulière : en Angleterre elle constitue des montagnes très-élevées, ce qui lui a fait donner le nom de *mountain limestone*, *calcaire des montagnes*. Le calcaire anthraxifère a pris un développement considérable en Belgique, le long de la vallée de la Meuse, depuis Falmignioule jusqu'au bassin de Liége. Le sol qu'il occupe présente des plateaux souvent très-étendus, interrompus par des vallées de fracture très-étroites, et même de véritables gor-

1 Deshayes, pl. 6, fig. 1.
2 *Idem*, pl. 5, fig. 13.
3 *Idem*, pl. 8, fig. 8 et 9.

ges : on y remarque beaucoup d'escarpemens à pic, et des cavernes, dont plusieurs sont tapissées de fort belles stalactites. Les vallées des différens ordres tombent les unes dans les autres sous des angles aigus. C'est un fait général pour toutes les formations inférieures à la houille : les vallées sont plus étroites et se coupent sous des angles moins ouverts que dans celles des époques postérieures; les escarpemens sont aussi beaucoup plus communs; enfin, tout porte l'empreinte de causes perturbatrices, qui paraissent avoir agi avec le plus d'énergie avant l'apparition des êtres organisés, et dans les premiers temps de cette période.

Emploi dans les arts. Les calcaires de cette formation fournissent des marbres très-estimés : ceux connus en France sous les noms de marbres de Boulogne, marbres noirs de Dinant et de Namur, en proviennent : on en retire aussi d'excellentes pierres de construction. En Angleterre, les gîtes de minérais qu'elle renferme en si grande abondance, sont l'objet d'exploitations avantageuses.

Localités. Le groupe géognostique que nous venons d'étudier, n'a encore été observé que sur un petit nombre de points, dont les principaux sont : en Angleterre, le Derbyshire, le Devonshire et les environs de Bristol; en France, le Boulonnais, le département du Calvados et celui des Ardennes (rocher de Charlemont); enfin, en Belgique, tout le long de la vallée de la Meuse jusqu'à Liége, où il a pris un développement considérable. Des observations faites sur les lieux et les échantillons des localités que je n'ai pas pu visiter, m'ont fait reconnaître une identité parfaite, tant pour la nature des roches, que pour les fossiles qu'elles renferment entre tous les points précités. Ce groupe se trouve aussi en Westphalie.

J'observe ici que beaucoup des roches nommées *zechstein* par les Allemands, et un grand nombre des *calcaires de transition* que l'on croit plus anciens et placés immédiatement au-dessus des schistes avec psammites, etc., appartiennent probablement à la formation n.° 2.

3.° FORMATION. *Vieux grès rouge (old red sandstone).*

§. 60. Cette formation, qui n'a encore été bien étudiée que par les Anglais, a causé beaucoup de discordance entre les géognostes. Quand le groupe n.° 2 manque, la houille repose immédiatement sur elle; et comme il y a souvent une grande ressemblance entre le premier étage du n.° 1 et la roche principale de ce groupe, les uns plaçaient le grès rouge au-dessus de la houille; les autres, au contraire, soutenaient qu'il lui était inférieur : les uns et les autres avaient raison. On ne savait pas alors qu'il existât des grès rouges au-dessus et au-dessous de cette formation. Pl. 5, fig. 1 et 2.

Dans l'ouvrage de MM. Phillips et Conybeare, où nous prenons en partie la description de ce groupe géognostique, on y distingue deux étages.

a. Suivant ces auteurs, les numéros 2 et 3 sont séparés, en Angleterre, par une masse puissante de schistes assez semblables à ceux qui occupent la partie inférieure des houilles.

Dans les Ardennes, le premier étage est composé de psammites schisteux, alternant avec des quarzites plus ou moins schisteux, et qui deviennent aussi extrêmement compactes. Alors les strates sont réguliers, très-épais; et les schistes ne se présentent plus qu'en lits minces, interposés entre les couches de quarzites. Ceux-ci sont gris, rarement jaunâtres; ils offrent une texture grenue et une cassure inégale; toute la masse est coupée par des fissures qui ne sont point remplies de quarz blanc, ce qui paraît distinguer ces quarzites de ceux de la formation n.° 6.

b. Cette alternance de psammites et de quarzites est intimement liée avec les premiers strates de la portion que les Anglais nomment *vieux grès rouge*. C'est une masse très-puissante, dans laquelle la roche dominante est une arkose composée de quarz, de felspath et de mica, et contenant des fragmens de quarz, d'un schiste quarzeux et d'argile schisteuse. Cette roche passe quelquefois à un conglomérat quarzeux, ayant une texture schisteuse assez grossière, devenant bien schisteux et passant à un beau grès granuleux. La masse est bien stratifiée, et les couches alternent quelquefois avec des lits argileux. La couleur est ordinairement le rouge pâle ou brun, mais souvent elle passe au gris dans les parties inférieures; alors on observe une grande ressemblance avec le psammite de transition, auquel le grès rouge se lie d'une manière si intime, qu'il est difficile d'assigner une limite entre les deux roches. Dans quelques endroits cet étage contient des concrétions calcaires.

Minéraux. Les espèces minérales de cette formation paraissent être peu nombreuses et surtout très-peu importantes. On y cite des pyrites, du spath calcaire commun et fibreux, du sulfate de strontiane et des cristaux de quarz.

Restes organiques. Le vieux grès rouge est très-pauvre en restes organiques : les parties supérieures n'en contiennent point du tout; ce n'est que vers le bas du second étage que l'on trouve quelques fossiles, tels que des *Conularia*, des *Astarte?* des *Cypricardes?* des *Spirifer intermedius*, des *Asaphus Brongnartii*, des *Fucoides circinatus*.

Formes du sol. Le groupe n.° 3 acquiert quelquefois une puissance qui dépasse trois cents mètres; mais sur d'autres points elle est seulement de cent, et même de soixante mètres. La stratification concorde parfaitement avec celle des deux premières formations; et dans les Ardennes les strates sont parallèles à ceux des schistes n.° 6, sur lesquels le vieux grès rouge repose immédiatement.

En Angleterre, le sol occupé par cette formation présente des montagnes très-élevées, et dont les sommets sont ordinairement couverts de mousses.

Emploi dans les arts. Je ne sache pas que l'on ait jamais exploité de gîtes de minérais dans le vieux grès rouge; les quarzites et les grès servent comme pierres de construction.

Localités. C'est encore aux Anglais que l'on doit la connaissance du groupe que nous étudions : il paraît être très-bien développé dans le pays de

Galles; mais il n'a encore été que très-peu observé sur le continent. Je l'ai trouvé, dans la chaîne des Ardennes, aussi bien développé qu'en Angleterre, et occupant absolument la même place dans la série des formations géognostiques. On le voit encore à May (Calvados).

§. 61. Jusqu'à la profondeur à laquelle nous sommes maintenant parvenus, la croûte solide du globe a été assez bien explorée, et les observateurs sont d'accord sur l'existence et la position relative des groupes que nous venons d'étudier. Mais la portion qui nous reste à décrire n'est pas, à beaucoup près, aussi bien connue : les géognostes diffèrent entre eux relativement à l'existence et la position de plusieurs des autres termes de la série; et on ne sait pas même s'il existe un ordre de superposition aussi constant que celui que nous avons remarqué dans les formations précédentes. Ceci peut s'expliquer : d'abord les observations n'ont pas encore été assez multipliées, et ensuite les agens intérieurs, qui agissaient avec le maximum d'énergie lors du dépôt des premières formations métazoïques, paraissent avoir reproduit les mêmes roches à différentes époques.

Quant à moi, j'ai peu vu le terrain de transition et le terrain primitif; je suis donc obligé de m'en rapporter entièrement aux auteurs qui ont écrit sur cette matière. Je n'ai cru pouvoir mieux faire que de consulter l'ouvrage de M. de Humboldt[1], dans

---

1 Essai géognostique sur le gisement des roches dans les deux hémisphères.

lequel se trouve une si grande masse d'observations faites sur les deux continens, et de m'aider des conseils d'un célèbre professeur, M. Cordier, et de sa classification géologique[1]. C'est en combinant les idées de ces deux grands hommes, que je suis parvenu à établir les autres divisions de la première classe, et toutes celles de la seconde; me promettant bien de modifier cette classification à mesure que la science fera de nouveaux progrès.

4.e FORMATION. *Porphyres, syénites, diorites, etc.*

§. 62. Les auteurs qui nous servent de guides, s'accordent assez bien sur la composition de ce groupe et sa place entre le vieux grès rouge et le calcaire de transition proprement dit. A cause des roches d'apparence volcanique qu'il renferme (Oberstein, Thuringe, Harz, etc.), M. Cordier le nomme *formation volcanique supérieure;* et M. de Humboldt, *formation des porphyres*, *syénites* et *diorites*, postérieure aux schistes de transition, et quelquefois même au calcaire à orthocératites. C'est ici que l'on a découvert, au Mexique et en Hongrie, de si grandes richesses en minérais d'or et d'argent.

La formation n.° 4 est très-compliquée par le grand nombre de roches qui entrent dans sa composition.

---

1 Article extrait de la Bibliothèque italienne, qu'il m'a donné lui-même.

Celles-ci ne paraissent pas constituer des étages distincts; les systèmes équivalens, situés dans des localités différentes, ne sont pas toujours identiques sous le rapport de la composition. Dans les uns le pyroxène domine, et dans les autres c'est le felspath.

a. Selon M. Cordier (Oberstein, Thuringe, Harz, Suisse, etc.), la roche principale de cette formation est une wacke brune ou verdâtre, porphyroïde et amygdalaire. Cette roche n'est point régulièrement stratifiée ; elle renferme, comme couches subordonnées, des ophites granitoïdes et granito-porphyroïdes, des obsidiennes résiniformes, du pétrosilex, etc. ; enfin, on y trouve enchâssés des fragmens de roches pyroxéniques décomposées, et qui sont réunis par un ciment.

Ce système est peu ou point métallifère.

b. Au Mexique et en Hongrie, le groupe n.° 4 consiste en une masse très-puissante, assez régulièrement stratifiée, et composée de porphyres, de syénites, de diorites et même de granites, alternant entre eux, et ne formant que rarement des étages distincts. Quand il n'y a pas d'alternance, les trois dernières roches, même des micaschistes et des calcaires stéatiteux, se trouvent renfermées comme couches subordonnées dans les porphyres.

La roche principale de ce système est un porphyre syénitique d'une couleur verte, composé d'amphibole et de felspath microscopique; ce porphyre est presque toujours dépourvu de quarz, qui ne se montre que dans les couches subordonnées de syénite, de granite, de gneis et de diorite compacte. En Hongrie et au Mexique les porphyres et les syénites renferment du carbonate de chaux, et font effervescence dans les acides.

Les couches subordonnées dans cette formation sont : des micaschistes, du calcaire stéatiteux jaune de soufre, verdâtre ou rougeâtre, avec grenats disséminés dans la masse, et accompagnés de serpentine.

Minéraux. Indépendamment des riches filons, aurifères et argentifères, dont nous avons déjà parlé, et qui appartiennent au second système, M. de Humboldt y cite encore des grenats disséminés, du mercure sulfuré, de l'étain et de l'alunite.

Restes organiques. Je ne sais pas si cette formation contient des restes organiques; mais elle repose certainement sur des roches qui en renferment.

Sa puissance paraît être extrêmement considérable : M. de Humboldt lui donne au-delà de 1200 mètres.

Formes du sol. Nos auteurs ne disent rien sur les formes du sol occupé par le groupe que nous étudions; mais les porphyres constituent ordinairement de petites montagnes, arrondies ou coniques, qui montrent souvent une certaine dépression sur leurs flancs. (Route de Lucenay à Saulieu en Bourgogne.)

Emploi dans les arts. Les substances métalliques que nous avons citées sont, en Hongrie et au Mexique, l'objet de grandes exploitations : on emploie beaucoup dans les arts les porphyres et les syénites pour la sculpture et les constructions.

Localités. Dans le nouveau continent, et particulièrement au nord de l'équateur, la formation n.° 4 a pris un développement considérable; en Hongrie elle offre la plus grande analogie avec celle de l'Amérique. Des groupes de même époque se retrouvent au Harz, en Suisse, en Saxe, en Moravie, dans le Thuringerwald, etc.

En Norwége, une formation de porphyres, syénites et granites, repose sur des schistes renfermant des couches alternantes de calcaire noir, rempli d'orthocératites de plusieurs pieds de longueur, d'entroques, de madrépores et de pectinites. Elle doit vraisemblablement être rapportée à la même époque géognostique que le n.° 4.

Enfin, des roches intermédiaires, schisteuses et arénacées, couvrent une partie de l'Arabie pétrée. Au milieu de ces roches on voit sortir des syénites et des porphyres. D'après l'examen des échantillons, M. de Humboldt pense que ce groupe ressemble, d'une manière frappante, à son analogue dans le Mexique.

5.° Formation. *Calcaire de transition proprement dit.*

§. 63. Ici, MM. de Humboldt et Cordier diffèrent un peu : le premier regarde notre cinquième groupe comme constituant l'étage supérieur d'une formation très-complète, qu'il nomme : *formation de thonschiefer*, renfermant des *grauwackes*, des *diorites*, des *calcaires noirs*, des *syénites* et des *porphyres*. Dans cet assemblage M. Cordier distingue deux formations, et d'après les conversations que j'ai eues avec lui, je crois devoir adopter son opinion, d'autant plus que M. de Humboldt dit lui-même, pages 154 et 156, que le calcaire prend souvent un développement si considérable, que l'on serait tenté de le considérer comme une formation indépendante.

La roche principale de cette formation est un calcaire compacte, ou passant au grenu à petits grains plus ou moins micacé; ses couleurs sont le gris cendré et le gris noir; quelquefois on remarque des parties blanches et grenues (Saxe et Pyrénées): assez souvent le calcaire est fragmentaire et mêlé de schistes.

Cette roche est généralement très-bien stratifiée; vers le bas les strates alternent avec les schistes et les grauwackes de la formation inférieure; mais ensuit eelle prend un développement considérable, surtout dans les Alpes, pl. 6, fig. 4. Les grandes masses calcaires de cette époque abondent en silice, et tantôt cette silice se trouve réunie en cristaux de quarz, tantôt elle est mêlée à la masse entière, comme un sable très-fin.

Les strates subordonnés sont : du calcaire terreux, du calcaire globulaire, des psammites schistoïdes, des schistes, de la karsténite, du gypse et de l'anthracite. Dans le Harz on y cite des ophites et des wackes; et dans la chaîne des Pyrénées, des couches de diorite et de pétrosilex.

Minéraux. Cette formation est traversée par des filons réguliers de wake et de porphyre cellulaire, et présente beaucoup de veines de quarz et de spath calcaire. Les filons métalliques sont : du plomb sulfuré, du cuivre carbonaté, du cuivre pyriteux et du fer carbonaté.

Restes organiques. Parmi les restes organiques on cite quelques empreintes de végétaux, fougères et équisétum. Les coquilles sont des *Orthoceratites* très-nombreuses, des *Productus* et des *Spirifer* : on trouve beaucoup de *Crinoides*, d'*Astrea*, de *Calamopora*, d'*Aulopora*, de *Catenipora*, de *Columnaria*, de *Stromatopora* et quelques trilobites.

Formes du sol. Le calcaire de transition est extrêmement bien développé dans les Alpes et dans les Pyrénées, où il forme des montagnes très-élevées, qui offrent beaucoup de pics, d'escarpemens et des pentes très-rapides; les vallées sont étroites et se coupent sous des angles aigus.

Emploi dans les arts. Les filons métalliques du groupe n.° 5 sont souvent exploités avec avantage: les calcaires fournissent beaucoup de marbres estimés, auxquels on pourrait peut-être rapporter les belles variétés de marbres rouges, verts et jaunes, célèbres parmi les antiquaires sous les noms de *marbre africain fleuri*, *noir de Lucullus*, *jaune* et *rouge antique*, etc.

Localités. Le terme de la série géognostique que nous étudions, semble avoir pris son maximum de développement dans les Alpes et dans les Pyrénées. Dans la chaîne des Ardennes les calcaires de cette époque ne se montrent guère qu'en couches subordonnées à la partie supérieure de la grande masse schisteuse ; sur quelques points ils sont immédiatement recouverts, en stratification concordante, par le vieux grès rouge, et même on voit, au point de contact, les deux roches alterner plusieurs fois entre elles. M. de Humboldt pense que l'on peut rapporter au groupe n.° 5 les calcaires du Derbyshire (Angleterre), ainsi que ceux de Scharzfeld et du Schnéeberg, près de Vienne, en Allemagne.

6.° FORMATION. *Schistes intermédiaires de M. Cordier, seconde partie de la formation* §. 22, *de M. de Humboldt.*

§. 64. Avec le célèbre voyageur prussien, et d'après les observations que j'ai faites récemment dans les Ardennes, je crois devoir diviser ce groupe en deux étages : le premier composé de grauwackes (psammites, quarzites et poudingues) comme roches dominantes, et le second de schistes.

a. Les Allemands nomment *grauwackes*, les principales roches de cet étage; d'après la classification que nous avons adoptée, nous devons y distinguer : des quarzites, des psammites, des pséphites, des poudingues et même des brèches. Le ciment des roches arénacées est presque toujours quarzeux ; les pséphites passent peu à peu aux conglomérats à gros grains; ils alternent, dans une même contrée, non-seulement avec des couches de psammites à petits grains, mais aussi avec des roches homogènes, quarzites et grès. Les psammites sont très-souvent schisteux ; ils renferment quelquefois des cristaux de felspath vitreux, qui leur donnent l'aspect porphyroïde : mais il ne faut pas confondre cette variété d'une roche arénacée avec les couches d'un véritable porphyre, subordonnées dans la formation. Toutes ces roches sont assez bien stratifiées et coupées, dans tous les sens, par une infinité de veines de quarz blanc, laiteux ou gras. Les poudingues et brèches à gros fragmens de roches primitives, dans la Valorsine et le Bas-Valais, occupent les parties inférieures.

Outre les porphyres dont nous avons déjà parlé, on cite encore, comme couches subordonnées dans cet étage : des lydiennes, des calcaires noirs, des schistes, des diorites et des trapps.

Les restes organiques sont très-communs dans les psammites schisteux : ce sont des empreintes végétales et des coquilles, que nous nommons plus bas.

b. Les grauwackes prennent quelquefois un développement si considérable, qu'elles constituent à elles seules toute la formation, et les schistes ne forment alors que des couches subordonnées : par exemple, en Hongrie, le psammite schisteux, à paillettes de mica agglutinées, prend tous les caractères d'un véritable schiste de transition, et les schistes manquent presque entièrement. Mais sur plusieurs autres points, dans les Ardennes, les Alpes et les Pyrénées, en Bretagne, en Saxe, en Amérique, etc., le second étage de cette formation est très-bien développé.

La roche dominante est un schiste luisant, passant au phyllade, au schiste ardoise et au schiste coticule, en couches ondulées, plus ou moins régulières, coupées par de nombreuses veines de quarz blanc. La couleur varie beaucoup; les nuances principales sont le bleu noirâtre, le bleu verdâtre, le rouge lie-de-vin et le noir : ces schistes sont onctueux au toucher et soyeux; tantôt terreux ou à feuillets très-épais, tantôt parfaitement feuilletés. Les couches les plus anciennes, qui passent insensiblement au micaschiste de transition, sont très-ondulées et n'offrent que de grandes lames de mica fortement adhérentes; les couches les plus nouvelles, celles qui avoisinent les grauwackes, renferment beaucoup de petites paillettes de mica, de la chiastolithe, de l'épidote et des filets de quarz.

Les schistes de transition (*thonschiefer*), caractérisés par leur extrême variabilité, c'est-à-dire leur tendance continuelle à changer de composition et d'aspect, contiennent un grand nombre de couches subordonnées, dont quelques-unes, par leur répétition fréquente, semblent former des roches alternant avec eux. Ces couches sont : des psammites, des calcaires généralement compactes et noirs, mais aussi gris noirâtres, rougeâtres, et même grenus et blanc; du diorite, des porphyres, de l'ampélite fortement carburé, des quarzites contenant quelquefois de petits cristaux de felspath; enfin, de la lydienne.

Cet étage renferme, moins habituellement, des bancs intercalés de gneiss, de micaschiste, de granite, de granite et de syénite, d'argile schisteuse graphique, de serpentine, de pétrosilex, d'anthracite, de fer globulaire et d'ophite.

Mineraux. Le fameux filon de Guanaxuato (Nouvelle-Espagne), qui produit, année commune, 556,000 marcs d'argent, appartient à cette formation. Suivant M. Cordier, on y trouve des filons de cuivre pyriteux, de fer carbonaté et de galène argentifère, des amas de fer oligiste, de cuivre sulfuré et de galène. Le fer pyriteux et le fer oxidulé existent en cristaux disséminés dans toutes les roches du second étage. Dans les Ardennes, la dernière espèce est si commune que tous les échantillons de roche agissent sensiblement sur l'aiguille aimantée.

Restes organiques. Les débris du règne organique sont assez nombreux; on trouve dans les deux étages: des plantes monocotylédones, *fougères*, *équisétacées* et *lycopodiacées*, analogues à celles de la formation houillère, ainsi que des *fucoïdes*, antérieures peut-être aux animaux les plus anciens; des *Isocardes*, des *Posidonia*, des *Térébratules*, des *Hystérolites*, des *Spirifer*, des *Strophomena*, des *Calamopora*; des *Orthocératites*, beaucoup plus rares que dans le groupe n.° 5; des *Productus*, des *Spirifer*, des *Bellérophes*, des *Paradoxides* et des *Ogygies*. M. Cordier cite encore des restes de *tortues*; enfin, si l'on admet que les schistes de Glaris appartiennent à cette formation, on peut y citer, d'après M. de Blainville, huit espèces de poissons marins.

Formes du sol. Ce terme de la série géognostique acquiert une puissance extrêmement considérable : M. de Humboldt lui donne près de mille mètres. Dans les Ardennes, il constitue une chaîne de montagnes élevée de 480 à 520 mètres au-dessus de la mer. Ces montagnes sont ordinairement terminées par des plateaux assez étendus; elles offrent des flancs très-inclinés et même des escarpemens à pic ; rarement on y remarque des crêtes étroites, où les roches compactes, ayant plus résisté à la destruction que les schistes, forment de petits pics. Les vallées sont toutes de fracture, et tombent les unes dans les autres sous des angles aigus : elles sont étroites, à flancs courts, souvent très-inclinés; elles commencent ordinairement par un évasement à pentes douces ; enfin, les angles saillans et rentrans se correspondent assez bien, et l'inclinaison du thalweg n'offre pas de grandes irrégularités.

Emploi dans les arts. Les gîtes de minérais contenus dans cette formation sont exploités avec avantage : nous avons déjà parlé des fameux filons argentifères de l'Amérique; la galène argentifère de Vialas et de Villefort, département de la Lozère, est exploitée au milieu des schistes de transition. En Bretagne, dans le département des Ardennes, dans les Alpes, dans les Pyrénées, etc., ces schistes donnent d'excellentes ardoises, et la variété coticule, des pierres à rasoir; les calcaires fournissent des marbres, et les principales roches du premier étage peuvent servir comme pierres de construction.

Localités. Le groupe n.° 6 a pris un développement considérable sur la surface du globe : il forme, à lui seul, une grande partie des Pyréiées occidentales, des Alpes suisses et allemandes; en France, il existe dans les Cévennes, la Bretagne, les Ardennes, etc.; on le voit s'étendre depuis ce dernier point, en traversant la Belgique et le Harz, jusque dans le nord de l'Allemagne. M. de Humboldt l'a observé dans la Cordillère de Vénézuéla et dans le Mexique (Guanaxuato), où il repose immédiatement sur le terrain primitif; enfin, on le cite jusque dans le Caucase.

Dans les Alpes (pl. VI, fig. 4), les Pyrénées (fig. 5), les montagnes de la Bretagne, les Ardennes, et au Mexique, la formation n.° 6 termine le terrain de transition, et repose, en stratification concordante, sur les schistes talqueux primitifs, auxquels ceux de transition passent, même assez souvent, par degrés insensibles. Plusieurs géognostes, s'appuyant sur ces faits, pensent qu'ici on est effectivement arrivé au dernier terme de la série métazoïque. Mais suivant M. Cordier, il existe encore dans la première classe deux groupes plus anciens que notre n.° 6, et dont je donne les caractères généraux d'après l'ouvrage cité §. 61.

7.° Formation. *Psammite indépendant.*

§. 65. La roche principale de cette formation est un psammite quarzeux stratifié, qui paraît être assez bien développé dans les Apennins; on trouve en Amérique un grès serpentineux que l'on peut rapporter à cette époque.

Les couches subordonnées au milieu du psammite sont : des anagénites (brèche universelle d'Égypte), des schistes luisans, subluisans et terreux; des wackes amygdalaires et des mimosites (Cordier); enfin, des amas d'anthracite.

Minéraux. Ce groupe est traversé par des filons reguliers de wacke et de mimosite; et d'autres, irréguliers, de quarz, d'argile figuline et de chaux carbonatée ferrifère.

Les filons métalliques offrent des minérais de fer et de cuivre dans une matrice de quarz; quelques-unes des mines d'or de Hongrie semblent appartenir à cette formation.

Restes organiques. Dans le voisinage des amas d'anthracite on trouve des empreintes et des tiges de plantes : *calamites*, *fougères* et *astérophyllites*. Les coquilles sont des *hystérolites*, de Schlotheim; des *productus*, des *spirifer*, etc.

Je ne sais rien sur la forme des montagnes constituées par ce groupe.

8.° Formation. *Ophite et pétrosilex fragmentaire.*

§. 66. M. Cordier place à la base du terrain de transition une formation d'ophite et de pétrosilex fragmentaire, renfermant les pyroméride de la Corse, et dans laquelle on n'a point encore trouvé de débris organiques; en sorte qu'il est très-difficile de décider si elle appartient à la première ou à la seconde classe; mais l'autorité de ce savant nous suffit pour la décrire avec les groupes de la première.

Nous y distinguons avec lui deux systèmes : l'un dans lequel le felspath domine (Corse), et l'autre le pyroxène (Vosges).

a. En Corse, la roche principale de ce système est un porphyre pétrosiliceux, globulaire, quelquefois cellulaire, et contenant, par places, des fragmens de pétrosilex. On y observe des couches subordonnées de brèche pétrosiliceuse et de pyroméride. Cette dernière substance forme aussi des filons dans la masse. On n'a point trouvé de gîtes de minérais.

b. Le type du second système existe dans la chaîne des Vosges, à *Giromagny* et au *Puix*. La grande masse est composée d'une ophite (porphyre pyroxénique ou porphyre noir de M. de Buch[1]), dont la pâte est d'un gris-foncé verdâtre, à texture compacte, quelquefois grenue, et qui se laisse rayer par l'acier. Cette pâte renferme des cristaux de felspath, tantôt translucide et lamelleux, tantôt opaque et d'un gris verdâtre, et en outre des cristaux d'augite. L'ophite est quelquefois amygdaloïde ; jamais elle n'offre de stratification. On y observe des couches subordonnées de granite ophiteux, de brèches et de pétrosilex globulaire ; point de véritables filons métalliques, mais quelques veines d'épidote renfermant du fer pyriteux.

Je ne sais rien sur les formes du sol occupé par le groupe n.° 8.

§. 67. L'étude que nous venons de faire de cha-

---

1 Voltz, Géognosie de l'Alsace, page 52.

cun des groupes qui entrent dans la composition du terrain de transition, montre qu'il existait une certaine analogie entre l'état du globe à cette époque et celui de la précédente : point d'animaux terrestres, beaucoup de zoophytes, de mollusques marins, des crustacés et des poissons; enfin, des plantes terrestres, extrêmement nombreuses dans la partie supérieure.

Mais en réfléchissant un peu, on reconnaît bientôt une grande différence entre ces deux états : la végétation de cette époque est toute particulière et ressemble beaucoup à celle des îles de la zone torride actuelle; plus de grands sauriens, à peine quelques coquilles fluviatiles? dans la formation houillère seulement. Vers le haut on remarque déjà quelques roches cristallines, dont plusieurs ont une apparence volcanique; mais bientôt ces roches deviennent très-communes, et elles forment aussi des filons qui traversent tout un groupe et même quelquefois deux; et, à leur point de contact avec les couches sédimentaires, elles ont souvent altéré celles-ci d'une manière très-sensible; enfin, les veines et les autres gîtes de minérais sont extrêmement abondans.

Ces considérations me portent à penser que pendant la formation de la cinquième époque géognostique, la surface du globe était presque couverte d'eaux marines comme dans la quatrième, mais que les terres sèches étaient beaucoup moins étendues qu'alors. Tout-à-fait à la fin, il existait un grand nombre d'îles, sur lesquelles croissaient une immense quantité de monocotylédones, dont la destruction a donné naissance aux couches de houille.

Enfin, pendant toute cette période les agens intérieurs ont mêlé leurs produits à ceux des eaux: leur maximum d'intensité a eu lieu dans les premiers temps; cette intensité a diminué ensuite successivement, et enfin elle est devenue assez faible pour que le poids des dépôts sédimentaires ait pu empêcher les roches d'origine ignée de sortir au dehors. Mais les forces intérieures étaient encore assez puissantes pour soulever et briser les couches qui les comprimaient; et toutes les fois que la résistance n'était pas assez considérable, ou qu'il existait des fentes naturelles, l'épanchement avait lieu; et voilà pourquoi la même roche cristalline se représente dans plusieurs groupes. Je donnerai ailleurs un plus grand développement à ces idées.

II.ᵉ Classe et VI.ᵉ Époque. FORMATIONS PROZOÏQUES.

§. 68. On n'est point encore parvenu à fixer d'une manière invariable la limite entre les deux grandes divisions que nous avons faites dans la série géognostique. Les caractères tirés de l'inclinaison des couches ne sont d'aucune valeur : nous avons vu les roches primitives recouvertes par celles de transition en stratification concordante et même y passer insensiblement. Toutes les espèces de roches du terrain primitif pénètrent dans celui de transition ; ainsi nous ne pouvons pas non plus nous aider de la composition minéralogique. L'effervescence que font avec les acides la plupart des roches de la cinquième époque, deviendra un caractère très-important quand ce fait sera bien constaté; mais aujourd'hui le nombre des observations n'est pas encore assez grand pour que l'on puisse le prendre en considération. Dans le terrain de transition les roches cristallines sont ordinairement associées à des roches sédimentaires, mais quelquefois ces dernières manquent et les autres constituent à elles seules toute une formation.

Dans l'état actuel de la science nous sommes donc obligés, pour décider si une roche est primitive, de constater que non-seulement elle ne contient point de restes organiques, mais encore qu'elle est plus ancienne que toutes celles qui en contiennent. C'est là une difficulté presque insurmontable : beaucoup de groupes géognostiques, regardés pendant long-temps comme antérieurs à la vie, ont ensuite été reconnus pour postérieurs ; peut-être même que l'ensemble des formations qui composent actuellement l'époque prozoïque, repose sur d'autres renfermant des restes organiques.

Mais, quoi qu'il en soit, il n'est pas moins certain qu'une partie de la croûte oxidée du globe s'est solidifiée avant l'apparition des êtres organisés. Ce sont les groupes de roches compris dans cette partie, qui, par leur réunion, forment notre seconde classe. Si quelques-uns de ceux que nous allons décrire, par des observations ultérieures, sont reconnus contenir des restes organiques, ou plus nouveaux que d'autres qui en renferment, ils devront rentrer dans la première classe avec tous ceux qui leur sont superposés.

Le premier caractère du terrain primitif est de ne contenir aucune trace de restes organiques. Les roches qui entrent dans sa composition sont toutes cristallines ; et si quelques-unes renferment des débris de roches préexistantes, on reconnaît toujours qu'ils sont purement accidentels, et que la masse générale a été formée par voie de cristallisation.

Les roches de la sixième époque géognostique sont intimement liées les unes aux autres ; comme dans la cinquième, les mêmes espèces se sont souvent reproduites à différentes hauteurs, nous n'avons plus la ressource des restes organiques ; ainsi il est extrêmement difficile d'établir des divisions. On observe cependant des associations constantes de quelques espèces, au milieu desquelles les autres ne se montrent qu'en couches subordonnées, et que par analogie on nomme encore *formations.*

En examinant la composition générale du terrain primitif, dans les Alpes, la Silésie, l'Amérique, etc., on reconnaît que la partie supérieure est formée par des *roches talqueuses phylladiformes*, des *serpentines* et des *stéaschistes*; la partie moyenne, par des *protogines* et des *micaschistes*; enfin, la partie inférieure, par des *gneiss*, des *granites* et des *syénites*, qui constituent la base sur laquelle repose toute la série géognostique connue. Celles de ces roches dans lesquelles le mica et le talc entrent comme principes essentiels, présentent ordinairement une stratification assez régulière, mais bien différente de celle des autres époques : chaque couche n'est plus comprise entre deux plans parallèles, mais entre deux surfaces courbes, souvent très-compliquées, et dont les inflexions ne se correspondent pas toujours. Les granites, les syénites, les porphyres, etc., forment ordinairement des grandes masses, dans lesquelles on ne reconnaît point de structure régulière.

Nous avons vu le nombre des espèces oryctognostiques augmenter à mesure que nous sommes descendus vers le centre de la terre ; ainsi il est tout naturel de penser qu'elles doivent être ici en plus grande quantité que partout ailleurs. C'est effectivement ce qui a lieu ; les métaux surtout sont extrêmement abondans : on trouve toutes sortes de gîtes de minérais et particulièrement dans des filons; l'étain et le graphite, comme partie constituante des roches, paraissent être caractéristiques de l'époque. Le graphite semble remplacer l'anthracite, dont il n'existe pas une seule trace.

L'axe géognostique de plusieurs chaînes de montagnes est formé par le terrain primitif, plus ou moins bien développé; les Pyrénées, les Cévennes, les Alpes, les Cordillères, etc. : c'est la base sur laquelle tous les autres sont appuyés.

M. Cordier divise cette dernière partie de la série géognostique en cinq termes ou formations, que je nomme par ordre de superposition : 1.° *formation de roches talqueuses phylladiformes;* 2.° *formation des serpentines, stéaschistes et protogines;* 3.° *formation de micaschiste;* 4.° *formation du gneiss;* 5.° *formation du granite et des syénites.* (Voyez pl. IV, fig. 2, et pl. VI, fig. 4.)

Nous allons maintenant décrire séparément chacune de ces formations.

1.re FORMATION. *Roches talqueuses phylladiformes.*

§. 69. Ces roches, désignées par plusieurs auteurs sous le nom de *phyllades primitifs*, paraissent lier intimement la cinquième époque avec la sixième.

a. M. de Buch a vu, en Norwége et aux îles de Shetland, une formation de granite à petits grains, passant au gneiss, avec lequel il alterne même plusieurs fois, recouvrir les schistes primitifs; mais ces roches paraissent être intimement liées aux schistes, et ne forment, peut-être, que le premier étage du groupe entier. Le granite renferme de l'amphibole et du diallage.

b. La roche principale du groupe n.° 1 est un schiste talqueux, luisant ou subluisant, avec des cristaux de diverses substances contemporains de sa formation. Ce schiste est moins carburé et à couleurs moins foncées que celui de transition. Lorsqu'il passe au micaschiste, le mica est fendu en grandes lames, tandis que le mica en paillettes isolées caractérise les phyllades de transition. « Lors-« qu'on considère en grand la différence des schistes « primitifs et de ceux de transition, dit M. de Hum-« boldt, on peut indiquer pour les premiers plu-« sieurs caractères négatifs très-importans, tels que « l'absence des nœuds ou bancs subordonnés de « calcaire compacte, l'absence de chiastolite dissé-« minée dans la masse, de feuillets de phyllade « luisans et fortement chargés de carbone; enfin, « l'absence de couches fréquentes de diorite en « boules, d'ampélite alumineuse et graphique, et « enfin de pierre lydienne; mais il ne faut pas « oublier que ces principes généraux souffrent des « exceptions partielles. »

Les couches subordonnées dans cette formation sont : du quarz grenu, du calcaire grenu bleuâtre, du porphyre, du stéaschiste chlorité, avec grenats et sphène disséminés, du micaschiste, du diorite, mais beaucoup plus rare que dans les schistes de transition, du quarz avec épidote, de la serpentine et du pétrosilex. M. Cordier cite des amas de felspath grenu, de cuivre pyriteux, de galène argentifère et de cinabre.

Minéraux. Les substances métalliques qui se présentent en filons, sont : l'étain oxidé, la galène, l'argent, l'or, le cuivre oxidulé et natif, le zinc sulfuré et le fer carbonaté.

Formes du sol. La stratification de ce groupe est assez régulière, sa puissance est souvent très-considérable. Les montagnes qu'il constitue ne sont pas fort élevées; elles présentent des pentes inclinées, mais peu d'escarpemens; on y remarque des plateaux d'une assez grande étendue, penchant doucement vers les vallées qui les terminent; les versans de celles-ci sont quelquefois couverts de blocs; mais ces montagnes sont surtout reconnaissables par de grandes masses toutes crevassées et dentelées, de formes extrêmement bizarres, et qui par leur position inclinée semblent menacer ruine à chaque instant. Les vallées ont beaucoup d'analogie, pour la forme et la disposition, avec celles des schistes de transition : suivant M. Huot, elles s'étendent d'abord en pentes assez douces jusqu'à une certaine profondeur, puis elles se rétrécissent et deviennent de plus en plus escarpées.

Emploi dans les arts. Les filons et les autres gîtes de minérais sont exploités avec avantage : les schistes fournissent des ardoises, les calcaires grenus des marbres; enfin, on peut employer à différens usages les porphyres, les diorites, etc.

Localités. La formation que nous décrivons s'est développée dans les Alpes et dans les Pyrénées, où elle occupe des espaces peu étendus à la surface du sol; elle existe aussi dans le nord de l'Europe. M. de Humboldt l'a retrouvée dans le nouveau continent, au nord et au sud de l'équateur. Dans les Andes du Pérou, les schistes sont immédiatement superposés au granite ancien.

2.e FORMATION. *Serpentines, stéaschistes et protogines.*

§. 70. M. Cordier réunit ces trois espèces de roches dans une même formation, dont chacune compose un étage distinct. Nous les décrivons ici d'après l'ordre de leur importance, qui paraît être aussi celui de leur ancienneté.[1]

a. La roche principale du premier étage est une serpentine (*ophiolite*, Brongniart), tantôt uniforme, tantôt porphyroïde avec diallage; on n'y observe aucune trace de stratification, mais toujours une infinité de fissures qui se croisent dans tous les sens. Les roches qui existent en couches subordonnées dans les ophiolites, sont de l'euphotide, du talc, du calcaire saccharoïde, du gypse, du fer oxidulé chromifère, du pétrosilex. On y remarque accidentellement des amas d'asbeste, de calcaire et de granite.

Minéraux. On cite en cristaux disséminés : du pyroxène blanc, de l'épidote, du cuivre pyriteux et des pyrites magnétiques ; en filons, du calcaire

1 Comme les trois espèces de roches dominantes dans la formation n.° 2 se présentent souvent seules, nous décrivons chaque étage comme un groupe particulier.

avec asbeste, du granite, du pyroxène blanc ou verdâtre et de l'épidote.

Formes du sol. Les montagnes formées par les ophiolites sont ordinairement peu élevées; quelquefois les pentes sont assez rapides et les croupes arrondies; d'autres fois les flancs sont profondément sillonnés ou présentent des coupures escarpées; on y remarque beaucoup de rochers à pointes pyramidales. Ces montagnes sont généralement coniques.

La puissance de cet étage paraît être peu considérable; les principales localités où on a observé des serpentines primitives, sont: Zœblitz en Saxe et l'Amérique méridionale.

b. Après les serpentines vient un stéaschiste, le type de l'espèce, quelquefois noduleux et d'une très-facile décomposition: cette roche a une stratification irrégulière, qui présente de nombreux plis et des contours très-bizarres.

Les couches subordonnées dans le stéaschiste sont extrêmement nombreuses; nous citons les principales: serpentine, talc grenu, amphibolite schistoïde, quarzite grenu et compacte, felspath grenu, pétrosilex, leptynite à gros grains, calcaire saccharoïde uniforme et mêlé de quarz; enfin, du fer oxidulé souvent titanifère.

Minéraux. On rencontre encore des amas de serpentine, de fer oxidulé, de galène, de cuivre pyriteux et de manganèse oxidé; et en filons: du basalte, de la chaux carbonatée, de l'asbeste et du talc cristallisé. Parmi les métaux proprement dits, on ne cite que des filons de galène argentifère et de pyrites aurifères, dans une matrice de calcaire et de fer carbonaté.

Localités. Je ne sais rien sur les formes des montagnes. Les stéaschistes primitifs sont très-bien développés à Chessy, près de Lyon; au mont Jovet, près de Nantes, et dans le département de la Corrèze; les Alpes en présentent dans les vallées de Chamouny, d'Aoste, etc., et dans la Tarentaise. Ils existent aussi en Saxe et en Bohème. A l'île de Corse un stéaschiste chloritique contient beaucoup de cristaux octaèdres de fer oxidulé. Enfin, il paraît que ces roches sont aussi développées en Afrique; car, suivant M. Brongniart, *la pierre de Baram*, avec laquelle on fait de la poterie dans la haute Égypte, est un véritable stéaschiste stéatiteux.

c. Dans les Alpes, les protogynes sont immédiatement recouvertes par les stéaschistes. La masse principale est composée d'une protogyne bien caractérisée, souvent schistoïde et glandulaire, quelquefois granitoïde, et dont la stratification est irrégulière ou non apparente.

Les substances qui se présentent en couches subordonnées dans la protogyne primitive ne sont pas aussi nombreuses que celles des stéaschistes; on y trouve seulement des couches de stéaschistes, surtout au point de contact avec l'étage supérieur; des couches de pétrosilex avec points talqueux et de diorite granitoïde: le fer arsenical et le fer pyriteux forment des amas.

Minéraux. Les filons sont extrêmement communs; beaucoup de roches se montrent de cette manière au milieu des protogynes : telles sont le felspath grenu, mêlé de mica noir, avec quarz et tourmaline; le quarz enfumé avec asbeste, le felspath lamellaire, la chlorite, l'épidote et le pétrosilex coloré en vert par l'épidote.

Parmi les minérais métalliques qui forment des filons dans cet étage, je cite des pyrites, quelquefois arsénicales, de la blende, de l'antimoine sulfuré, du cuivre pyriteux, et, enfin, de la galène antimonifère et argentifère; le tout dans une matrice composée de quarz et de baryte compacte.

Formes du sol. Les protogynes de cette époque acquièrent dans les Alpes un développement et une puissance très-considérables; les montagnes qu'elles constituent sont très-élevées et présentent beaucoup d'escarpemens et de pics aigus : la plupart des grandes masses et des hautes cimes de cette chaîne, placées entre la France et l'Italie, et notamment le Mont-Blanc, en sont formées.

Emploi dans les arts. Les serpentines sont très-employées pour la sculpture; les protogynes servent comme pierre de construction, on les polit même quelquefois; enfin, les minérais métalliques sont susceptibles d'être exploités avec avantage.

Localités. Les principales localités où l'on a observé des protogynes primitives sont, dans les Alpes, le Mont-Blanc, le Saint-Gothard, etc.; et en France, les montagnes des départemens de l'Isère, de la Corrèze et du Puy-de-Dôme. On en cite aussi en Corse, en Saxe, dans le Harz, etc. M. de Humboldt a retrouvé ces mêmes roches dans les Andes du Pérou.

3.° Formation. *Micaschiste primitif.*

§. 71. Vers leurs parties inférieures on voit souvent, comme nous l'avons dit §. 69, les schistes primitifs passer insensiblement au micaschiste. Mais il existe aussi une formation de micaschiste indépendante, à laquelle M. Cordier assigne la troisième place dans le terrain primitif. Au Saint-Gothard et en Silésie on reconnaît deux étages bien distincts dans cette formation.

a. Le premier étage est composé d'un granite, souvent stratifié, passant à une syénite à très-gros grains. Dans ce granite le quarz est remarquable par sa grande transparence, et le felspath par la grandeur de ses cristaux. Cette roche est parfois stéatiteuse et contient toujours des grenats et de l'amphibole; elle se trouve intimement liée au micaschiste par ses dernières couches, qui alternent avec lui.

b. La roche principale du groupe n.° 3 est un micaschiste bien caractérisé, en strates plus ou moins réguliers, et qui renferme un grand nombre d'autres roches comme couches subordonnées. Celles-ci sont des quarzites grenus uniformes, des quarzites avec topaze (leptynite topazosème), du calcaire primitif micacé, des amphibolites schistoïdes, de la leptynite, avec amphibole, grenats et staurotide; du gneiss, du pétrosilex, de la dolomie, du gypse, du diorite, de la serpentine pure, etc.

Minéraux. M. Cordier cite comme formant des amas dans le micaschiste primitif du fer pyriteux, des pyrites arsénicales, du cuivre pyriteux, de la galène, de la blende et de l'étain oxidé. Les substances qui se présentent le plus ordinairement en filons, sont : du granite à gros grains, avec tourmaline en gros cristaux et lames de mica, du quarz et de la chaux carbonatée ferrifère. Les filons métalliques offrent des minérais d'or, d'argent, de plomb, de cuivre, de cobalt et d'étain.

Le groupe n.° 3 est de tous ceux de la série géognostique celui qui offre aux oryctognostes la plus grande variété d'espèces minérales cristallisées. Il paraît être bien développé dans les chaînes de l'Europe, où il joue un rôle très-important. Sur plusieurs points, les micaschistes reposent immédiatement sur les gneiss et sur les granites, avec lesquels ils commencent toujours par alterner.

Formes du sol. La puissance de cette formation est extrêmement considérable. Les strates sont très-ondulés, ce qui fait que ses montagnes présentent des contours arrondis et ondoyans; on n'y remarque point de saillies fort élevées, et elles se terminent ordinairement en plateaux très-étendus. Les montagnes de micaschiste se trouvent assez souvent disposées par groupes, dans lesquels on remarque des sommets s'élevant les uns au-dessus des autres : rarement deux sommets voisins atteignent la même hauteur; leurs pentes sont coupées par de nombreux ravins et fréquemment disposées en forme de terrasse.

Localités. On trouve les micaschistes primitifs très-bien développés dans les Pyrénées, les Cévennes et les Alpes; en Saxe, en Silésie, en Norwége, etc. Les émeraudes de Sahara, dans la haute Égypte, sont, comme celles de Salzbourg, enchâssées dans le micaschiste primitif. M. de Humboldt a vu cette formation prendre un grand développement dans la Cordillère du littoral de Vénézuéla (Amérique équinoxiale).

4.e Formation. *Gneiss.*

§. 72. Je crois devoir regarder le gneiss et le micaschiste, alternant ensemble, dont M. de Humboldt fait un groupe particulier, comme constituant le premier étage du n.° 4; et cela, parce que M. Cordier n'admet point de formation indépendante de gneiss et de micaschiste, et que M. de Humboldt dit lui-même (page 72) que souvent la sienne fait suite au gneiss : ainsi notre quatrième formation primitive est composée de deux étages.

a. La roche dominante dans ce groupe est bien le gneiss commun; mais, vers le haut, il alterne régulièrement avec du micaschiste. Cette partie renferme des bancs subordonnés de calcaire grenu, d'amphibolite schistoïde, de diorite, de serpentine et de schiste talqueux avec actinote. Elle contient des filons d'argent blanc et d'argent vitreux.

b. Au-dessous de l'alternance précédente, le gneiss commun, bien caractérisé, se développe seul; il est quelquefois porphyroïde, rarement granitifère, et se décompose facilement. La stratification est évidente et même souvent bien régulière, quoiqu'on y remarque fréquemment des couches contournées affectant des formes bizarres.

Les couches subordonnées dans le gneiss sont très-nombreuses : on y cite du granite, du micaschiste, des amphibolites, du diorite, du porphyre, de la pegmatite, du talc schistoïde, du fer oxidulé et du calcaire grenu, souvent d'un très-beau blanc.

Cette dernière roche prend quelquefois un développement si considérable, que plusieurs auteurs en ont fait une formation indépendante. M. Cordier considère toutes ces formations comme des masses subordonnées dans le gneiss ou dans le micaschiste. Il existe aux Pyrénées une masse de calcaire primitif, très-bien décrite par M. de Charpentier[1], qui renferme dans son intérieur des couches interrompues de pyroxène, d'une couleur verte, brune ou grise.

Minéraux. On observe dans cet étage des amas de cuivre sulfuré et de fer oxidulé ; le granite, le basalte, la wacke forment des filons. Le quarz avec épidote, le felspath et l'asbeste s'y montrent en petites veines.

La formation qui nous occupe est très-riche en métaux ; plusieurs des filons qui la traversent commencent dans le granite inférieur. Les principaux offrent des minérais de cuivre, d'argent, d'étain, de fer carbonaté spathique, de galène argentifère, de cobalt et d'antimoine, qui sont renfermés dans

---

1 Essai sur la constitution géognostique des Pyrénées, pages 217 et suivantes.

une matrice de quarz, et quelquefois de chaux carbonatée avec asbeste.

Formes du sol. Cette formation acquiert dans les deux continens une puissance et un développement très-considérables ; elle repose immédiatement sur le granite, et souvent les deux roches passent insensiblement l'une à l'autre. La facilité avec laquelle le gneiss se décompose, sous l'influence des agens atmosphériques, fait que les montagnes présentent rarement des cimes aiguës et des pentes escarpées, comme la plupart des roches anciennes : on ne les voit presque jamais, comme celles de granite, former de hautes sommités qui dominent toutes celles du voisinage. Les vallées sont larges, et les angles saillans et rentrans se correspondent assez bien ; on y remarque très-peu de ces escarpemens et de ces parties resserrées qui caractérisent les vallées granitiques. Les montagnes de gneiss sont généralement peu élevées ; elles se trouvent fréquemment disposées les unes au-dessus des autres en forme de terrasse, et leurs masses constituent plutôt des groupes de collines que de véritables chaînes.

Emploi dans les arts. Le calcaire grenu, subordonné dans le gneiss, fournit de très-beaux marbres blancs : les porphyres sont aussi employés dans les arts. Les minérais métalliques donnent souvent de grandes richesses.

Localités. Le groupe que nous venons d'étudier se présente, bien caractérisé, dans les montagnes des environs de Lyon et d'Autun : on le retrouve aussi dans les départemens de la Haute-Vienne, du

Lot, de l'Aveyron et près de Baud, en Bretagne : Freyberg, en Saxe, est une localité classique. D'après MM. de Buch et Haussman, le gneiss est la roche dominante en Scandinavie, où le granite inférieur n'est presque nulle part visible. M. de Humboldt l'a reconnu très-bien développé dans les deux Amériques. En France, en Allemagne, en Grèce et dans l'Asie mineure, le gneiss primitif est quelquefois riche en minérais d'or et d'argent.

5.e Formation. *Granite et syénite.*

§. 73. M. Cordier considère la syénite et le granite primitifs comme appartenant au dernier terme de la série géognostique connue. Suivant ce professeur, l'amphibole, remplaçant le mica, fait passer à la syénite, dans une contrée, la même masse qui est un granite bien caractérisé dans une autre. Ainsi la roche dominante de cette formation est tantôt une syénite et tantôt un granite.

Suivant M. de Humboldt, il existerait trois formations placées entre le gneiss et le granite ancien : 1.° une d'*eurite* (*weisstein*) avec serpentine; 2.° une de *granite stannifère;* 3.° une de *granite* et *gneiss alternant.* L'existence des deux premières paraît très-douteuse; la troisième existe réellement, mais est-ce une véritable formation, ou le premier étage de la grande formation de granite? C'est une question à résoudre. Dans le Riesengebirge on voit ce groupe reposer immédiatement sur le granite; et, au sud-est de Riobamba, dans le royaume de Quito, c'est le plus ancien des groupes visibles. Ainsi, pour nous conformer à la classification de M. Cordier, et admettre en même temps les faits bien constatés dans l'ouvrage du savant prussien, nous diviserons la formation n.° 5 en deux étages.

a. Comme nous venons de le dire, la partie supérieure de ce groupe est composée de deux roches, granite et gneiss, dont les strates alternent régulièrement entre eux. A cette alternance sont subordonnés : des bancs de micaschiste, avec calcaire grenu en veines; des amphibolites schistoïdes, des stéaschistes et des eurites. Dans la Silésie inférieure[1], un banc de micaschiste, qui se trouve au milieu de cet étage, contient beaucoup de grenats, et une couche épaisse d'étain et de cobalt.

b. Notre seconde assise comprend toute la formation de granite indépendante de M. Cordier.

En général, le granite paraît être d'autant plus ancien, qu'il n'est pas stratifié; qu'il est plus riche en quarz et moins abondant en mica, et qu'il n'offre point de structure porphyroïde.

Suivant le célèbre professeur français, la roche principale du dernier terme de la série géognostique connue, est un granite commun, quelquefois porphyroïde, rarement pinitifère, susceptible de se décomposer à la surface, et qui passe à la syénite toutes les fois que l'amphibole vient y remplacer le mica. Généralement cette roche ne présente au-

---

1 Notice géognostique sur la Silésie, par M. Manès; Annales des mines, tom. 2.

cune trace de stratification; mais on y observe une infinité de grandes fissures qui la divisent en masses polyédriques irrégulières.

Il existe dans cet étage des bancs accidentels de calcaire grenu avec graphite, de porphyre et de gneiss.

Les couches subordonnées les plus communes sont les suivantes : gneiss, pegmatite, leptynite, diorite, amphibolite schistoïde et quarz grenu. On y observe des amas de pegmatite, d'hyalomite, de diorite, de fer oligiste et de fer carbonaté, qui sont placés sans régularité dans la masse.

On voit pénétrer en filons dans toute la formation, du granite porphyroïde à gros grains avec tourmaline, du basalte et du quarz grenu. Ceci est un fait très-important, et sur lequel nous aurons occasion de revenir.

Minéraux. Quoiqu'en général ce groupe soit peu riche en métaux, il en renferme cependant un certain nombre : c'est à lui qu'appartiennent les fameuses mines d'étain du Cornouailles et de plusieurs autres contrées. Ses filons métalliques offrent des minérais de fer oxidé, de fer pyriteux aurifère, de fer arsénical aurifère, ainsi que de cuivre pyriteux, d'étain oxidé, de chrome oxidé, d'urane oxidé, de molybdène, de galène, etc.

Les espèces minérales disséminées sont peu nombreuses : on y cite ainsi de l'actinote, de l'épidote, des grenats, des zircons, des béryls (aigues-marines), de la pinite, de la cymaphone, etc.

Forme du sol. Comme on ne sait pas où se termine cette formation, on n'a pas encore pu mesurer sa puissance : elle occupe une très-grande étendue à la surface du sol dans les deux continens. Les contrées granitiques présentent de vastes plateaux, des montagnes moyennes, à croupes arrondies ou à flancs à larges faces ; mais dans le milieu des chaînes, les montagnes de granite atteignent des hauteurs extrêmement considérables. Alors les pentes et les sommets sont fréquemment couverts de blocs énormes, entassés les uns sur les autres, quelquefois arrondis par la décomposition superficielle, mais présentant très-souvent des arêtes vives et des aiguilles alongées, qui font reconnaître de loin le sol granitique. Les vallées sont extrêmement nombreuses ; elles coupent les chaînes dans toutes les directions et tombent les unes dans les autres sous toutes les inclinaisons. Dans les régions élevées ces vallées sont étroites et à flancs escarpés (Alpes, Cévennes, etc.) ; mais quand les montagnes ne dépassent pas une certaine hauteur (Bourgogne, etc.), les flancs laissent entre eux des vallées peu profondes et dont les deux versans sont généralement des pentes douces.

Emploi dans les arts. L'étain étant une substance très-rare dans la nature, on recherche avec beaucoup de soin ses minérais ; quelquefois les pyrites aurifères méritent aussi que l'on entreprenne des travaux pour leur exploitation. Le granite fournit des pierres de construction que l'on peut employer dans toutes les circonstances.

Localités. Le groupe qui nous occupe forme la

base sur laquelle reposent la plupart des grandes chaînes de montagnes, les Alpes, les Pyrénées, les Cévennes, les Cordillères des Andes, etc. On l'a observé en France dans la Bourgogne, le Limousin, la Bretagne, l'Auvergne, etc. Les montagnes de l'Écosse sont toutes appuyées sur le granite ancien; enfin, cette roche est très-bien développée en Allemagne et dans tout le nord de l'Europe.

§. 74. Nous venons d'étudier le dernier terme de la série géognostique connue; au-dessous de lui il existe certainement encore d'autres roches, les filons qui le pénètrent l'ont démontré. On ne sait encore rien sur la nature de ces roches et leurs relations géognostiques. Si les observations futures mènent à reconnaître, dans cette position, des associations constantes et bien caractérisées, elles devront être considérées comme des formations particulières. Ainsi nous ne prétendons point du tout que le groupe n.° 5 soit le plus ancien de tous ceux qui composent la masse du globe, nous disons seulement que jusqu'à présent il a été le dernier accessible à nos observations.

Dans la partie prozoïque de la série géognostique nous n'avons pas remarqué un seul dépôt sédimentaire; tout porte l'empreinte d'une cristallisation plus ou moins parfaite, mais dominante. L'agent principal des époques postérieures, l'eau, n'existait donc pas encore en grandes masses sur la surface du globe; mais les granites et la plupart des autres roches primitives, contenant une certaine proportion d'eau de cristallisation, annoncent déjà la présence de ce liquide dans la dissolution; seulement la quantité n'était pas assez considérable pour qu'il puisse avoir eu une influence marquée, et le calorique, dissolvant universel, était alors l'agent principal. Le granite qui se montre à toutes les hauteurs, et les nombreux filons pierreux et métalliques, prouvent que, pendant toute la période, des produits ont été poussés de bas en haut.

Les premières couches qui présentent des restes organiques se lient intimement avec celles qui n'en renferment jamais, et il n'y a réellement point de limite tranchée entre nos deux classes. Ainsi le développement de la vie sur la terre s'est effectué sans changement brusque, et ce n'est que bien longtemps après qu'ont eu lieu ces grandes catastrophes qui paraissent avoir été générales.

ÉPOQUES VOLCANIQUES.

§. 75. Nous venons de faire connaître, autant que le permettent les bornes qui nous sont prescrites dans cet ouvrage et l'état actuel de la science, les différens termes de la série géognostique, et nous avons établi les rapports qui existent entre eux.

Abstraction faite des solutions de continuité que l'on observe souvent dans la masse de la terre, il résulte de l'ensemble des observations qu'il existe un ordre constant dans la composition de cette masse. Quelques termes de la série peuvent manquer; mais jamais un groupe géognostique ne se trouve déplacé. Ainsi partout où les formations *A*, *B*, *C*, sont bien développées, si l'ordre d'ancienneté *A*, *B*, *C*, a été rigoureusement établi, nulle part on ne trouvera une autre combinaison, *B*, *A*, *C*, ou *B*, *C*, *A*, etc.

Il existe cependant des roches, et même des associations de roches, qui font tout-à-fait exception à la règle, et qui paraissent appartenir aux époques géognostiques les plus différentes, aux terrains primitif, de transition, secondaire et tertiaire indistinctement.

Ce sont les groupes que l'on désigne depuis bien long-temps sous le nom de *formations volcaniques*, parce que la plupart des roches qui les composent portent des traces plus ou moins visibles de l'action du feu, et ressemblent beaucoup à celles qui sont encore produites aujourd'hui par les volcans en activité à la surface de la terre.

Sans entrer dans toutes les discussions auxquelles a donné lieu l'origine de ces *masses empyrodoxes*, nous nous contenterons de les considérer uniquement sous le rapport géognostique. Nous allons essayer de bien faire connaître la manière dont ces masses se présentent dans la nature, les liaisons qu'on observe entre celles des différentes époques; et enfin, de la réunion des faits nous tirerons quelques conséquences géogéniques.

Dans les descriptions précédentes nous avons déjà cité de véritables roches volcaniques, en filons et en couches, au milieu de quelques formations. Les granites, les syénites, les porphyres, les diorites, etc., se lient fréquemment à ces sortes de roches, et souvent il est difficile de croire que leur origine soit différente. Dans les terrains primitifs et de transition la liaison est intime; le pyroxène que l'on avait cru pendant long-temps particulier aux roches volcaniques, se trouve dans toutes celles que nous venons de citer.

Il y a plus, quand les granites, les syénites, les porphyres, etc., se trouvent en contact avec des couches de calcaire compacte, comme on l'observe souvent dans le terrain de transition et le terrain secondaire, ces couches ont presque toujours été changées, jusqu'à une certaine profondeur, en calcaire spathique, même en calcaire grenu, et quelquefois en véritables dolomies; effets que l'on attribue à la chaleur élevée de ces roches, lorsqu'à l'état liquide ou de mollesse elles ont été lancées des profondeurs du globe au milieu des groupes qui les renferment.

M. de Buch attribue le soulèvement de la plupart des chaînes de montagnes à des masses de porphyres poussées de bas en haut, et qui n'ont pas toujours fait éruption à la surface de la terre. Il est probable que les roches que l'on nomme aujourd'hui *plutoniennes :* granites, porphyres, syénites, diorites, serpentines, etc., ont été produites de cette manière, surtout celles qui se présentent en filons dans les différens termes de la série géognostique.

Ainsi, en plaçant la description des groupes empyrodoxes immédiatement après celle des terrains intermédiaires et primitifs, nous conservons l'analogie établie par la nature elle-même; et c'est là le premier avantage d'une classification bien entendue.

Depuis le granite primitif jusqu'à l'époque actuelle, on rencontre des roches volcaniques en filons, en couches et en amas dans tous les groupes géognostiques, ou bien superposées à quelques-uns et point recouvertes. Le contraste entre ces masses intercalées et les roches qui les renferment est d'autant plus frappant, que les dernières sont indubitablement non volcaniques : par exemple dans les formations secondaires et tertiaires la différence est bien tranchée; mais il n'en est pas ainsi pour les roches plus anciennes, qui, comme nous l'avons déjà dit, se lient intimement aux masses empyrodoxes intercalées ou superposées.

En étudiant les différentes espèces de roches, §. 24,

nous ne nous sommes point du tout occupé de leur origine; ainsi nous n'avons point dû distinguer les roches volcaniques des autres. Il est bon, avant d'entreprendre la description des différentes associations de ces roches, d'énumérer les espèces qui sont généralement regardées comme volcaniques, et qui entrent toutes dans la composition des groupes de cette nature.

Les plus importantes à connaître sont les suivantes: *trachyte*, *trapp* et *trappite*, *basalte* et *basanite*, *vacke* et *vackite*, *dolorite*, *spilite*, *domite*, *pumite*, *tephrine*, *leucostine* (phonolite, Daub.) et *ponce*. Cette dernière, à proprement parler, n'est point une espèce particulière de roche; c'est un état celluleux et filamenteux, sous lequel plusieurs roches volcaniques peuvent se présenter.

On distingue dans la nature deux associations constantes de ces différentes espèces : l'une, qui paraît la plus ancienne, dans laquelle les trachytes dominent, et que l'on peut nommer par analogie *terrain trachytique;* l'autre, qui est souvent superposée à la première, dans laquelle les basaltes sont les roches principales, et qui constitue le *terrain basaltique*. Les produits des volcans éteints et de ceux qui brûlent encore, diffèrent à peine des basaltes.

Comme les trachytes sont les roches qui paraissent être le plus intimement liées à celles que nous venons d'étudier, c'est par eux que nous commencerons; ensuite nous décrirons les basaltes, auxquels nous ferons suivre les produits des volcans éteints, qui s'en rapprochent beaucoup; et enfin, nous donnerons l'histoire abrégée des volcans encore en activité.

D'après notre méthode, nous divisons cette classe en quatre époques (pl. 1, fig. 2) : 1.° terrain trachytique ; 2.° terrain basaltique ; 3.° volcans éteints ; et 4.° volcans brûlans.

PREMIÈRE ÉPOQUE. TERRAIN TRACHYTIQUE.

§. 76. MM. de Humboldt et Beudant comprennent dans cette division les trachytes grenus, granitoïdes et syénitiques ; les trachytes porphyriques ou porphyres trachytiques, en partie pyroxéniques et en partie celluleux, avec nids siliceux, porphyres et calcaires ; les trachytes semi-vitreux, les perlites avec obsidienne, et les phonolites des trachytes ; enfin, occupant la partie supérieure, et formant comme un second étage dans plusieurs localités, les conglomérats trachytiques et ponceux, avec alunite, soufre, opale et bois opalisé.

a. Les trachytes proprement dits, *granites chauffés en place* des anciens minéralogistes, *porphyres trappéens ;* beaucoup de *laves pétrosiliceuses* de Dolomieu, *domites* de MM. de Buch et Ramond, *nécrolites* de Brocchi, *leucostines granulaires* de M. Cordier, composent le premier étage du terrain trachytique.

Dans l'ancien continent ces roches n'offrent point de stratification régulière ; en Hongrie chaque variété forme une masse ou une montagne particulière, qui paraît être indépendante de toutes celles qui l'avoisinent. Mais dans les Cordillères des Andes la stratification est évidente, seulement elle varie de direction et d'inclinaison en passant d'un groupe à l'autre. La structure en prismes de quatre à sept pans s'observe souvent dans les trachytes porphyriques, non-seulement dans les roches noires à base de rétinite (stigmites), avec felspath vitreux et pyroxène, mais aussi dans les trachytes grisâtres. La structure globulaire est assez rare dans les véritables trachytes; elle paraît plutôt appartenir aux basaltes. Les teintes pâles dominent dans les trachytes de l'Amérique; dans les deux continens les masses noires paraissent plus nouvelles que les masses blanches, grises et rouges. Les premières ont quelquefois tout l'aspect du basalte, mais l'olivine y manque toujours, et l'on y remarque de petits cristaux de pyroxène, qui pénètrent jusque dans l'intérieur de ceux de felspath vitreux.

Dans les deux continens chaque montagne trachytique présente des roches bien différentes, sous le rapport de la composition oryctognostique, selon que l'un des élémens prédomine dans le tissu cristallin. Quelquefois c'est le mica noir (Cotopaxi), d'autres fois l'amphibole (Chimborazo).

Rien n'annonce qu'aucune de ces roches ait jamais existé sous forme de coulée; mais au Puy-de-Dôme comme au Mexique les trachytes renferment beaucoup de parties bulleuses et scorifiées, à cellules lustrées enchâssées dans des masses compactes et terreuses (domites). Ceux de France et du Pérou contiennent du soufre natif.

Minéraux. Les principales espèces minérales trouvées jusqu'à présent dans la première partie du terrain trachytique, sont : en cristaux disséminés, du pyroxène, du felspath commun et vitreux, du mica, de l'amphibole, qui se présente quelquefois en cristaux aciculaires placés, comme par files, sur plusieurs lignes parallèles; du fer oligiste, spéculaire; des grenats et du titane ferrifère, en couches et formant des amygdaloïdes; des obsidiennes de diverses variétés. Suivant M. de Humboldt, le quarz paraît manquer dans plusieurs groupes trachytiques des Cordillères; mais ailleurs (en France et en Hongrie, etc.) cette substance s'y montre en cristaux et en grains. Jusqu'à présent l'absence de l'olivine sert à distinguer les trachytes des véritables basaltes.

b. La partie supérieure du terrain trachytique est formée par des conglomérats ou débris, qui semblent avoir été agglutinés et remaniés par les eaux; mais on observe souvent un passage insensible entre ces roches et les véritables trachytes. Ces conglomérats sont quelquefois très-développés, et couvrent d'immenses surfaces : en Hongrie ils forment autour des groupes trachytiques des ceintures de collines, qui ont une grande étendue; tantôt ils ne présentent presque aucune consistance, ils sont friables et tufacés, tantôt ils sont compactes et très-durs. Les ponces, en masses pulvérulentes et en blocs de huit à dix mètres de longueur, constituent la partie la plus intéressante de cet étage. Les unes sont des ponces noires d'une texture bulleuse, à fibres croisées et contenant beaucoup de pyroxène; les autres, des masses de felspath compacte, avec beaucoup d'amphibole, très-peu de mica, et qui offrent dans leur masse des parties fibreuses. Enfin, des obsidiennes noires, verdâtres ou grises alternent avec des couches de pierre ponce à fibres asbestoïdes.

Minéraux. C'est ici que se trouve l'alunite ou pierre d'alun, exploitée en Hongrie : ces roches présentent encore des cristaux de pyroxène, de felspath, de mica, d'amphibole, des opales et du soufre.

On remarque assez souvent dans tout le terrain trachytique des fissures renfermant quelquefois des minérais aurifères, argentifères, tellurifères, plombifères, etc.

Restes organiques. La dernière assise de ce terrain présente en Hongrie des bois opalisés. Près de Schemnitz, des masses terreuses où l'on reconnaît à peine la ponce, renfermant des grains de felspath vitreux, du mica noir et des aiguilles d'amphibole, sont remplies de coquilles marines, bivalves (arches?) et univalves, qui n'ont laissé que leurs empreintes; mais les trachytes propres semblent être tout-à-fait dépourvus de débris organiques.

Formes du sol. La puissance des masses trachytiques est quelquefois très-considérable. Au Chimborazo et au Pichincha elle dépasse 4000 mètres et même 5000 mètres. Ces masses occupent ordinairement de grands espaces composés de plateaux à escarpemens presque verticaux, et de montagnes coniques ou arrondies, entassées les unes sur les autres, et au milieu desquelles rien n'annonce l'existence de coulées. Ces montagnes atteignent souvent des hauteurs très-considérables, et s'abaissent ensuite progressivement vers les plaines, où elles se terminent par des collines plus ou moins alongées : elles forment des groupes plutôt que de véritables chaînes.

Emploi dans les arts. Les métaux précieux, renfermés dans les fissures de certains trachytes, sont quelquefois en assez grande quantité pour donner lieu à des exploitations avantageuses. Tous les bois opalisés de Hongrie, connus depuis très-longtemps, viennent des conglomérats. Ces dépôts fournissent encore l'alunite dont nous avons déjà parlé, et des minérais de fer d'une bonne qualité. Les ponces sont très-employées dans les arts; les porphyres molaires sont exploités en Hongrie pour faire des meules à moudre les grains; enfin, toutes les roches solides de ce terrain servent comme pierres de construction.

Age relatif. Les trachytes pénètrent dans tous les termes de la série géognostique. En Hongrie on les voit reposer sur les syénites et les porphyres, sur les grauwackes schisteuses, sur le calcaire de transition, et enfin sur le calcaire du Jura; ils sont recouverts par la *molasse* ou grès à lignite tertiaire, et par des sables coquilliers que M. Beudant rapporte au calcaire grossier parisien; ce qui fait dire à cet observateur que, dans ces contrées, la grande masse trachytique paraît s'être formée entre la troisième et la quatrième époque géognostique. Dans la partie orientale de l'Europe le calcaire grossier et d'autres formations tertiaires recouvrent les conglomérats trachytiques. Des superpositions semblables ont été observées dans les îles Canaries et dans les Andes par MM. de Buch et de Humboldt. M. Breislak a vu les trachytes des monts Euganéens reposer sur le calcaire du Jura. Mais, suivant M. de Humboldt, dans la région du monde la plus riche en roches trachytiques (la partie occidentale du nouveau continent, tant au nord qu'au sud de l'équateur), les trachytes ne se montrent jamais au milieu de formations si modernes, et en général ils ont leur siége principal dans le terrain de transition. Ceux des Andes et du Mexique ne sont ordinairement recouverts que par d'autres roches volcaniques, quelquefois par de petites formations tertiaires, calcaires et gypseuses; mais vers le bas, ces mêmes trachytes sont géognostiquement liés de la manière la plus intime avec les porphyres de transition.

MM. Jobert et Croiset établissent (dans l'ouvrage déjà cité plus haut, voyez pl. VI, fig. 9), que toutes les formations trachytiques de l'Auvergne sont postérieures aux dernières couches tertiaires de cette contrée, et contemporaines de l'époque où vivaient les grands animaux. Ils disent même (page 41) « les « porphyres (trachytes) reposent souvent sur des « cendres volcaniques tassées, qui contiennent des « fragmens de basalte et des cristaux brisés de fel- « spath. »

Un fait sur lequel MM. de Humboldt et Beudant insistent beaucoup, c'est que les formations trachytiques et basaltiques semblent se repousser mutuellement : on les observe rarement réunies; de véritables basaltes avec olivine ne forment pas des couches intercalées dans les trachytes; mais, lorsque les uns et les autres se trouvent rapprochés, ce sont les basaltes qui recouvrent les trachytes. MM. Jobert et Croiset contredisent ce fait en annonçant qu'aux Monts-Dores les trachytes recouvrent quelquefois les basaltes, avec lesquels on les voit d'ailleurs souvent alterner; mais ils admettent néanmoins que la grande époque trachytique est antérieure à l'époque basaltique.

Les différentes observations que nous venons de rapporter, ne peuvent pas nous conduire à la détermination exacte de l'âge des dépôts trachytiques par rapport à ceux des grandes époques géognostiques; mais elles démontrent clairement leur peu d'ancienneté.

Je suis porté à croire que beaucoup de porphyres, surtout les porphyres noirs et les porphyres pyroxéniques, sont contemporains des trachytes.

Localités. D'après ce qui précède, on doit déjà penser que le terrain trachytique est très-répandu sur la surface de la terre; car nous avons cité des exemples pris dans des contrées fort éloignées les unes des autres.

En France toutes les montagnes de l'Auvergne offrent une grande quantité de plateaux et de dômes trachytiques : on en cite aussi quelques-uns sur les côtes de Bretagne. Les autres localités de l'Europe où il existe des trachytes, sont : la Hongrie, où ils ont été si bien étudiés par M. Beudant; les îles Éoliennes, celles de l'archipel grec, les monts Euganéens (Italie), les montagnes des Pays-Bas, l'Andalousie et l'Islande. Dans l'Asie on en a trouvé au Kamtschatka. Ces roches sont encore très-bien développées dans les Canaries et les Antilles. M. de Humboldt regarde le nouveau continent comme la région du globe la plus riche en trachytes : ils paraissent avoir pris un développement très-considérable dans la partie occidentale, tant au nord qu'au sud de l'équateur.

Origine. Werner considérait les trachytes comme des produits de la voie humide. Dolomieu, et avec lui les géognostes français, Spallanzani et les Italiens, etc., leur ont attribué une origine ignée. Cette dernière opinion a prévalu; elle est aujourd'hui généralement admise, même par les anciens élèves de l'école wernérienne.

Mais quel a été leur mode de formation? C'est une question qui n'est pas encore bien résolue. Desmarest ne voyait dans ces roches que des granites chauffés en place, et par là même altérés; Dolomieu les confondait avec les laves volcaniques; M. de Buch, qui a beaucoup étudié l'action des agens intérieurs et les modes de formation des différens groupes pyrogènes, pense que les trachytes sont des masses ignées que des forces expansives, très-puissantes, ont soulevées presque à l'état solide. MM. Jobert et Croiset les considèrent comme de véritables courans de matières fondues, chassés du sein de la terre, et qui se sont coagulés sur place à leur sortie. Ils citent à l'appui de leur opinion la forme des montagnes, qui présente la plus grande analogie avec celle des cônes à cratères les mieux conservés, des morceaux anguleux de lave, et des scories trouvées dans les trachytes avec des fragmens de granite, qui portent des traces évidentes de l'action du feu.

DEUXIÈME ÉPOQUE. TERRAIN BASALTIQUE.

§. 77. La roche principale du terrain basaltique est le *basanite* ou *basalte* avec cristaux de pyroxène, d'olivine et un peu d'amphibole, etc., accompagné de dolérite, de vakite, de leucostine (phonolite), d'amygdaloïde celluleuse, de spilite, d'argile avec grenats pyropes, et enfin de pépérines diverses, ou roches fragmentaires basaltiques, qui alternent quelquefois avec des roches très-modernes, et paraissent former un second étage.

a. M. Cordier regarde les basaltes comme une modification des trachytes : ce sont, dit-il, des roches dans lesquelles le pyroxène devient successivement plus abondant que le felspath; mais M. de Humboldt et beaucoup d'autres minéralogistes les considèrent comme plus intimement liés avec les laves des volcans qui ont coulé sous forme de courans : il existe souvent les plus grands rapports entre ces deux espèces de roches, tant pour la composition que pour le gisement.

Les basaltes ont leurs phonolites comme les trachytes, seulement ici les phonolites ne forment pas des couches subordonnées; mais elles sont superposées, et couronnent généralement les collines basaltiques. L'amphibole et le pyroxène se trouvent disséminés dans les trachytes et les basaltes; mais l'olivine caractérise les formations basaltiques, les laves anciennes de l'Europe et les laves très-modernes.

La structure prismatique est beaucoup plus commune dans les masses basaltiques que dans les masses trachytiques. Les prismes ont depuis trois jusqu'à sept pans; ils sont placés parallèlement à côté les uns des autres, et forment des systèmes dont l'inclinaison varie avec les localités. Quelquefois la même masse présente plusieurs systèmes de prismes (grotte de Fingal), qui font entre eux d'assez grands angles: dans le Vivarais j'en ai remarqué deux presque perpendiculaires. Les prismes basaltiques sont souvent extrêmement longs, mais jamais très-gros: leur diamètre ne dépasse pas $0^{m},4$. Ils sont presque toujours coupés par des fissures qui divisent chacun en plusieurs morceaux. Quand ces prismes se trouvent placés verticalement, ils offrent l'aspect d'une immense colonnade.

La structure globulaire se montre aussi très-fréquemment dans les groupes basaltiques. Les globules sont quelquefois énormes, et assez souvent composés de couches concentriques; ils se décomposent très-facilement par l'influence des agens atmosphériques. Dans les masses qui ne présentent aucune des deux structures que nous venons d'examiner, on observe souvent de grandes fissures horizontales, qui donnent même des espèces de couches ou tables; mais ces couches ne se continuent pas dans toute la masse, et jamais les basaltes n'ont présenté de stratification. Il existe dans toutes les formations de cette époque des masses compactes, sans aucune structure déterminée, et qui ressemblent beaucoup aux laves des volcans actuels : ce sont quelquefois de véritables coulées, présentant encore les caractères principaux que l'on observe dans celles produites par les volcans actifs.

Les basaltes, comme les trachytes, enveloppent souvent des fragmens de granite, de gneiss et de syénite, au milieu desquels le felspath, le mica et l'amphibole ont été fondus : ils passent aussi à des roches celluleuses et amygdaloïdes; ils sont presque toujours accompagnés de scories; enfin, tout annonce leur origine volcanique.

La *dolérite*, qui accompagne le basalte, paraît composée des mêmes élémens que lui, pyroxène et felspath, mais en cristaux distincts. Elle est moins abondante que le basalte, et occupe principalement la partie supérieure des groupes.

La *vakite*. Cette espèce semble former le passage entre les roches ignées et les roches de sédiment. Elle prend un si grand développement dans quelques localités, qu'on pourrait la considérer comme roche principale; mais ordinairement la vakite et la vacke forment des masses subordonnées aux basaltes.

Les *spilites* se montrent en couches subordonnées dans la partie inférieure des groupes basaltiques; mais quelquefois elles prennent un tel développement, qu'on pourrait les considérer comme des roches indépendantes.

Nous avons déjà dit que les *leucostines* (phonolites) sont superposées aux basaltes.

En Allemagne et dans les Cordillères on a observé des couches d'une marne argileuse, jaunâtre, qui alternent plusieurs fois avec de véritables basaltes. M. de Humboldt cite dans celle des Cordillères des grenats pyropes et des cristaux d'augite.

Minéraux. La fréquence plus ou moins grande de certaines substances cristallisées, disséminées dans les basaltes et leurs roches subordonnées, varie dans les différentes localités des deux continens : l'olivine, si commune dans ceux de France, d'Allemagne et d'Italie, est très-rare dans l'ouest de l'Écosse et le nord de l'Irlande; l'amphibole, en grands cristaux, abonde en Saxe, en Bohème et en Hongrie, tandis qu'elle manque le plus souvent en Auvergne et dans les Canaries; le felspath vitreux et l'olivine se trouvent presque toujours associés dans le terrain basaltique du Mexique et dans celui de la Nouvelle-Grenade; le pyroxène en cristaux existe dans tous les basaltes : quelquefois on voit réunis dans la même roche des cristaux d'olivine, de felspath vitreux, d'amphibole et de pyroxène. Enfin, on cite encore dans l'intérieur des basaltes, des corindons, des hyalites, des lames de mica brun-rougeâtre, des cristaux de fer oxidulé, de fer oligiste, de fer titané, et de fer pyriteux.

Outre ces minéraux, dont la formation est contemporaine de celle de la roche, les masses basaltiques en contiennent encore d'autres, qui se sont déposés dans leurs cavités après la consolidation. Selon M. Brongniart, ces minéraux, formés par exsudation, infiltration ou sublimation, sont les suivans : *mica*, *quarz*, *sel marin*, *arragonite*, *stilbite*, *soufre*, *sélénium*, *arsenic sulfuré* et *calcaire spathique*.

b. Au-dessus des basaltes compactes et prismatiques viennent les *pépérines* et les *brecciolles trappéennes*, *tufs basaltiques* de M. Beudant, qui forment un second étage dans le terrain (pl. VI, fig 6). Ces roches sont des débris décomposés, remaniés par les eaux et déposés en couches horizontales. Celles-ci alternent dans plusieurs localités avec les véritables basaltes, et comme elles renferment souvent des restes organiques, elles établissent d'une manière précise l'époque géognostique pendant laquelle s'est formé le groupe trappéen dont elles font partie.

Ces roches d'agrégation sont infiniment moins nombreuses que les basaltes; elles constituent des masses particulières, des collines et des buttes, qui sont quelquefois très-éloignées des plateaux basaltiques. Leur couleur est grisâtre ou jaune de rouille, leur consistance est très-variable; elles sont composées de fragmens de toutes espèces, et surtout d'une grande quantité de scories, quelquefois réunies par un ciment calcaire plus ou moins abondant (Hongrie), et d'où il résulte de véritables brèches. Quand ces fragmens sont pisaires, la roche devient une *brecciole trappéenne*. M. Brongniart rapporte aux tufs basaltiques les marnes argileuses qui alternent avec les basaltes.

Minéraux. On trouve disséminés dans cet étage : des fragmens plus ou moins arrondis de calcaire magnésien, de grauwacke schisteuse, de phyllade, etc.; des grains d'olivine quelquefois altérés, et une grande quantité de grains de fer oxidulé, que l'on retire au moyen du lavage par les eaux.

M. Beudant a remarqué dans les tufs basaltiques de la Hongrie des filons d'arragonite de deux pouces d'épaisseur; et, suivant lui, tous ces tufs paraissent être consolidés par un ciment calcaire, arragonite crayeuse, lequel, entraîné par les eaux, aurait formé les filons dans les fissures des masses.

Restes organiques. Les basaltes, ayant pénétré à travers les couches tertiaires les plus modernes, alternent souvent avec des masses coquillières et des bancs de lignite. Jusqu'à ces derniers temps (1829) on n'avait point encore trouvé de restes organiques renfermés dans de véritables basaltes; mais M. Bertrand de Doue vient d'annoncer (Mémoire sur les ossemens fossiles de Saint-Privat d'Allier, etc.; Le Puy, 1829) que l'on a découvert près de Saint-Privat d'Allier, dans une mince couche de scories, renfermée entre deux masses basaltiques, des ossemens de *rhinocéros*, d'*hyène* et de *cerf*.

Les tufs basaltiques sont souvent pétris de coquilles, et présentent aussi des os de grands animaux: ceux du Vicentin renferment les coquilles du terrain tertiaire, et à Viterbe on a trouvé des ossemens d'éléphans.

Formes du sol. A la surface du sol le terrain basaltique est toujours très-morcelé; il présente des montagnes coniques isolées, et des plateaux plus ou moins étendus, à escarpemens verticaux, placés au sommet des collines (pl. VI, fig. 6, 7 et 8), qui se correspondent souvent très-bien, et paraissent être les restes d'une immense nappe qui aurait été coupée par morceaux après son dépôt. On observe aussi des coulées bien caractérisées, qui occupent le fond des vallées, où elles reposent sur des cailloux roulés (Auvergne, Vivarais). En rétablissant par la pensée les portions détruites, on peut suivre ces courans jusqu'à la montagne d'où ils sont sortis: on en voit souvent plusieurs converger vers le même sommet; mais celui-ci ne conserve plus aucune trace de la bouche qui les a vomis. Enfin, les différentes roches ignées du terrain basaltique se présentent en filons puissans (dikes) dans tous les termes de la série géognostique. Ces filons, qui se prolongent quelquefois à des distances considérables, offrent des faits curieux dont je cite les principaux:

Les filons basaltiques agissent de deux manières sur les roches qu'ils traversent: ils les bouleversent et changent leur état d'agrégation; mais il arrive aussi très-souvent qu'ils n'occasionnent absolument aucune espèce de changement. A Newcastle il existe une différence de niveau de 180 mètres entre les deux parties d'une même masse de houille ainsi traversée, tandis que dans l'Ardèche M. Brongniart a observé un filon basaltique très-régulier, qui pénètre des strates calcaires sans leur avoir fait éprouver le moindre dérangement; il n'a pas non plus changé l'état d'agrégation du calcaire. Souvent la nature des pierres est sensiblement altérée dans les parties en contact avec le basalte : les roches compactes deviennent cristallines et translucides; la dureté augmente, ainsi que la pesanteur spécifique. Les exemples de ces différentes altérations sont nombreux; mais on cite peut-être autant de cas dans lesquels les courans pyrogènes n'ont produit absolument aucune espèce de changement.

Emploi dans les arts. Le terrain basaltique fournit d'excellentes pierres de construction; les tufs friables sont des pouzzolanes, que l'on emploie pour la confection des mortiers hydrauliques. Nous avons déjà dit plus haut que le fer oxidulé, renfermé dans les tufs, était exploité par le lavage.

Age relatif. Il est bien vrai que les basaltes existent en filons dans toute la série géognostique; mais les observations de M. Bertrand de Douc, citées plus haut, démontrent que l'apparition de ces roches à la surface de la terre est contemporaine de l'époque diluvienne. Quoique les trachytes et les basaltes se trouvent rarement réunis, et que les deux terrains paraissent être entièrement indépendans l'un de l'autre, on connaît cependant des localités (Auvergne, Hongrie, etc.) où ils se montrent ensemble; et quand ils viennent à être en contact, ce sont toujours les basaltes qui recouvrent les trachytes : en Hongrie M. Beudant les a même vus superposés aux conglomérats trachytiques (pl. VI, fig. 7), et la postériorité de la seconde époque volcanique à la première est maintenant admise par tous les géognostes. Ainsi donc, si, comme quelques observations tendent à le prouver, la première correspond aux derniers temps de la période tertiaire, la seconde serait contemporaine de l'existence des grands animaux antédiluviens; ce qui est parfaitement d'accord avec plusieurs faits récemment observés en Auvergne et sur d'autres points.

Origine. On admet généralement que les basaltes sont sortis du sein de la terre sous forme de courans, à la manière des laves que produisent encore aujourd'hui nos volcans. Les fragmens de granite, de gneiss, etc., que l'on trouve dans l'intérieur de ces roches, étant très-sensiblement altérés par l'action du feu, démontrent leur fusion ignée. Les scories qui les accompagnent, le passage insensible de la texture compacte à la texture celluleuse, etc., sont des caractères qui appartiennent aux laves modernes. Enfin, comme nous l'avons dit plus haut, les masses basaltiques sont quelquefois les restes d'anciennes coulées que l'on peut suivre jusqu'à leur origine.

Localités. Le terrain basaltique est très-répandu sur la surface de la terre, où il se présente ordinairement par lambeaux. Les contrées les plus riches en basaltes sont : en France, l'Auvergne et le Vivarais, deux localités classiques ; en Allemagne, la Bohême et la Hesse; et en Hongrie, les environs de Schemnitz; les bords du Bosphore, les îles de l'archipel grec, l'Italie, les îles Canaries, l'Irlande et l'Islande offrent aussi beaucoup de groupes basaltiques. Celui de la côte septentrionale de l'Irlande est remarquable par la fameuse chaussée des Géans, dont il existe plusieurs gravures : c'est une jetée naturelle, formée par des prismes basaltiques, en contact presque parfait les uns avec les autres, dont les têtes présentent l'aspect d'un carrelage en pierres polygonales, et qui s'avance assez loin dans la mer. Le sol des îles Hébrides est entièrement basaltique : l'une d'elles, Staffa, présente sur le bord de la mer la célèbre grotte de Fingal ; les parois de cette grotte sont formées par des prismes verticaux très-réguliers, et la voûte offre un assemblage d'autres prismes, plus petits que les premiers, qui prennent toutes sortes de directions.

D'après M. de Humboldt, les formations basaltiques sont assez communes au Pérou ; mais elles sont rares au Chimborazo, au Cotopaxi, au Pichincha, etc., et en général sur tous les points où les trachytes prennent un grand développement. La même chose a été observée en Hongrie par M. Beudant : c'est ce qui a fait dire à ces deux savans que les formations basaltiques et trachytiques semblent se repousser mutuellement. Enfin, on cite encore des basaltes en Asie et dans les terres polaires.

Les échantillons des différentes roches qui entrent dans la composition des groupes, rapportés de toutes les contrées que nous venons de faire connaître, ont présenté une identité vraiment extraordinaire. Le terrain basaltique est donc le même sur toute la surface du globe.

TROISIÈME ÉPOQUE. VOLCANS ÉTEINTS.

§. 78. Des roches évidemment sorties du sein de la terre sous forme de courans, présentent la plus grande analogie avec les basaltes, tant sous le rapport de la composition minéralogique, que sous celui du gisement. Dans l'Auvergne et le Vivarais on les observe à la même place, presque mêlées les unes avec les autres, et bien souvent il est impossible de les distinguer.

Presque partout où ces roches existent, on trouve à une certaine distance les *cratères* ou les bouches qui les ont vomies; les montagnes qui renferment ces cratères sont coniques, et ressemblent tout-à-fait à celles formées par les volcans actuels. C'est l'ensemble de tous ces caractères qui les a fait reconnaître pour des volcans, qui, après avoir agi pendant un certain temps et bouleversé le pays environnant, se sont assoupis, et de mémoire d'homme n'ont fourni aucune éruption.

Ici les courans de lave (téphrine) sont parfaitement caractérisés : la matière qui les constitue est noire, fuligineuse, en partie scorifiée et en partie compacte; la masse n'est jamais stratifiée ni ne présente aucune structure déterminable : on y remarque de nombreuses cavités, qui sont très-souvent tapissées de cristaux.

Ces courans semblent être sortis tout récemment du cratère; ils s'étendent en divergeant dans les vallées et sur le sol plat, dont ils suivent toutes les sinuosités, à des distances quelquefois très-considérables; ils sont accompagnés de beaucoup de scories et de pouzzolanes identiques avec celles de volcans actifs, et jamais on ne les voit morcelés comme les coulées basaltiques. On remarque au milieu des laves anciennes certaines roches pétro-siliceuses (leucostines) ressemblant un peu aux trachytes, et qui n'appartiennent peut-être pas à la même suite d'éruptions que les téphrines.

Minéraux. Toutes les laves, comme nous l'avons dit §. 77, contiennent toujours de l'olivine, ce qui les rapproche des basaltes; et les autres cristaux disséminés diffèrent à peine de ceux de ces roches, ce sont : du pyroxène, de l'amphibole, de l'amphigène, du felspath, du fer oligiste spéculaire, etc. Les minéraux qui ont pénétré dans les cavités par exsudation, infiltration ou sublimation, sont les mêmes que ceux des basaltes.

Restes organiques. En Auvergne les tufs ponceux de cette époque alternent avec des bancs de galets et des sables remplis de restes d'animaux antédiluviens[1]; quelquefois même de véritables laves reposent sur les sables à ossemens. Mais je ne sache pas que l'on ait encore cité des restes organiques dans l'intérieur même des coulées. Celles-ci recouvrent sur plusieurs points les basaltes anciens, ce qui démontre complétement la postériorité de la troisième époque à la seconde.

Les faits que nous venons de rapporter prouvent

---

1 Voyez l'ouvrage de MM. Jobert et Croizet, publié en 1828.

que les anciens volcans de l'Auvergne ont fait éruption pendant la seconde époque géognostique; mais on connaît des volcans éteints appartenant à l'époque actuelle : dans l'archipel grec les îles de Milo et de Santorin renferment des montagnes qui ont fait éruption dans les temps historiques; mais qui sont éteintes depuis près de trois mille ans.

Formes du sol. Les volcans éteints présentent des montagnes de forme conique, entassées les unes sur les autres, et composées de laves, de scories et de pierres volcaniques. Rarement les cratères sont entièrement détruits; il en reste presque toujours des traces, et quelquefois même ils sont aussi bien conservés que ceux des volcans actifs (Auvergne). On voit partir de quelques-uns d'immenses coulées, qui s'étendent en divergeant dans le fond des vallées et sur le sol plat.

Nous ne pousserons pas plus loin l'examen des phénomènes que présente la troisième époque volcanique; ils sont absolument les mêmes que ceux de la quatrième, que nous pouvons infiniment mieux observer, puisqu'ils se passent journellement sous nos yeux.

Emploi dans les arts. Les laves volcaniques fournissent d'excellentes pierres de construction; M. de Chabrol fait maintenant employer celles de l'Auvergne pour les trottoirs de Paris. Les pouzzolanes sont très-recherchées, parce qu'elles donnent avec les chaux grasses de très-bons mortiers hydrauliques.

Localités. Il existe un grand nombre de volcans éteints sur soute la surface du globe. On remarque qu'ils sont plus particulièrement situés dans l'intérieur des terres que sur les côtes. En général, ils ne se présentent point isolés comme les volcans actifs, mais réunis par groupes : en Auvergne et dans l'Amérique ils se trouvent placés, à la suite les uns des autres, sur un même alignement.

Les pays anciennement volcanisés les plus célèbres sont : en France, l'Auvergne, le Vivarais et quelques parties de la Provence : dans les Bay-Bas, le Mont-Tonnerre ; et en Espagne, les environs d'Olot (Catalogne). D'après les observations récentes de M. Debilly, les volcans de la Catalogne offrent la plus grande analogie avec ceux de l'Auvergne.

Les Canaries, l'Islande, l'archipel de la Méditerranée, celui de la mer du Sud, les îles Bourbon et de Madagascar, enfin l'Amérique, présentent beaucoup de volcans éteints.

QUATRIÈME ÉPOQUE. VOLCANS ACTIFS.

§. 79. Nous avons commencé l'étude de la constitution physique du globe par les effets des causes encore actuellement agissantes, et, en suivant la liaison intime qui existe entre ses diverses parties constituantes, nous nous sommes éloignés à une distance immense dans l'ordre chronologique. Mais, en continuant, nous avons été naturellement ramenés à notre point de départ. Les phénomènes qui nous restent à décrire, se lient intimement à ceux qui font l'objet du paragraphe précédent, et se passent encore journellement sous nos yeux à la surface de la terre. Ils dépendent tous, plus ou moins directement, de ce grand phénomène général que l'on désigne par le nom de *volcan*. Celui-ci, le plus curieux de la géognosie, mérite une attention particulière; car, bien compris, il pourra jeter un grand jour sur l'origine des masses minérales et les divers bouleversemens qu'elles ont éprouvés depuis leur dépôt.

Je n'ai point étudié par moi-même les phénomènes volcaniques; tout ce qui va suivre est extrait des ouvrages de MM. d'Aubuisson, Brongniart, de Humboldt et Cordier.

Un *volcan* est une ouverture dans l'écorce du globe, superficielle ou sous-marine, qui émet par intervalle ou continuellement, avec bruit, mouvement, chaleur et vapeurs, des matières altérées par le feu, et souvent même dans un état de fusion complète.

Les volcans connus sont presque tous situés sur le sommet de montagnes isolées. Ces sommets ont une ouverture infundibuliforme, qui porte le nom de *cratère*, et par où se font les éruptions.

Le cratère de chaque volcan ne rejette pas continuellement des matières embrasées; la même montagne peut rester des siècles entiers dans l'inaction. Le Vésuve, éteint depuis un temps immémorial, se ralluma tout à coup sous le règne de Titus, pour ensevelir les villes de Pompéia et d'Herculanum. Les éruptions cessèrent entièrement vers la fin du quinzième siècle, et lors de celle qui arriva en 1630, la montagne était cultivée et couverte d'habitations.

Les habitans de Catane vivaient dans la plus grande sécurité, malgré tout ce que l'on disait des éruptions de l'Etna, lorsque cette montagne vomit avec un fracas épouvantable des torrens de matières fondues, qui ravagèrent la ville et la campagne.

Éruptions. Chaque crise volcanique est toujours précédée de phénomènes qui en sont les symptômes certains, ce sont : des bruits souterrains, dont l'intensité augmente progressivement; le tarissement des sources voisines, l'apparition ou l'augmentation de la fumée au-dessus du cratère, l'agitation de la mer, l'inquiétude que manifestent tous les animaux, et enfin, la sortie des reptiles qui habitent sous terre.

A mesure que le moment de la crise approche, le bruit augmente, la terre tremble, la fumée redouble, s'épaissit et se mêle de cendres. Si l'air est agité, elle se disperse de tous les côtés, et forme d'épais nuages qui couvrent de ténèbres le pays voisin; mais quand l'atmosphère est calme, elle forme une immense colonne, qui s'élève à une grande hauteur et se termine en s'épanouissant. Des jets de matières embrasées, semblables à des fusées d'artifice, traversent dans tous les sens ces colonnes et ces nuages; ils sortent du volcan avec une explosion très-forte, s'épanouissent dans l'air, et retombent souvent à de grandes distances sous forme de pluie de cendres et d'une grêle de pierres mêlées de scories.

Sortie de la lave. Les secousses et les tremblemens augmentent en continuant; dans ces convulsions la matière fondue est soulevée, elle monte dans le cratère, le remplit, déborde, et se répand sur les flancs du volcan, le long desquels on la voit descendre avec une vitesse proportionnelle à leur inclinaison et à la fluidité de sa masse. Il arrive souvent, et surtout dans les grands volcans, que les flancs crèvent par l'effet de la pression; alors la lave jaillit à travers des ouvertures avec une vitesse considérable. Des torrens de feu gagnent le pied de la montagne, et, en se répandant sur le sol voisin, entraînent et brûlent tout ce qui se trouve sur leur passage. Au milieu de tout cela d'énormes courans d'eau et de boue sortent des volcans; les neiges fondues et les pluies de l'atmosphère viennent encore augmenter le ravage; des gaz méphitiques s'accumulent dans les lieux bas, et font périr les animaux et les végétaux; en un mot, les environs d'un volcan en éruption présentent le plus horrible spectacle que l'on puisse imaginer.

Immédiatement après l'émission de la lave, les secousses cessent, les explosions et les déjections diminuent, le volcan paraît vouloir s'assoupir, et il jouit même de quelques instans de repos; mais bientôt à ce calme trompeur succède un nouvel accès, plus terrible que le premier, et dans lequel on voit reparaître les mêmes phénomènes. Enfin, au bout d'un temps plus ou moins long, la tranquillité se rétablit entièrement; quelques années après, la végétation et la culture ont repris leur activité, et il ne reste plus d'autres traces du désordre que les courans de lave, qui s'étendent souvent à des distances considérables.

Produits des éruptions.

Fumée. La fumée qui sort du cratère est en grande partie composée de vapeurs aqueuses, chargées de gaz hydrogène et d'acide carbonique. Elles sont quelquefois très-acides, et on y trouve alors de l'acide sulfureux ; mais au Vésuve c'est presque toujours de l'acide hydrochlorique. La fumée noire fuligineuse répand souvent une odeur asphaltique.

Cendres. Les cendres volcaniques paraissent être la matière des laves dans un état de division extrême ; ces cendres sont pulvérulentes, grises et très-fines ; elles font pâte avec l'eau. Les torrens de gaz et de vapeurs les portent dans l'atmosphère, où elles forment d'épais nuages, qui obscurcissent quelquefois le soleil : dans l'éruption du Vésuve, en 1794, on ne pouvait pas, à quatre lieues de distance, marcher en plein jour sans avoir un flambeau à la main. Les cendres sont souvent transportées par les vents à des distances vraiment extraordinaires : en 472, suivant Procope, celles du Vésuve allèrent jusqu'à Constantinople, à deux cent cinquante lieues ; plusieurs voyageurs assurent que celles des volcans de l'Asie et de l'Amérique sont souvent portées à plus de cent lieues. Dans les pays où tombent ces cendres, elles forment des couches terreuses, souvent très-épaisses, et qui, pénétrées par les eaux, produisent des tufs volcaniques, analogues à ceux que nous avons déjà étudiés.

Sables. En examinant à la loupe les sables volcaniques, on reconnaît qu'ils sont composés de petits fragmens scorifiés, mêlés de cristaux de pyroxène et de felspath : ils résultent de la matière même des laves, qui, lancée au milieu de l'atmosphère dans un état de division extrême, s'est coagulée en retombant : tous les volcans en rejettent une immense quantité. Dolomieu dit que les sables forment la majeure partie des déjections de l'Etna.

Scories. Les scories des volcans ressemblent tout-à-fait à celles de nos fourneaux de forge : ce sont des portions de la matière fondue projetées par les gaz qui les boursouflent en les traversant, et leur donnent ainsi l'aspect qui les caractérise; quelquefois, dans le cratère, la lave étant figée à la surface, les gaz rompent la croûte et en lancent des fragmens dans l'atmosphère. On remarque souvent dans les scories des cristaux de pyroxène et de felspath.

Bombes. Des portions de la matière fondue lancées dans l'air prennent en se figeant l'aspect de gouttes et de sphéroïdes alongés, que l'on nomme *bombes volcaniques*. M. d'Aubuisson en a trouvé beaucoup dans les anciens volcans de l'Auvergne.

Pierres lancées. Quelquefois, dans les éruptions, des pierres qui ne portent aucun indice de fusion sont projetées assez loin. Ces pierres ont été probablement arrachées des parois intérieures du cratère par la force d'ascension. Autour du Vésuve on voit une grande quantité de fragmens de calcaire grenu et de roches micacées, rejetés ainsi par le volcan.

Force de projection. On pourrait croire, d'après les phénomènes que présentent les éruptions, que la force de projection est immense; cependant M. d'Aubuisson, qui a fait des calculs pour la déterminer, dit que la vîtesse des masses lancées est moindre que celle d'un boulet de canon, qui parcourt quatre à cinq cents mètres par seconde. Les plus grands effets du Vésuve sont de grosses pierres lancées, dit-on, à douze cents mètres au-dessus du cratère; hauteur égale à celle de la montagne. Le Cotopaxi a porté à trois lieues une pierre d'environ cent mètres cubes.

Lave dans le cratère. On conçoit qu'au moment de l'éruption il est impossible d'examiner la lave dans le cratère; après, elle redescend assez vite: ainsi les observations sur cette matière sont très-rares et très-précieuses. Nous allons rapporter le petit nombre qu'on en possède.

En 1753, on vit dans le bas du cratère vésuvien une matière fondue, qui bouillonnait continuellement avec violence. De moment en moment de gros jets s'élançaient à trente ou quarante pieds de hauteur, et s'épanouissaient en retombant.

En 1788, Spallanzani entra dans le cratère de l'Etna, qui était tranquille; dans le bas il aperçut une ouverture de trente pieds, d'où il sortait des colonnes de fumée, et, au fond de cette ouverture, la lave fondue, qui bouillait légèrement. Elle montait et descendait; les pierres qu'il y jetait frappaient comme si elles étaient tombées sur de la pâte.

Le même observateur vit sur le Stromboli la lave

remplissant le cratère : elle avait l'aspect du bronze fondu; elle s'abaissait et s'élevait par oscillations, dont les plus grandes n'excédaient pas 7 mètres. Lorsqu'elle montait à 10 mètres des bords supérieurs du cratère, on voyait la surface se tuméfier, et il s'y formait de grosses bulles qui détonaient fortement en éclatant : alors des portions de lave s'élançaient avec une vîtesse extrême en jetant beaucoup de fumée et d'étincelles; aussitôt après la lave baissait, puis remontait; il se faisait une nouvelle détonation, etc. La lave descendait en silence, mais en remontant elle faisait entendre un bruissement semblable à celui d'un liquide qui s'extravase par une ouverture. Ceci prouve que l'explosion et l'élévation sont l'effet de la production et du dégagement des fluides élastiques.

Sortie et marche des laves. Rarement dans les grands volcans la force de projection est assez intense pour élever la lave jusqu'au-dessus du cratère, ou plutôt, la solidité des flancs n'est pas assez considérable pour leur permettre de résister à l'énorme pression qu'ils éprouvent; ils crèvent, et la lave sort avec une rapidité extraordinaire. Alors la surface est nette, incandescente et semblable à celle d'un métal fondu. Le pic de Ténériffe et les grands volcans d'Amérique n'ont peut-être jamais versé de laves par leur cratère; sur dix éruptions de l'Etna, neuf se font par les flancs. Mais au Vésuve et dans les autres volcans plus petits, les laves débordent par-dessus le cratère, et, couvertes de scories qui nagent à la surface, coulent avec assez de lenteur.

Dans leur descente le long des flancs de la montagne, les courans se creusent un lit en entraînant une partie des scories qui se trouvent sur leur passage. Au pied la vitesse diminue; ils s'étendent en largeur et se divisent en branches, dont chacune est déterminée par la nature du sol.

Suivant les observations de Dolomieu, le mouvement de la lave se fait de deux manières : tantôt elle se roule sur elle-même, tantôt elle coule, comme sous un pont, sous une surface déjà figée. Si alors la source vient à tarir, et que la lave continue à descendre, on aura une longue galerie creuse; mais le plus souvent la matière augmente : alors la voûte crève et le courant emporte les débris. Quelquefois il chemine tranquillement en conservant une surface unie, qui fume et lance de temps à autre des jets de flamme; mais ordinairement il bouillonne en s'avançant, et lance des jets de tous côtés, la surface se tuméfie, et il s'y forme de petits tourbillons qui produisent des dépressions en entonnoir : si elle vient à se figer dans cet état, elle est raboteuse; mais l'intérieur, étant soumis à une plus forte pression, éprouve beaucoup moins d'agitation, et la masse est plus homogène.

Vitesse. La vitesse des courans de lave présente les plus grandes variations, et cela se conçoit parfaitement; car son intensité dépend de l'inclinaison de la surface du sol, de la quantité et de la viscosité de la matière.

Au Vésuve, M. de la Torre a vu les courans parcourir 800 mètres dans une heure; Hamilton, en

1776, en a vu un parcourir 1800 mètres dans le même temps; en 1805, M. de Buch en observa un qui parcourut 7000 mètres en trois heures; il se dirigeait en ligne droite vers la mer. Il observe, à ce sujet, que l'histoire du Vésuve offre à peine un exemple d'une pareille rapidité. En général, les laves marchent lentement: dans les plaines les courans emploient des jours entiers pour s'avancer de quelques mètres; ceux de l'Etna, qui coulent sur un sol incliné, passent pour aller vite quand ils parcourent 400 mètres par heure. Dolomieu en cite un qui mit deux ans pour faire 3800 mètres.

Viscosité. Ce peu de vitesse est dû à la viscosité de la matière fondue; cependant, quelquefois en sortant sa fluidité ressemble à celle d'une eau jaillissant à travers une petite ouverture; mais cette fluidité se perd bientôt, et la matière devient d'une viscosité et d'une ténacité extraordinaires : Spallanzani y lança des pierres, qui ne produisirent presque aucune impression; Hamilton enfonça avec beaucoup de peine un bâton dans la lave de 1765; il a même traversé un courant de vingt pas de large, et qui coulait encore : mais il faut observer ici que les courans sont toujours recouverts d'une croûte plus ou moins épaisse.

Chaleur. La chaleur se conserve pendant des années dans l'intérieur des coulées : on en a vu qui coulaient encore dix ans après leur sortie du cratère. A l'Etna des laves fumaient encore vingt-six ans après l'éruption. Sur cette même montagne Spallanzani aperçut, à travers les gerçures d'une lave qui ne coulait plus depuis onze ans, qu'elle était encore rouge, et un bâton qu'il y enfonça prit feu.

Quoique les laves conservent pendant si longtemps leur chaleur, celle qu'elles répandent autour d'elles est très-peu considérable, ce qui a fait penser à plusieurs observateurs qu'elles devaient leur fluidité à un autre principe que le calorique. Dolomieu l'attribuait en grande partie au soufre; mais c'est la croûte superficielle, comme nous l'avons déjà remarqué, qui empêche la chaleur rayonnante: car au sortir du cratère la surface nette et incandescente répand une chaleur si considérable, que l'on ne peut pas en approcher; et quand on enlève une partie de la croûte, la chaleur se fait fortement sentir; enfin, on a vu dans les laves des silex fondus ou vitrifiés à la superficie, et on en a retiré des morceaux de fer malléable qui avaient triplé de volume, et dont l'intérieur était cristallisé en octaèdres.

L'homogénéité des laves et leur cristallisation sont des preuves certaines de la parfaite fusion des substances qui les composent. La matière des laves modernes est à peu près la même sur toute la surface de la terre : M. Brongniart la rapporte à l'espèce *téphrine;* mais il distingue plusieurs variétés; *téphrine felspathique*, Etna, Pouzzole, etc.; *téphrine pyroxénique*, Etna, Vésuve, etc.; *téphrine scoriacée*, la plupart des laves scoriacées ou scories volcaniques, etc. Ces roches contiennent une grande quantité d'espèces minérales en cristaux disséminés; je cite les principales :

Soufre, galène, cuivre pyriteux, cuivre sulfaté, et cuivre muriaté, fer oligiste, fer oxidulé, manganèse, zircon, péridot (olivine), fluor, arragonite, dolomie, amphibole, pyroxène, épidote, grenats, tourmaline, alun, felspath, mica, soude sulfatée et muriatée, potasse muriatée, etc.

La grandeur des courans de lave, considérée dans le même volcan, présente les plus grandes variations. Mais d'un volcan à l'autre, elle paraît être proportionnelle aux dimensions du volcan. Suivant Hamilton, le plus grand courant sorti du Vésuve avait 14000 mètres de longueur; celui de 1794 en avait 4200 sur une largeur variant de 100 à 400 mètres, et une épaisseur de 8 ou 10; celui de 1805 avait 8000 mètres de long. Le courant sorti de l'Etna en 1787 avait un volume quatre fois plus considérable que celui du Vésuve de 1794, et Dolomieu dit que sa longueur était de dix lieues. Mais le courant le plus considérable que l'on connaisse, est celui qui couvrit l'Islande en 1783; il occupait un espace de vingt lieues de long sur quatre de large.

Les courans de lave, en s'entassant les uns sur les autres autour des cratères, et s'y entremêlant avec les produits des déjections, forment des montagnes plus ou moins alongées, qui divergent toutes du volcan comme centre.

Éruptions aqueuses et boueuses.

On a souvent vu les bouches volcaniques vomir des torrens d'eau mêlée de beaucoup de matières fangeuses. Plusieurs observateurs doutent que ces torrens sortent réellement du cratère : Breislak remarque que la plupart d'entre eux, et en particulier ceux qu'on dit être sortis de l'Etna et du Vésuve, ne sont dus qu'aux grandes averses qui accompagnent souvent les crises volcaniques, et dont les eaux, se mêlant avec les cendres et les sables, forment des courans plus ou moins chargés de matières terreuses, qui coulent le long des flancs de la montagne et se répandent à son pied. Les volcans de l'Islande et de l'Amérique, dont la cime s'élève au-dessus de la région des neiges perpétuelles, répandent souvent autour d'eux des torrens qui inondent le pays. Mais presque toujours c'est le produit des neiges fondues par la chaleur.

Cependant il existe quelques récits assez positifs de pareils torrens sortis des bouches volcaniques : les magistrats des environs de l'Etna, dans un procès-verbal qu'ils dressèrent de l'éruption de 1751, disent qu'il sortit du cratère un grand courant d'eau brûlante et salée, qui coula pendant sept minutes; Dolomieu et Hamilton observèrent sur les flancs de la même montagne les traces d'un énorme courant d'eau chaude qui sortit du grand cratère; Spallanzani pense qu'une partie des tufs de l'Italie méridionale doivent leur origine à des éruptions boueuses.

« Les inondations qui accompagnent toujours « les éruptions du Cotopaxi, de Tunguragua et « d'autres volcans enflammés des Andes, dit M. de « Humboldt, ne sont pas dues, comme au Vésuve, « aux torrens d'eaux pluviales que répandent les « nuages qui se forment pendant l'éruption; elles « sont principalement le résultat de la fonte des « neiges et des lentes infiltrations qui ont lieu sur « la pente des volcans, dont la hauteur dépasse « 2460 toises (celle de la limite des neiges perpé- « tuelles). Les secousses des violens tremblemens « de terre qui ne sont pas toujours suivies d'érup- « tions de flammes, ouvrent les cavernes remplies « d'eau, et ces eaux entraînent des trachytes broyés, « des argiles, des ponces et d'autres matières inco- « hérentes. C'est là peut-être ce que l'on pourrait « appeler des *éruptions boueuses*, si cette dénomi- « nation ne rapprochait pas trop un phénomène « d'inondation des phénomènes essentiellement « volcaniques. Lorsque, le 10 Juin 1698, le pic « du Carguairazo s'affaissa, plus de quatre lieues « carrées d'alentour furent couvertes de *boues ar- « gileuses* que, dans le pays, on appelle *lodozales*. « De petits poissons, connus sous le nom de *pren- « nadillas* (*pimelodes cyclopum*), et dont l'espèce « habite les ruisseaux de la province de Quito, se « trouvaient enveloppés dans les déjections liqui- « des du Carguairazo. Ce sont là les poissons que « l'on dit lancés par les volcans, parce qu'ils vivent

« par milliers dans les lacs souterrains, et parce « que, au moment des grandes éruptions, ils sor- « tent par des crevasses, entraînés par l'impulsion « de l'eau boueuse qui descend sur la pente des « montagnes. Le volcan presque éteint d'Imba- « buru, a vomi, en 1691, une si grande quantité « de prennadillas, que les fièvres putrides qui ré- « gnaient à cette époque, furent attribuées aux « miasmes qu'exhalaient ces poissons. »

Volcans dans l'état de calme.

Nous venons de faire connaître les principaux phénomènes que présentent les volcans pendant les éruptions; nous allons maintenant exposer ceux qu'ils présentent durant l'intervalle que deux éruptions consécutives laissent entre elles.

Nous avons déjà dit que les crises volcaniques ne sont que passagères, et que l'on a souvent des années et même des siècles de repos. M. de Humboldt a observé que la fréquence des éruptions est en raison inverse de la grandeur des volcans : le plus petit de tous ceux connus, le Stromboli, lance continuellement des matières embrasées; depuis 1701 on compte vingt-trois éruptions du Vésuve. Celles de l'Etna sont bien plus rares; celles du pic de Ténériffe le sont plus encore, et les cimes colossales du Cotopaxi et du Tunguragua fournissent à peine une éruption dans un siècle.

Quand aux momens de la tourmente succède un calme parfait, on voit quelquefois le cratère s'obstruer, et les alentours se couvrir de forêts. Il se forme souvent dans les cratères des lacs dont les eaux se peuplent de poissons, et dans les hautes régions, comme en Amérique, les flancs de la montagne se couvrent de neige et de glace. Mais il est bien rare que le calme soit absolu, et le plus souvent il sort à chaque instant du cratère des quantités considérables de vapeurs, qui attaquent fortement les masses qui se trouvent sur leur passage.

Solfatares. Il existe des sols volcaniques d'où il n'est point sorti d'éruptions depuis les temps historiques, et qui fournissent encore quelques exhalaisons et des vapeurs : tels sont les champs phlégréens de Pouzzole dans le royaume de Naples; c'est une espèce de plaine d'où l'on voit sortir une grande quantité de fumerolles, qui répandent une odeur de soufre très-forte, et déposent un enduit sulfureux sur tous les corps environnans; c'est pourquoi on a donné le nom de *Solfatare* à cette localité. Dans les pays volcanisés, même dans les volcans éteints, on voit sourdre une multitude de fontaines d'eaux thermales, dont la chaleur est quelquefois très-considérable.

Position des volcans. Un fait très-remarquable et très-important pour la théorie des phénomènes que nous venons d'exposer, c'est que presque tous les volcans actifs sont situés le long des côtes. Les plus éloignés de la mer sont dans l'Amérique, ceux du Pérou, qui s'en trouvent éloignés de trente lieues, et le volcan fumant de Popocatépetl près de Mexico, qui en est à cinquante-six lieues. Sur à peu près deux cent cinq volcans brûlans, dit M. d'Aubuisson, cent sept sont situés dans les îles. Il existe beaucoup de volcans sous-marins dont les effets se manifestent tous les jours; les îles de Santorin, de Chio, etc., ont été formées par eux : on en connaît plusieurs sur les côtes de l'Islande, celles des Açores, etc. Ainsi on pourrait présumer que la mer exerce une certaine influence dans les éruptions; et c'est même l'opinion de plusieurs physiciens.

Localités. L'Europe n'a que peu de volcans en activité, et un seul est sur le continent, le Vésuve. En face, sur la côte de la Sicile, l'Etna s'élève à 3400 mètres au-dessus du niveau de la mer. Entre eux, dans les îles Lipari, on a le petit volcan de Stromboli, dont les déflagrations sont continuelles; et les volcans anciens, Vulcano et Vulcanello, qui fument encore. Dans l'archipel de la Grèce, Milo et Santorin ont des montagnes que les anciens ont vues en activité. Au milieu de ses neiges perpétuelles, l'Islande nous présente le Hécla, qui s'élève à 1200 mètres, et cinq autres volcans plus petits. Il existe plusieurs volcans sur la côte du Groënland; l'île de Maïen, située dans la partie orientale, en renferme un qui a été vu en éruption au mois d'Avril 1818.

Les volcans actifs sont plus nombreux en Asie qu'en Europe : quatre sont situés sur les côtes méridionales et sur les bords de la mer Caspienne. A l'orient de Kamtschatka est un sol presque entièrement volcanique, et qui renferme encore cinq montagnes actives; mais c'est dans les îles de cette partie du monde que le nombre des volcans brûlans est surtout considérable, on en compte plus de cent, dont les principaux sont situés dans les îles du Japon, les îles Philippines, les Moluques et les îles Mariannes.

On ne cite pas une seule bouche volcanique sur le continent d'Afrique; mais ses îles en présentent plusieurs : Bourbon, Madagascar, les îles du cap Vert, les Açores et les Canaries sont presque exclusivement volcaniques. Parmi les cratères que renferment ces îles, le plus remarquable est celui du pic de Ténériffe, dont nous avons déjà eu occasion de parler, et qui atteint une élévation de 4000 mètres.

L'Amérique contient beaucoup de volcans, qui sont dans une position vraiment remarquable, sur le dos de la grande Cordillère qui borde la partie occidentale de ce nouveau continent. Ces volcans ne sont point isolés comme ceux des autres parties du monde, mais disposés par groupes à la manière des volcans éteints. Leur nombre est d'environ cinquante; le royaume de Guatimala en renferme une vingtaine, dont le plus considérable, le Guatimala, s'élève à 4600 mètres : on en compte six dans le Mexique, au nombre desquels est le fameux et moderne volcan de Jorullo; les volcans du Pérou sont les plus considérables de tous ceux connus : le Pichincha s'élève à 5000 mètres au-dessus de la mer, le Cotopaxi à 5750 mètres, et l'Antisana à 6000 mètres. Enfin, les Antilles et les autres îles de l'Amérique renferment encore des bouches volcaniques dont les éruptions sont plus ou moins fréquentes.

Position des foyers volcaniques. Les foyers volcaniques paraissent être situés à de grandes profondeurs; la plupart des observateurs admettent qu'ils sont au-dessous du granite : ceci est démontré par la position immédiate de plusieurs cratères sur des plateaux granitiques, par des filons de lave qui traversent le granite et toutes les formations supérieures, enfin, par les masses de granite et d'autres roches primitives que rejettent plusieurs volcans.

D'un autre côté, les produits des déjections sont sensiblement les mêmes sur toute la surface du globe; ils sont composés de felspath mêlé de pyroxène, d'amphibole, etc.; les espèces minérales qu'ils renferment existent toutes dans le granite. Ainsi il est extrêmement probable que, jusqu'à une immense profondeur, la masse de notre planète est formée par le granite ou par des roches peu différentes.

Nous allons maintenant décrire plusieurs phénomènes qui paraissent intimement liés à ceux que nous venons d'étudier, et dont ils ne sont probablement qu'une dépendance plus ou moins directe. Je veux parler des *tremblemens de terre*, des *geisers* et des *salses*.

TREMBLEMENS DE TERRE.

§. 80. Ce phénomène, connu de toute antiquité, a beaucoup perdu de son influence sur l'esprit humain depuis que l'étude des sciences naturelles s'est répandue : on n'y voit plus aujourd'hui les effets de la colère du Ciel, ni le présage de grands maux qui doivent fondre sur la terre; le vulgaire même sait qu'il résulte des secousses produites par les agens intérieurs qui font osciller quelques portions de la croûte du globe.

Les régions les plus sujettes aux tremblemens de terre sont les pays volcanisés : le midi de l'Italie, l'Islande, les Canaries, les Antilles, le Pérou, etc. On a vu, comme nous le dirons bientôt, de nouveaux volcans s'ouvrir au milieu des secousses de tremblemens de terre, et tout annonce une grande connexion entre les deux phénomènes, qui ne sont vraisemblablement que les effets d'une même cause.

Werner distinguait deux sortes de tremblemens de terre : les uns, qui paraissent appartenir à un volcan particulier, et ont leur foyer dans la même région que lui, ne se font sentir qu'à une distance de dix lieues environ; les autres, au contraire, paraissent avoir leur foyer à de grandes profondeurs; leurs effets sont beaucoup plus considérables, et se propagent à des distances immenses avec une si grande célérité, qu'une même secousse se fait sentir presque en même temps sur des points éloignés de mille lieues. Ceux-ci me semblent encore intimement liés aux phénomènes volcaniques, comme l'annoncent les faits suivans :

Un des plus terribles tremblemens de terre que l'on ait éprouvés, celui qui renversa Lima en 1740, fut terminé par quatre volcans qui s'ouvrirent dans la nuit.

Près de Pouzzole, en 1538, après deux ans de secousses et de mugissemens presque continuels, le sol se crevassa et vomit des flammes et des vapeurs; une des ouvertures lança pendant sept jours une grande quantité de scories et de cendres. Ces matières, en tombant dans le lac Lucrin, le comblèrent presque entièrement, et formèrent le *monte nuovo* dont la hauteur est de 140 mètres.

En 1759, au Mexique, on vit se produire de la même manière le volcan de Jorullo, situé à trente lieues de la mer : sur un sol volcanique, et dans une plaine toute plantée de cannes à sucre, des mugissemens et des tremblemens de terre continuaient depuis plusieurs jours; la tranquillité paraissait entièrement rétablie, lorque, avec un fracas horrible, le sol s'ouvrit et vomit par différentes bouches, des flammes, des pierres embrasées et des nuages de cendres. Tout le pays, à une lieue à la ronde, se couvrit d'une infinité de petits cônes (hornitos); six grandes buttes s'élevèrent dans la direction d'une crevasse, et la plus considérable, le Jorullo, atteignit une hauteur de cent mètres au-dessus de la plaine. Les éruptions de ce volcan continuèrent ensuite pendant plusieurs années, mais elles ont diminué progressivement, et il n'en sort plus maintenant que de la fumée, ainsi que des hornitos qui l'environnent.

Ces faits suffisent pour démontrer la grande liaison qui existe entre les tremblemens de terre et les effets volcaniques; nous allons maintenant donner la description du phénomène.

Presque tous les tremblemens de terre sont précédés par des bruits sourds, quelquefois très-forts, et sans direction déterminée. En 1746 ils annoncèrent la destruction de Lima, et les habitans purent se sauver dans la campagne. Un bruit semblable à celui que font plusieurs chars en roulant sur un pont de pierre, dit Spallanzani, préluda au tremblement de terre qui détruisit Messine en 1755; mais rien n'annonça celui de Lisbonne. La sortie des reptiles qui vivent sous terre, l'agitation des eaux, les mouvemens extraordinaires des oiseaux, les hurlemens de certains animaux, le tarissement des sources et des puits, etc., sont, comme pour les éruptions, les signes certains des agitations que la terre va éprouver.

Pendant la crise, les secousses se succèdent avec plus ou moins de force et de rapidité. Dans le tremblement de terre qui détruisit Lisbonne, trois secousses se succédèrent assez rapidement; la dernière dura plusieurs minutes, et fut la plus terrible : les forces perturbatrices paraissaient agir en sens opposé. Il en fut de même à Cumana en 1812. On a souvent vu les secousses se reproduire pendant plusieurs jours, et même pendant des mois entiers.

Les édifices les plus solides résistent rarement aux fortes commotions ; cependant à Lisbonne et à Messine la plupart des églises furent conservées.

L'effet des tremblemens de terre sur les masses minérales se borne ordinairement à y produire des fentes souvent très-considérables: au Pérou, en 1746, il s'en fit une qui avait une lieue de long, et d'un à deux mètres de large; durant les secousses qui engloutirent Lisbonne, on vit en Afrique, près de Méquinez, deux montagnes se crevasser et vomir des torrens d'une eau rouge et puante. Mais le tremblement de terre qui bouleversa la Calabre, en 1783, souleva des montagnes, brisa des rochers, et des masses énormes furent détachées et transportées à plusieurs milles de distance.

La mer participe presque toujours aux agitations de la terre : on l'a vue s'élever quelquefois à des hauteurs très-considérables ; d'autres fois elle se retire précipitamment, et, revenant ensuite avec une extrême violence, elle détruit tout ce qui se trouve sur son passage. Pendant le tremblement de terre de Lisbonne, la mer fut fort agitée sur toutes les côtes de la péninsule; dans le port de cette ville elle s'éleva plus haut que dans les plus fortes tempêtes; à Cadix elle passa par-dessus la digue qui unit la ville au continent, et ses mouvemens se propagèrent jusque sur les côtes de l'Angleterre et de la Norwége; enfin, au Pérou en 1446, dans le port de Callao, la mer se retira fortement, revint ensuite avec impétuosité et noya les habitans.

Dans presque tous les tremblemens de terre observés jusqu'à présent, on n'avait point vu l'atmosphère participer aux agitations de la terre : lors des catastrophes de Lisbonne, de Messine, de Cumana, etc., le temps fut beau et serein; mais, en 1829, on a éprouvé, à la Nouvelle-Galles du Sud, de violentes secousses de tremblement de terre, accompagnées d'un ouragan épouvantable qui renversait les arbres et les maisons; le mugissement s'apaisa graduellement pendant une heure environ, ensuite il recommença avec d'affreux coups de tonnerre, des torrens de pluie, et des traînées d'éclairs rapides et blanchâtres.

On a remarqué une grande diversité dans la manière dont se propagent les secousses de tremblement de terre : celui de Lisbonne, dans l'espace d'une heure seulement, ébranla tout le Portugal et l'Andalousie; il se fit sentir dans le même jour en Afrique, où il détruisit en partie les villes de Maroc, de Fez et de Méquinez, dans la plus grande partie de l'Espagne et de la France, de la Suisse et de l'Allemagne, jusqu'en Islande et même aux Antilles. Celui de Lima se fit ressentir en Europe; enfin, le 8 Septembre 1601, dans la nuit, des secousses considérables se propagèrent dans presque toute l'Europe et l'Asie. D'un autre côté, des secousses violentes ne s'étendent qu'à de très-petites distances: celles de la Calabre ne furent ressenties que sur un espace de quinze lieues carrées, et l'Etna n'éprouva aucune agitation; ce qui a fait penser à M. d'Aubuisson qu'il n'existait point de communication entre le foyer du tremblement et celui du volcan. En 1828, de très-fortes secousses se propagèrent depuis la Hollande jusque bien avant dans les Alpes suisses, et en France on n'éprouva absolument rien.

GEISERS OU FONTAINES JAILLISSANTES DE L'ISLANDE.

§. 81. L'Islande est un pays entièrement volcanisé, et un des plus curieux que l'on connaisse sous le rapport des phénomènes particuliers qu'il présente. Dans cette île, au pied de petites collines et sur un sol plat, il existe plusieurs monticules diversement colorés, d'où l'on voit sortir des sources d'eau chaude chargée de beaucoup de silice, et qui s'élèvent, en jaillissant, à une hauteur plus ou moins considérable. Ces sources se nomment *geisers* dans le pays.

La plus remarquable, le *grand geiser*, sort d'un monticule de 2 ou 3 mètres de hauteur, dont la partie supérieure, creusée en forme de soucoupe, présente un bassin presque circulaire, de 15 mètres de largeur et un de profondeur; vers le milieu de ce bassin se trouve une ouverture qui forme l'extrémité d'un énorme tube cylindrique de 3 mètres de diamètre, et qui a été reconnu jusqu'à une profondeur de 20. La matière qui forme le bassin et le monticule, est de la silice plus ou moins pure; les parois intérieures sont aussi revêtues d'une couche lisse de matière siliceuse. Ce bassin est presque toujours plein de l'eau la plus limpide, dont la température s'élève jusqu'à 100.° Cette eau oscille : on la voit s'enfoncer dans le tube, puis remonter et se verser par-dessus les bords. Mais dans les paroxismes l'eau sort du tube avec une grande vitesse, et s'élève dans l'air en formant une immense colonne, dont la hauteur moyenne est de 30 mètres, et souvent on a vu des jets s'élever à plus de 100.

La grande quantité de vapeurs que ces colonnes répandent autour d'elles, annoncent une température très-considérable; ce qui est encore confirmé par la silice qui se trouve dissoute dans l'eau, et qui, en se déposant par le refroidissement, forme des incrustations dans le bassin et tout autour du monticule.

Cette circonstance, jointe à la force d'ascension de la colonne d'eau, rapproche beaucoup ce phénomène de celui des volcans dont l'île est remplie. Chaque paroxisme n'est autre chose qu'une éruption aqueuse.

Depuis une dizaine d'années, à 120 mètres de cette source il s'en est ouvert une autre, tout aussi considérable, et qui présente absolument les mêmes phénomènes : on l'a nommée *nouveau geiser*.

L'Islande est jusqu'à présent la seule contrée où l'on ait observé le phénomène des geisers avec toutes les circonstances que nous venons de rapporter. Un des volcans de l'île de Madagascar lance, dit-on, une colonne d'eau assez forte et assez élevée pour être vue de vingt lieues; mais on ne sait pas si c'est un véritable geiser.

SALSES.

§. 82. Les salses offrent une si grande analogie avec les volcans, qu'elles ont été souvent désignées sous le nom général de *volcans*, et sous les noms spéciaux de *volcans de boue*, *volcans d'eau*, *volcans d'air* et *volcans vaseux*. Cependant elles paraissent être les effets d'une cause différente de celle qui produit les véritables phénomènes volcaniques; et c'est pourquoi nous plaçons leur description en dernier lieu. Voici ce qu'en dit M. Brongniart à l'article *Salses* du Dictionnaire des sciences naturelles.

« On voit dans certaines contrées, immédiatement « sur le sol, ou élevés sur un plateau, des monti- « cules d'argile ayant la forme de petits cônes per- « cés et creusés en entonnoir vers leur sommet, « d'où sortent habituellement et depuis long-temps, « mais avec des paroxismes très-variés en action, « du gaz et de la boue argileuse. Ces monticules « doivent leur existence à la consolidation de la « vase qui sort de l'entonnoir. . . . .

« Il s'élève, par intervalles plus ou moins longs, « du fond de ces entonnoirs, une boue argileuse « grisâtre, qui s'épanche sur les parois des cônes, « les agrandit faiblement, mais qui s'étend à leur « pied jusqu'à une certaine distance, et de cette « manière augmente et élève en plateau le sol qui « les porte. . . . . .

« Du milieu de ces cônes, et quelquefois du « milieu des entonnoirs creusés immédiatement

« dans le sol, s'élève une grosse bulle qui soulève « la boue avant de crever, ou plusieurs bulles qui « semblent faire bouillir cette vase. Ces bulles sont « dues à un dégagement de gaz hydrogène, car- « boné, bitumineux, et quelquefois sulfuré. Dans « certains cas ce gaz prend feu et fait paraître au- « dessus des salses des flammes qui ne sont ordi- « nairement que passagères.

« La vase n'est pas uniquement composée de « matières terreuses principalement argileuses, elle « est presque toujours accompagnée de bitume, « de naphte, de pétrole et souvent de sel marin ; « c'est même cette dernière circonstance qui a fait « donner, dans le Modénois, le nom de *salses* à « ces monticules.

« La température de la vase, et par conséquent « de l'eau qui la délaie, n'est pas supérieure à la « température ordinaire du sol et du lieu; même « quelquefois elle lui est inférieure.

« Les paroxismes des salses consistent en une « éruption de vase beaucoup plus abondante, éle- « vée quelquefois en une espèce de gerbe qui at- « teint une hauteur de plus de soixante mètres, et « accompagnée de sifflemens, de bruits souterrains « et de tremblemens de terre, comme dans les « véritables volcans, mais faibles et très-limités. »

Suivant les anciens auteurs, la salse de Sassuolo, petite ville du Modénois, vomissait, à une certaine époque et avec fracas, des pierres, de la fange et de la fumée. Néanmoins on doit croire que ces phé- nomènes se sont passés sur une très-petite dimension, car le monticule s'élève au plus à un mètre, et son ouverture n'a que o,m6 de diamètre. Pallas en a observé une en Crimée, en 1794, qui s'ouvrit avec un bruit de tonnerre, de la fumée et des flammes, qui s'élevèrent à plus de 100 mètres. Ces deux faits tendraient à rapprocher les salses des véritables volcans.

Les paroxismes ont lieu à des intervalles différens dans les diverses salses; quelquefois ils sont très-rares, et d'autres fois très-fréquens.

Localités. Les salses sont rarement isolées dans un canton, elles sont au contraire très-multipliées, non-seulement dans le même canton, mais encore dans le pays dont il fait partie : ainsi elles sont assez nombreuses aux environs de Sassuolo, et assez répandues au pied septentrional de la chaîne des Apennins; c'est là que se trouvent les salses les plus célèbres, les mieux connues et les plus nombreuses : dans les environs de Parme, Reggio, Modène et Bologne.

La Sicile possède près de Girgenti (Agrigente) une des salses les plus célèbres même dans l'antiquité, et la mieux connue par la description qu'en a donnée Dolomieu sous le nom de *volcan d'air de Maccaluba* : on y retrouve toutes les circonstances particulières qui caractérisent ce phénomène. Il s'y fait quelquefois un dégagement d'air très-considérable, ce qui lui a fait donner le nom de *volcan d'air*.

Pallas a observé plusieurs salses en Asie; nous avons déjà parlé de celle de Crimée, qui s'ouvrit avec des circonstances si extraordinaires; aujourd'hui c'est une véritable salse, dans le voisinage de laquelle il existe des sources d'asphalte. On en cite aussi sur les bords de la mer Caspienne et dans l'île de Java.

Enfin, on retrouve encore ce phénomène en Amérique, où il se présente avec un grand développement; il a été décrit, par M. de Humboldt, sous le nom de *volcan d'air de Turbaco;* les circonstances susceptibles d'être représentées par le dessin et le sol, ont été bien figurées dans une planche jointe à la description. Un fait curieux, c'est que, suivant cet observateur, l'air qui se dégage serait de l'azote pur.

Dans toutes les contrées que nous venons de citer, le phénomène des salses se présente avec les mêmes circonstances; ainsi notre description est générale.

Position des foyers. Plusieurs observations tendent à prouver que les foyers des salses gisent à une très-petite profondeur, comparativement à ceux des véritables volcans. De plus, la température des déjections n'excède jamais celle du lieu; ainsi ce phénomène n'est pas un effet direct de la cause générale qui produit les éruptions volcaniques; il s'y rattache probablement, mais cela n'est pas encore suffisamment démontré.

PRINCIPES GÉNÉRAUX POUR FAIRE UNE DESCRIPTION GÉOGNOSTIQUE.

§. 83. Je vais maintenant exposer les principes généraux que l'on doit suivre dans les descriptions géognostiques.

Celui qui veut entreprendre la description d'une contrée, doit d'abord faire une reconnaissance générale pour avoir une idée de son travail, et fixer le cadre dans lequel il veut renfermer ses observations. On choisira, autant que possible, une région naturelle, comme une chaîne de montagnes, le bassin d'une rivière, etc.; ou bien une région politique, comme un département, un arrondissement, un canton, etc. Si l'on n'a pas la carte du pays, la première chose à faire est de la lever d'une manière expéditive, mais en marquant cependant avec soin les principaux accidens du sol et leurs hauteurs au-dessus d'un point connu, le niveau de la mer ou tout autre. En levant la carte, on peut étudier superficiellement les différens groupes de roches qui se montrent à la surface. Si on a la carte faite d'avance, il faut alors s'en servir pour faire la reconnaissance géognostique; c'est-à-dire, voir quelles sont les principales formations que le pays renferme, et comment elles sont disposées les unes par rapport aux autres.

Dans cette opération on doit toujours marcher en coupant les strates à angle droit, afin de suivre la succession des groupes: on conçoit très-bien qu'en marchant parallèlement à la direction des couches, on pourrait suivre la même pendant longtemps sans que cela conduisît à rien. En traversant ainsi la contrée dans plusieurs directions, on marquera les principales limites des formations, ainsi que les points où les superpositions sont évidentes; ce qui s'indique par des lignes *a b*, *c d*, *e f*, pl. VII : on dessinera sur un calepin les profils tels qu'ils sont, en ayant soin de bien indiquer la manière dont se fait la superposition, et l'inclinaison des couches que l'on mesurera exactement avec un cercle vertical muni d'un fil à plomb; il faut aussi déterminer à la boussole la direction suivant laquelle ces couches s'étendent, et le point de l'horizon vers lequel elles plongent. Tout ceci doit être achevé avant de commencer les opérations de détail, qui demandent beaucoup de soin et de temps.

Celles-ci consistent à prendre chaque groupe séparément, examiner d'abord les roches principales, puis celles qui se présentent en couches subordonnées, ainsi que les filons des différentes substances qui coupent les strates. Il faut bien voir comment ces derniers entrent dans le groupe, s'ils en sortent, ou comment ils se terminent, et les diverses altérations que leur introduction a fait éprouver aux couches traversées.

On recueillera soigneusement les minéraux et les fossiles, en notant exactement la manière dont ils sont placés, quels sont les plus abondans, et surtout ceux qui paraissent être caractéristiques. On doit aussi prendre des échantillons de toutes les roches, et les désigner par des lettres ou des numéros qui fixent leurs places dans la coupe que l'on a faite préalablement, afin que, rentré chez soi, on puisse les placer absolument dans le même ordre que celui de la nature. Il ne restera plus alors qu'à étudier chaque morceau séparément pour bien déterminer l'espèce minérale, végétale ou animale à laquelle il peut se rapporter.

Toutes ces observations doivent être répétées pour chaque groupe, même ceux qui sont le mieux connus, parce qu'il reste encore beaucoup de choses à découvrir, et que les faits établis ont besoin d'être confirmés de plus en plus; en un mot, il faut faire une monographie géognostique ; c'est le meilleur moyen d'avancer la science.

Parmi les formations que l'on décrit, il peut s en trouver quelques-unes bien connues, comme la *craie*, le *lias*, la grande *formation houillère*, etc.; alors on aura un horizon géognostique, et on pourra déterminer ainsi la position des autres dans la série des formations. Mais il peut arriver aussi que l'observateur ne connaisse aucun des groupes qu'il étudie; dans ce cas il doit se contenter de les décrire très-exactement, et de bien établir l'ordre de leur superposition réciproque.

Nous avons dit qu'il fallait toujours avoir la carte du pays avant d'entreprendre une description géognostique, et indiquer sur cette carte l'étendue des formations. L'espace occupé par chacune dans les diverses localités, se limite par une ligne ponctuée (voyez pl. VII) dans laquelle on met une lettre, ou de la couleur, si l'on aime mieux; plusieurs géognostes mettent les deux. Ces lettres ou ces couleurs doivent être rapportées sur les profils naturels, *a b*, *c d*, *e f*, que l'on place, autant que possible, sur la même feuille que la carte, afin que le lecteur puisse tout embrasser d'un seul coup d'œil; c'est là un immense avantage pour l'intelligence des descriptions. S'il existe une direction suivant laquelle la superposition des groupes, les uns sur les autres, puisse être observée, il faut la tracer sur la carte et en profil, pour donner une idée générale des choses. Mais si on n'a observé que des superpositions partielles bien évidentes, on peut en conclure l'ordre général; et alors, traçant sur la carte la direction *x y*, suivant laquelle cet ordre doit exister, on dessine son profil en indiquant seulement les masses des groupes, afin de faire voir que c'est une disposition théorique, déduite de l'ensemble des observations.

Le texte d'une description géognostique, préparée de cette manière, peut être très-concis : il suffit qu'il donne pour chaque groupe la description des principales roches, l'énumération des espèces minérales et le gîte de chacune; celle des fossiles organiques, en ayant soin de noter les plus caractéristiques; la direction et l'inclinaison des couches, la puissance de la formation ; le caractère des montagnes, la manière dont les eaux sont distribuées, et ce qu'elles présentent de remarquable; enfin, qu'il dise le parti que l'on peut tirer dans les arts des diverses substances que renferme la formation, et quelles sont les principales plantes qui croissent sur le sol qu'elle constitue.

La description des environs de Paris, par MM. Brongniart et Cuvier, et celle de l'Angleterre, par MM. Phillips et Conybeare, sont de très-bons exemples à suivre.

CAUSES DES INCENDIES VOLCANIQUES, DES TREMBLEMENS DE TERRE, ETC.

Les phénomènes que nous avons décrits dans les SS. 79, 80, 81 et 82, ont été connus de toute antiquité. Dès que les lumières commencèrent à remplacer les superstitions, les philosophes entreprirent la recherche des causes qui produisent les déflagrations volcaniques : les plutoniens les regardèrent comme des effets de la chaleur intérieure, qu'ils supposent tenir encore en fusion le centre du globe; et les neptuniens les attribuèrent à l'inflammation des substances combustibles fossiles, les charbons, les bitumes et les pyrites. La fameuse expérience de Lemery vint appuyer ce dernier système, et l'observation le confirmait par la grande quantité d'acide sulfureux qui se dégage dans les éruptions, et celle du soufre qui se dépose.

Pour que cette théorie fût admissible, il faudrait démontrer non-seulement qu'il existe de grands amas de ces substances dans les foyers volcaniques, *mais encore qu'elles s'y* reforment après chaque éruption; ce qui n'est pas du tout probable. Aussi l'hypothèse d'une combustion aérienne dans les profondeurs de la terre, est-elle généralement abandonnée.

Deux hommes célèbres, MM. Davy et Gay-Lussac, ont donné des éruptions volcaniques une explication mieux fondée et plus ingénieuse que celle-ci, mais à laquelle on peut cependant faire la même objection.

Le premier, considérant la grande quantité de vapeurs

aqueuses, de gaz hydrogène sulfuré, de sel marin, de sel ammoniac, etc., produite au milieu des éruptions volcaniques, pensa que l'eau jouait un grand rôle dans ce phénomène; et il en attribua la principale cause à la décomposition de ce corps par les métaux à l'état simple, qu'il suppose exister au-dessous de l'écorce oxidée du globe, et qui, n'ayant aucune communication ni avec l'air ni avec l'eau, décomposent instantanément ce liquide, lorsqu'il vient à être en contact avec eux. Il se produit alors une chaleur assez considérable pour fondre les roches environnantes, et la pression des fluides élastiques élève les matières fondues jusqu'au-dessus du cratère. Mais alors il devrait se dégager dans les éruptions une grande quantité d'hydrogène pur, tandis que c'est toujours de l'hydrogène sulfuré.

M. Gay-Lussac a modifié la théorie du chimiste anglais : il pense que ce n'est point à l'action de l'eau pure sur les métaux à l'état simple que l'on doit attribuer les phénomènes et les produits volcaniques, mais bien à l'action de ce liquide sur les chlorures des métaux, ou à celle de l'eau de la mer sur ces mêmes métaux; enfin, il démontre que le fer oligiste, si abondant dans les laves et les parties caverneuses des volcans, ne peut guère être attribué qu'au perchlorure de fer.

La position des volcans actifs sur les côtes et dans les îles, et la nature de leurs produits liquides et gazeux, sont de fortes raisons en faveur de l'opinion de M. Gay-Lussac.

Cependant j'ose faire ici à ces deux grands hommes la même objection qu'aux anciens neptuniens: l'existence d'amas de corps simples ou de chlorures métalliques dans des profondeurs de la terre, assez considérables pour produire les déflagrations volcaniques, n'est pas du tout démontrée; et de plus, il faudrait absolument, pour la continuation des phénomènes, que ces amas se reformassent après chaque éruption; ce que l'on ne peut point admettre.

Aujourd'hui le système des plutoniens prévaut : presque tous les géognostes admettent l'incandescence de l'intérieur de la terre depuis une certaine profondeur; et plusieurs pensent que les bouches volcaniques sont des ouvertures que des circonstances particulières mettent en communication avec la partie encore en fusion : celle-ci monte en vertu de l'énorme pression qu'elle éprouve, et s'épanche ensuite à la surface. Dans cette opération, les masses d'eau qui se trouvent sur son passage sont réduites instantanément en vapeurs et se mêlent avec tous les fluides élastiques qui s'échappent par le cratère, et dont, suivant les lois de la mécanique, le dégagement doit précéder l'éruption des laves, qui sont beaucoup plus denses.

Le célèbre Mémoire de M. Cordier, dont nous avons déjà eu occasion de parler, a jeté un grand jour sur l'importante question de la chaleur intérieure de la terre. Le nombre des expériences n'est pas encore assez considérable pour que l'on puisse conclure définitivement, et les conséquences qu'il en a tirées sont certainement prématurées, mais tout porte à croire que les observations ultérieures confirmeront de plus en plus ce qui vient d'être avancé par cet habile observateur. Nous allons exposer ici une partie de ses idées sur les causes des éruptions volcaniques et des tremblemens de terre.

Jusqu'à présent tous les phénomènes observés, d'accord avec la théorie mathématique de la chaleur, annoncent que l'intérieur de la terre est pourvu d'une température propre très-élevée et qui lui appartient depuis l'origine des choses.

Cette chaleur est encore aujourd'hui très-considérable : les expériences que nous avons citées ont donné 36^{m}, 19^{m}, et 15^{m}, pour la profondeur correspondante à l'accroissement d'un degré centigrade à Carmeaux, Littry et Decise. En supposant un accroissement continu de 1° pour 25 mètres de profondeur, M. Cordier trouve pour le centre de la terre une température qui excéderait 3500° du pyromètre de Wedgwood, plus de 250,000° du thermomètre centigrade.

» On doit admettre d'après cela, dit-il, que la tempéra-
» ture de 100° de Wedgwood, température qui serait capable
» de fondre toutes les laves et une grande partie des roches
» connues, existe à une profondeur très-petite, eu égard au
» diamètre de la terre : par exemple, que cette profondeur
» est de moins de 55 lieues, de cinq mille mètres à Carmeaux,
» de 30 à Littry, et de 23 à Decise ; nombres qui correspon-
» dent à $\frac{1}{21}$, $\frac{1}{40}$ et $\frac{1}{55}$ du moyen rayon terrestre. «

Il ajoute, » si l'on considère, d'une part, la généralité que

» les observations de Dolomieu, sur le gisement des foyers » d'éruptions et nos expériences sur la composition des laves » ont donné aux phénomènes volcaniques, et de l'autre la » grande fusibilité des matières que tous les volcans de la » terre rejettent actuellement, et même depuis long-temps, » on devra penser que la fluidité intérieure commence, du » moins sur certains points, à une profondeur notablement » moindre que celle où réside la température de 100° du » pyromètre de Wedgwood. «

D'après cela, l'épaisseur moyenne de la croûte solide de la terre ne doit pas être très-considérable; elle n'excède probablement pas vingt lieues de cinq mille mètres. Cette épaisseur est vraisemblablement très-inégale; ce qui paraît annoncé par les variations de la température souterraine en passant d'un lieu dans un autre. La différence des conductibilités peut bien entrer pour quelque chose dans ces variations; mais elle ne peut seule rendre raison du phénomène, et en outre plusieurs données géognostiques portent également à présumer que la puissance de l'écorce du globe est très-variable.

Il existe un grand nombre de solutions de continuité dans la partie superficielle de cette écorce; les tremblemens de terre y produisent souvent des fentes et des soulèvemens; beaucoup de points sur la surface de la terre, et notamment le bassin de la Baltique, paraissent se soulever d'une manière continue. Ainsi l'écorce du globe jouit vraisemblablement d'une certaine flexibilité. M. Cordier a développé les élémens de cette propriété singulière dans un Mémoire lu à l'Académie des sciences en 1816.

Cette flexibilité probable de l'écorce du globe est actuellement entretenue par deux causes principales: l'une, générale, est continuelle, qui tient à ce que la diminution permanente de la chaleur n'opère plus aucune contraction sensible dans les régions voisines de la surface, tandis qu'elle continue ses effets dans les profondeurs; l'autre, locale et passagère, qui me paraît tenir aux variations d'équilibre dans la masse en fusion.

C'est cette dernière qui produit les tremblemens de terre, en faisant onduler le sol dans un espace plus ou moins étendu, et quand la matière qui produit cet effet peut s'échapper au dehors, les secousses doivent cesser; ce qui s'accorde très-bien avec les faits exposés précédemment SS. 79 et 80.

Les régions les plus épaisses de l'écorce du globe doivent nécessairement être les moins flexibles et les moins sujettes aux tremblemens de terre; les plus minces, au contraire, doivent en éprouver souvent; c'est effectivement ce qui arrive: les pays volcanisés sont certainement situés dans les régions de moindre épaisseur; aussi sont-ils très-sujets aux tremblemens de terre, qui ne se font sentir pour la plupart que dans un espace très-limité.

Cette hypothèse rend donc assez bien compte de toutes les circonstances du phénomène.

» Les phénomènes volcaniques nous paraissent, dit M. Cor-
» dier, un résultat simple et naturel du refroidissement inté-
» rieur du globe, et un effet purement thermométrique. La
» masse fluide interne est soumise à une pression croissante,
» qui est occasionée par deux forces, dont la puissance est
» immense, quoique les effets soient très-peu sensibles: d'une
» part l'écorce solide se contracte de plus en plus, à mesure
» que sa température diminue, et cette contraction est né-
» cessairement plus grande que celle que la masse centrale
» éprouve dans le même temps; de l'autre, cette même en-
» veloppe, par suite de l'accélération insensible du mouve-
» ment de rotation, perd de sa capacité intérieure à mesure
» qu'elle s'éloigne davantage de la forme sphérique. Les ma-
» tières fluides intérieures sont forcées de s'épancher au dehors
» sous formes de laves par les évents naturels qu'on a nommés
» volcans, et avec les circonstances que l'accumulation préa-
» lable des matières gazeuses, qui sont naturellement pro-
» duites à l'intérieur, donne aux éruptions. «

Pour rendre cette hypothèse vraisemblable, M. Cordier ajoute, qu'ayant cubé à Ténériffe, en 1803, les matières rejetées par les éruptions de 1705 et de 1798, et encore celles de plusieurs autres volcans, il a trouvé le volume des matières provenant de chaque éruption, fort inférieur à celui d'un kilomètre cube. En prenant un kilomètre cube comme le terme extrême du produit des éruptions considérées en général, et en supposant à l'écorce du globe une épaisseur moyenne de cent kilomètres, il suffirait dans cette enveloppe d'une contraction capable de raccourcir le rayon moyen de la masse centrale de $\frac{1}{191}$ de millimètre, pour produire la matière d'une éruption. Celle-ci, répartie sur toute la surface du globe, formerait une couche dont l'épaisseur n'excéderait pas $\frac{1}{500}$ de millimètre.

» Si, en partant de ces données, dit-il, on veut supposer » que la contraction seule produit le phénomène, et que par » toute la terre il se fait cinq éruptions par an, on arrive à » trouver que la différence entre la contraction de l'écorce » consolidée et celle de la masse interne ne raccourcit pas » le rayon de cette masse d'un millimètre par siècle. « Ainsi il suffit d'une action infiniment petite pour produire ces phénomènes qui nous paraissent gigantesques.

Cette hypothèse, la plus ingénieuse et la plus satisfaisante qu'on ait jamais présentée, n'est pas à l'abri de toute objection ; mais j'observe au lecteur que M. Cordier dit, page 77 de son Mémoire : « Ce n'est point ici le lieu de développer » l'hypothèse purement thermométrique que je propose pour » expliquer les phénomènes volcaniques, et démontrer avec » quel succès elle s'applique à tous les détails de ces phéno- » mènes. «

Ce que nous venons d'exposer permet de rendre compte, d'une manière assez satisfaisante, de la température des eaux thermales et des principales circonstances qu'elles présentent. Je copie toujours M. Cordier.

» La plus grande partie des substances que les eaux miné- » rales et thermales contiennent étant analogues à celles qui » s'exhalent, soit des cratères pendant et après les éruptions, » soit des courans de laves lorsqu'ils cristallisent, soit des » solfatares, on doit croire qu'elles proviennent d'un réser- » voir commun. Leur émission occasionne des pertes conti- » nuelles à la charge gazeuse intérieure. Ces pertes, qui d'ail- » leurs sont sans cesse réparées par des produits souterrains » nouveaux, ont lieu en vertu d'une force d'expansion qui » est immense, et par une succession de fissures extrêmement » étroites. L'eau est fournie par les causes superficielles qui

» alimentent les sources ordinaires. L'altération de certaines » parties des conduits, surtout près de la surface, peut quelquefois occasioner le remplacement de certains principes » par d'autres. Dans ce système d'explication on conçoit » sans difficulté la permanence des sources, leur température » à peu près invariable, la singulière nature de leurs produits » (et comment plusieurs jaillissent en sortant de terre). Plusieurs phénomènes me paraissent prouver qu'elles étaient » beaucoup plus nombreuses dans les temps antérieurs à la » période géologique actuelle ; ce qui s'explique par la moindre épaisseur que l'écorce de la terre avait alors et par l'activité plus grande du refroidissement. «

Les observations suivantes, que je dois à l'obligeance de M. Voltz, appuient fortement cette théorie.

» Les sources thermales se trouvent dans les environs des » terrains volcaniques ; celles qui ne sont pas dans ce cas se » trouvent, du moins la plupart, auprès des terrains plutoniques (granites, porphyres, etc.); et presque sans exception elles sont toujours liées à des chaînes de montagnes, » ou à leurs embranchemens qui se perdent dans les plaines. » Le plus souvent elles sont liées encore avec les sources à » acide carbonique, et celles-ci sont alors situées plus dans » l'intérieur de la chaîne et à un niveau plus élevé. Cette » dernière observation a été faite par M. de Buch. «

HYPOTHÈSE GÉNÉRALE.

La fluidité primitive du globe est généralement admise : les observations que nous venons de rapporter tendent à prouver que cette fluidité était due au calorique, » et que la » terre est un astre refroidi qui n'est éteint qu'à sa surface ; » ce que Descartes et Leibnitz avaient pensé. «

Dès son origine notre planète, rayonnant sur tous les points de l'espace, perdait nécessairement beaucoup plus de chaleur qu'elle n'en recevait des corps environnans. Elle a donc dû se refroidir progressivement ; et, d'après ce que nous voyons se passer dans tous les corps en fusion, cet effet a eu lieu de la surface au centre : il s'est d'abord formé une croûte, certainement fort inégale, sur toute la masse liquide, dans l'intérieur de laquelle le refroidissement a continué, et des dépôts successifs se sont placés les uns au-dessous des autres. Il résulte de là[1], que les couches du sol primitif les plus voisines de la surface sont les plus anciennes; ou, en d'autres termes, que les groupes primordiaux sont d'autant plus récens qu'ils appartiennent à un niveau plus profond; ce qui est tout-à-fait l'inverse de ceux des époques postérieures.

Tant que la température a été assez élevée, les eaux, et même plusieurs matières solides aujourd'hui, existaient en vapeurs dans l'atmosphère, dont la densité devait excéder de beaucoup celle de la nôtre. Mais la chaleur diminuant continuellement, ces matières se sont précipitées dans l'ordre inverse de celui de leur fusibilité, et, se mêlant avec tous les produits lancés de l'intérieur, par les nombreuses crevasses de la croûte solide, ont formé une masse hétérogène, dans laquelle certains animaux et végétaux ont pu vivre, et dont les dépouilles sont encore venues augmenter le volume. Alors a commencé la grande période métazoïque, sans que la terre paraisse avoir éprouvé de bouleversemens généraux. Plusieurs des dépôts continuels qui se formaient, soulevés par les agens intérieurs, étaient élevés au-dessus du niveau de la masse liquide, et la surface du globe présenta bientôt un vaste archipel, couvert de grands végétaux monocotylédons. Ce genre de végétation avait atteint son maximum de développement, lorsque des causes perturbatrices sont venues tout détruire et préparer un nouvel ordre de choses.

Ici a commencé une troisième époque géologique, le terrain secondaire, pendant laquelle les produits lancés de l'intérieur paraissent avoir continuellement diminué et perdu de leur influence sur les dépôts qui se formaient. Mais l'intensité des forces organiques a considérablement augmenté : les mers se sont peuplées de mollusques et de poissons, dont les familles, et même plusieurs genres, vivent encore aujour-

---

1 M. Cordier, Mémoire déjà cité, pag. 228.

d'hui ; des végétaux analogues aux *conifères* croissaient sur les portions de terre découvertes ; des animaux à respiration aérienne, les *sauriens*, et peut-être bien quelques animaux à sang chaud, ont paru ; enfin, de grands continens se sont formés, et les eaux ont été enfermées dans de vastes bassins.

Alors la nature a joui d'un moment de calme, pendant lequel les dépôts paraissent avoir été suspendus, et la surface du globe s'est peuplée d'animaux et de végétaux peu différens de ceux qui vivent aujourd'hui, §. 43. Les continens étaient couverts de forêts et sillonnés par de nombreux courans d'eau douce, lorsqu'une nouvelle catastrophe est venue tout bouleverser. Immédiatement après les dépôts ont recommencé dans l'intérieur des bassins, et les ont comblés en partie. Les matières étaient alors fournies par les affluens, qui amenaient dans ces bassins les débris des roches avec ceux des végétaux et des animaux ; par les dépouilles des testacés et les travaux des zoophytes ; enfin, par quelques produits intérieurs, qui s'échappaient encore à travers les crevasses de la croûte solide.

Pendant la formation des trois époques métazoïques précédentes, la masse intérieure faisait de continuels efforts pour briser la croûte qui la comprimait, et lançait à travers les petites fissures de cette croûte des produits qui, cristallisant dans les parties solides, formaient les filons, etc. ; et d'autres qui, venant se mêler dans la dissolution superficielle au détritus des animaux et des végétaux, fournissaient à chaque instant de nouvelles matières pour la continuation des dépôts sédimenteux. Quand cette masse parvenait à se frayer une large ouverture, elle lançait au dehors une grande quantité de matière qui se répandait sur les couches déjà formées ; et voilà pourquoi on trouve des roches cristallines sur la plupart des dépôts de sédiment : actuellement encore nous verrions les mêmes effets se reproduire, si la croûte solide n'était pas assez épaisse pour résister aux efforts de la masse en fusion, qui ne peut plus s'échapper que par quelques soupiraux, infiniment petits comparativement aux dimensions du globe.

Vers la fin de la quatrième époque géologique, l'équilibre était à très-peu près rétabli entre les forces de la nature ; la chaleur intérieure était encore assez considérable pour neutraliser l'effet des rayons solaires et entretenir une température uniforme sur toute la surface du globe : les êtres organisés étaient les mêmes partout, §. 37, et peu différens de ceux qui vivent actuellement : d'immenses forêts et de vastes prairies nourrissaient une grande quantité d'oiseaux et de mammifères ; il existait des *chevaux*, des *chiens*, des *souris* et même des *moutons*. Mais il manquait un maître sur la terre : l'homme n'avait point encore paru.

Ce maître terrible a été précédé par une catastrophe épouvantable ; sa mère semble l'avoir enfanté au milieu des douleurs les plus horribles.

L'océan est soulevé, les digues des lacs sont rompues, et les eaux sillonnent la surface des continens : tout ce qui existait alors est détruit ! Des masses ignées sortent du sein de la terre, s'élèvent en immenses cônes ou s'étendent en grandes nappes : c'est ici l'époque des éruptions trachytiques, §. 76, et du soulèvement de plusieurs chaînes de montagnes. Les basaltes ont succédé aux trachytes ; les laves sorties des cratères ont remplacé les basaltes. Enfin la tranquillité s'est rétablie progressivement ; les soupiraux de la masse intérieure se sont bouchés peu à peu, mais il en reste encore assez pour prouver leur existence, et nous donner une idée des effets qu'ils ont pu produire.

Le grand cataclysme dont je parle, est celui qui a déposé le terrain diluvien et couvert la surface de la terre de blocs erratiques, §. 37. Après lui, les forces de la nature se sont mises en équilibre ; la végétation a repris son activité, une nouvelle génération d'animaux a paru ; enfin, l'Homme, le chef de la création, cet assemblage de force et de faiblesse, de lumière et d'obscurité, est venu jouir en paix de tous les travaux du Créateur !

en paix !

NOTES.

Plusieurs Mémoires très-importans ayant été publiés depuis la rédaction et avant l'entière impression de ce volume, j'ai dû en donner des extraits, que je place ici sous forme de notes.

NOTE I.

On a vu, dans une note (page 200) que, d'après les observations récentes de M. Desnoyers, il existait dans le bassin de la Loire des dépôts marins plus nouveaux que le calcaire lacustre supérieur de celui de la Seine, et auxquels ce géognoste rapportait le *crag* d'Angleterre, le *calcaire moellon* de Montpellier, la *molasse coquillière* du bassin du Rhône, les *faluns* de la Touraine, etc. : alors seulement la première partie de son travail avait été publiée; mais ayant pu obtenir la seconde avant l'entière impression de cet ouvrage, je vais exposer ici les caractères généraux de ces dépôts, dont l'ensemble constitue peut-être une époque géognostique particulière.

Caractères extérieurs. Les roches prédominantes dans ces groupes, celles qui les caractérisent, sont des *agrégats*, des *sables* et des graviers *quarzeux coquilliers*, réunis plus ou moins grossièrement par un gluten tantôt calcaire blanc et spathique, tantôt terreux, argileux et ferrifère. L'abondance du ciment est très-variable; il manque même quelquefois. De là résultent différentes variétés de roches, qui sont :

1.° Des *Brecciolcs coquillières*, à ciment calcaire, *calcaire grison* de Doué, de Savigné, de Rennes, bassin de la Loire; *calcaire moellon* des bassins du Rhône et de l'Hérault; *molasse coquillière* de Suisse et de Hongrie; tufs marins du Siennois, de l'Italie méridionale, etc.

2.° *Brecciolcs coquillières* à ciment ferrugineux. *Crag* solide d'Angleterre, avec des fossiles qui ont une teinte brune particulière; une partie des sables supérieurs des collines subapennines et de ceux de Montpellier.

3.° Un *psammite molasse*, à grains de quarz réunis par un ciment calcaire ou marneux, surtout dans les bassins du Rhône et ceux de la Suisse. Cette roche alterne avec les couches de la formation qui nous occupe, mais elle paraît appartenir à l'époque antérieure.

4.° Des *Agrégats de polypiers*, faiblement agglutinés. Ces polypiers paraissent encore être dans le lieu où ils ont vécu. Cette roche n'est distinguée des précédentes que par cette circonstance, et la prédominance de zoophytes sur les coquilles.

5.° Des *Faluns incohérens*, formés de menus graviers et d'une immense quantité de coquilles brisées. Plateau à l'est de Saint-Maure, en Touraine; Mérignac, Dax, Bromerton et autres localités des comtés de Suffolk et de Norfolk.

6.° *Sables quarzeux* sans coquilles, qui alternent avec des faluns et des galets, ou tout-à-fait isolés et paraissant avoir anciennement formé des dunes, des traînées et des bas-fonds. (Sables des landes de Dax, de Touraine, du Norfolk, des collines subapennines, etc.)

7.° Des *galets incohérens* ou réunis en poudingues par des incrustations calcaires. Ces roches forment des amas ou des bancs très-puissans, et représentent des plages récemment abandonnées. La nature des fragmens varie avec les localités. Ce sont souvent des débris de calcaire d'eau douce (Hérault); des silex; de la craie (Norfolk, Suffolk et Essex); des débris de roches anciennes et de calcaire jurassique (bassins de la Loire, de l'Hérault, du Rhône inférieur, en Italie, en Hongrie). Les nagelfluhe de la Suisse présentent un des meilleurs exemples de ce système et de son dépôt long-temps continué.

8.° Des *marnes argileuses* avec bancs d'huîtres presque sans mélange d'autres coquilles. Ces huîtres paraissent encore occuper la place où elles ont primitivement vécu.

9.° Enfin, des *calcaires granuleux et concrétionnés*, dont la structure rappelle assez bien certains dépôts pisolitiques des sources incrustantes, et même quelques couches du terrain oolitique (Bade, Montpellier, Doué, Sainteny dans le Cotentin).

Les roches dont nous venons de donner l'énumération, présentent un assemblage de corps terrestres, lacustres et marins, dont le mélange est libre et complet : circonstance qui annonce des dépôts formés sur les rivages des mers.

Ces différentes roches passent insensiblement l'une à l'autre; elles alternent, s'isolent ou prédominent : ce qui indique une continuité complète dans leur formation. Elles sont indistinctement superposées à tous les terrains; mais le groupe le plus nouveau qu'elles recouvrent, est le calcaire lacustre supérieur du bassin parisien. Sur plusieurs points elles sont recouvertes par les graviers diluviens, renfermant comme elles des ossemens de mammifères terrestres.

La puissance de ces dépôts varie, dans le même bassin, depuis 100 mètres (collines subapennines) à quelques mètres : crag et tufs du Cotentin.

L'inclinaison indique des plans de pente assez constans dans chaque bassin, et dirigés le plus ordinairement de l'intérieur des terres vers certains bords des mers. On les voit souvent s'enfoncer sous les eaux, et se relever à l'approche des montagnes.

Nous allons maintenant énumérer succinctement les nombreux fossiles que présentent ces dépôts, et dont l'ensemble montre un passage entre la première formation marine du bassin de la Seine et la nature actuelle. En effet, nous y verrons des espèces communes aux deux formations, des espèces intermédiaires, et d'autres entièrement identiques avec celles qui vivent aujourd'hui dans nos mers.

Fossiles marins.

Polypiers. Genres : Rétépore, Eschare, Flustre, Cellépore, Favosite, Millépore, Nullipore, Théonée, Porite et Alcyon. Parmi les espèces les plus communes on peut citer de grosses favosites globuleuses (Guettard, t. III, pl. 28, fig. 5), et un polypier voisin des alcyons, tantôt globuleux, tantôt rameux.

Échinides. M. Desnoyers regarde comme caractéristiques plusieurs grandes scutelles, surtout : *S. subrotunda*, Scilla; *S. bifara*, Faujas : elles sont quelquefois accompagnées de grands *Clypéastres*; *C. altus*, Scilla; *C. marginatus*, *idem*; et *rosaceus* (var.).

Mollusques testacés.

Balanes. Les espèces de Lamarck : *B. tintinnabulum sulcatus, Tulipa, cylindraceus, miser, pustularis, crispatus,* existent dans le crag d'Angleterre et plusieurs dépôts de l'Italie. Enfin, les *Balanus tesselatus* et *crassus*, Sow., se trouvent aussi à Dax, Narbonne, Montpellier et dans tout le bassin du Rhône.

La présence de ces mollusques polyvalves annonce que les dépôts ont été formés dans des mers peu profondes.

Parmi les bivalves, les espèces les plus communes sont les suivantes :

Arca diluvii, Cyprina islandicoides, Panopea (Menard), *Pectunculus pulvinatus, Terebratula perforata*, Def. Des espèces assez caractéristiques, et qui se retrouvent dans tous les bassins de cette période, sont de grandes huîtres à talons plus ou moins alongés : *O. longirostris, O. crassissima, O. virginia.* Plusieurs *pecten* à côtes : *P. solarium, laticostatus, rotundatus, benedictus* (Lamk.), caractérisent aussi plusieurs bassins.

Les univalves les plus abondantes semblent être l'*Auricula rigens*, les *Turritella quadriplicata* (Bast.) et *incrassata*, le *Scalaria communis* (var.), la *Voluta Lamberti* (Sow.), les *Pyrula clathrata* et *rusticula*, le *Cyprea pediculus*, les *Cerithium margaritaceum, papaveraceum* et *granulosum*; les *Rostellaria pes pelicani, crepidula, unguiformis, calyptrea muricata*, etc. La distribution de ces coquilles est très-variable dans les différentes localités d'un même bassin.

Poissons. Les dépôts qui nous occupent renferment beaucoup de dents de *Squales*, qui annoncent des animaux d'une grande taille; des dents de *Raies*, de *Spares* et de plusieurs autres poissons.

Mammifères marins. C'est à ce terrain, plus généralement qu'à aucune des formations marines parisiennes, qu'appartiennent, pour la plupart, les grands *cétacés* et les amphibies fossiles décrits par M. Cuvier (Oss. fossiles, tom. 5). Un des gisemens les plus célèbres est celui des environs de Doué et des bords du Layon (Maine et Loire).

Coquilles terrestres et fluviatiles. Les dernières sont des *Limnées*, des *Planorbes*, des *Néritines* et des *Paludines* très-communes; mais les coquilles terrestres sont peut-être encore plus abondantes. Ce sont : une Hélice, voisine de l'*H. nemoralis*; huit autres espèces, décrites par M. Grateloup; des *Cyclostomes* et le curieux genre *Strophostome* (Desh.). Ces fossiles se trouvent également mêlés avec les restes marins dans les sables de Montpellier, d'Aix et de l'Astésan.

Mammifères terrestres. Le fait le plus remarquable que présentent les dépôts de cette époque, c'est de voir des débris de grands animaux, les mêmes que ceux du terrain diluvien, mêlés avec tous les fossiles que nous venons de citer. Ces animaux peuvent se rapporter aux espèces suivantes :

Elephas primigenius, Cuv.; *Mastodon angustidens*, *idem*; *Hippopotamus major*, *H. medius*, *H. minus*, *Rhinoceros thicorinus*, *R. leptorhinus*; *Anthracotherium alsaticum*; des *chevaux* de petite taille, des *cochons*, des *tapirs* et des *sangliers*.

Parmi les ruminans on cite des *cerfs*, un *élan*, des *bœufs*, un *antilope?* et des *moutons?*

Les carnassiers sont une *hyène* et un grand *lynx?*; les rongeurs, un *castor* et un *lapin*.

Avec ces animaux, M. Desnoyers en cite quelques-uns de la période palæothérienne : *Palæotherium majus*, une petite espèce d'*Anthracotherium* et un *Lophiodon*, et il ajoute : » les » lignites de Suisse, qui pour la plupart semblent être sub- » ordonnés à cette formation, comme dépôts fluviatiles, » montrent le même mélange des mammifères des deux pé- » riodes. «

Suivant les observations de notre auteur, les dépôts qu'il décrit se présentent dans presque tous les bassins tertiaires, et non pas exclusivement dans ceux voisins des mers intérieures, comme le prétend M. Marcel de Serres : en effet, ces dépôts existent dans les bassins océaniques de Dax et de la Loire, dans les vallées de la Bretagne et du Cotentin, sur la côte orientale de l'Angleterre, etc.

De tous les faits exposés dans son Mémoire, M. Desnoyers tire plusieurs conséquences, dont voici les plus remarquables :

1.° Les différens terrains tertiaires paraissent ne pas être contemporains les uns des autres; mais avoir été formés successivement.

2.° Il existe dans plusieurs bassins tertiaires des formations, soit marines, soit d'eau douce, plus nouvelles que la première formation lacustre du bassin de la Seine.

3.° Les débris des grands mammifères, les coquilles terrestres et fluviatiles, ont été chariés à la mer par des eaux continentales, qui en déposaient une partie avant que d'arriver aux rivages où s'opérait le mélange avec les corps marins. Les dépôts marins et continentaux ne se sont confondus que sur les bords des anciens rivages; car à une certaine distance dans les terres, les débris marins ne se trouvent plus mêlés aux ossemens des dépôts meubles, « ce qui affaiblit, dit-il, « un des plus forts argumens dont on avait appuyé l'origine « marine du diluvium. » Il termine ainsi :

« En un mot, des bassins tertiaires non contemporains, « une succession de périodes complètes, ayant chacune ses « dépôts marins et ses dépôts continentaux simultanés; des « terrains plus récens que les terrains tertiaires généralement « reconnus; les relations des grands mammifères de certaines « couches marines avec ceux de certaines alluvions : tels sont « les points de vue nouveaux sous lesquels j'ai surtout essayé « d'envisager les terrains tertiaires. »

NOTE II.

M. Marcel de Serres vient de publier un ouvrage sur les terrains tertiaires du midi de la France[1], dans lequel il établit une distinction entre ceux qui ont été formés par les eaux de l'Océan et ceux qui doivent leur existence aux mers intérieures. Cette distinction est principalement fondée sur l'ensemble des restes organisés fossiles que renferment les uns et les autres.

Il regarde les terrains tertiaires des bassins océaniques comme déposés avant la retraite des mers, et ceux des bassins méditerranéens comme déposés postérieurement à cette retraite.

---

1 Géognosie des terrains tertiaires; Montpellier, 1829.

Les premiers sont beaucoup plus compliqués que les seconds : en effet, on peut y distinguer quatre ordres de dépôts : 1.° la formation marine supérieure ; 2.° une formation lacustre (gypse, etc.) ; 3.° une seconde formation marine (calcaire grossier) ; 4.° enfin, une formation d'eau douce inférieure à tous les dépôts marins (argile plastique, etc.).

Mais les autres ne présentent que deux ordres de dépôts : 1.° une formation d'eau douce, parallèle au gypse de Montmartre ; 2.° des marnes, des calcaires et des sables marins qui surmontent le groupe lacustre.

Les sables et les calcaires marins supérieurs aux marnes renferment des ossemens de grands mammifères, appartenant à l'époque diluvienne et à l'époque palæothérienne ; en outre une immense quantité de corps marins (*polypiers*, *mollusques*, *échinides*, *cétacés*, etc.), dont plusieurs espèces sont identiques avec celles qui vivent encore aujourd'hui dans la Méditerranée. Ces faits établissent une très-grande analogie entre ces dépôts et ceux qui font le sujet de la *note* n.° 1. De plus, M. Desnoyers rapporte précisément le *calcaire moellon* du midi de la France et les *sables marins* qui l'accompagnent, à la même formation que tous les dépôts (supérieurs à la première formation lacustre du bassin de la Seine) qu'il a reconnus dans les bassins océaniques comme dans ceux de la Méditerranée. Les caractères généraux des bassins tertiaires méditerranéens, que nous allons extraire de l'ouvrage de M. de Serres, confirment ce rapprochement.

Les dépôts marins observés par le géognoste de Montpellier dans les bassins méditerranéens, sont composés de quatre couches principales :

1.° Des sables marins jaunâtres ou blanchâtres, plus ou moins argileux, calcaires ou siliceux, suivant les diverses localités. Ces sables renferment en grande abondance des restes de mammifères terrestres et marins, des reptiles et des poissons, mêlés avec des os d'oiseaux et des bois fossiles. Ces coquilles sont peu communes, excepté cependant les huîtres et les balanes.

2.° Des marnes calcaires jaunâtres en bancs puissans, qui alternent avec des bancs pierreux, des sables marins et des marnes bleues : celles-ci paraissent peu riches en restes organiques ; ceux qu'on y trouve sont : des polypiers, des coquilles marines, fluviatiles et terrestres. Les couches supérieures du calcaire moellon remplacent quelquefois ces marnes ; alors il prend une couleur bleuâtre et devient plus marneux.

3.° Des bancs pierreux calcaires (*calcaire moellon*), dont on se sert dans le midi de la France comme pierre à bâtir : ce calcaire se présente en couches épaisses et très-étendues, qui, d'après leur horizontalité, semblent s'être déposées tranquillement et d'une manière successive. On peut en distinguer trois ordres.

a. Bancs supérieurs horizontaux peu durs et très-nombreux.

b. Bancs moyens, plus épais, peu inclinés, plus durs et assez blancs. Ceux-ci sont exploités avec avantage pour les constructions. Cette partie se présente souvent en masses presque sans indices de stratification, et quelquefois ces masses sont formées de globules réunis par un ciment calcaire. Les cavernes à ossemens de Lunel-Viel se trouvent dans le système des bancs moyens globulaires.

c. La partie inférieure est ordinairement occupée par un calcaire gris bleuâtre, qui, bien que massif, se divise facilement en larges dalles, dont on se sert pour paver les maisons. Ce calcaire a moins de ténacité que celui des bancs supérieurs, et il se laisse facilement attaquer par les agens atmosphériques. Ces trois variétés passent insensiblement les unes aux autres ; parfois la partie supérieure n'est composée que de sables endurcis.

Les fossiles du calcaire moellon sont des coquilles marines et terrestres, des débris de *mammifères marins*, de *poissons*, de *crustacés*, d'*annelides* et de *zoophytes* ; ces débris sont confusément mêlés avec des dents et des os très-rares de *palæotherium* et de *lophiodon*.

Ces fossiles existent plus particulièrement dans les bancs supérieurs et moyens ; ceux du bas ne renferment que quelques coquilles marines (*pecten*, *ostrea*, *anomia* et *perna*), des zoophytes marins et des tiges dichotomes de grands végétaux dicotylédons.

4.° Les dépôts précédens reposent, dans le midi de la France, sur des marnes argileuses bleues, que l'on nomme *marnes subapennines*, parce qu'elles prennent un développement considérable sur les deux versans de la chaîne des Apennins. Ces marnes sont très-efferrescentes et elles fondent à une température un peu élevée, ce qui les distingue des argiles plastiques. La couleur varie du gris verdâtre ou bleuâtre au bleu plus ou moins foncé. C'est dans les parties inférieures que la couleur bleue est la plus intense; c'est là aussi que les coquilles marines sont plus communes; elles y sont mêlées avec quelques débris de poissons et de mammifères marins. Les animaux terrestres et fluviatiles paraissent être fort rares: on n'y a encore trouvé qu'un bois de cerf, des os de tortue de terre et des vertèbres de crocodiles. Les fossiles qui caractérisent essentiellement les marnes bleues subapennines, sont des coquilles marines (*Pectunculus pulvinatus*, *Ostrea flabellula*, *O. pseudo-chama*, *O. hippopus*, etc.), dont l'accumulation sur un même point est souvent très-remarquable.

Dans la chaîne des Apennins les marnes bleues acquièrent une puissance de plusieurs centaines de mètres. Dans le midi de la France cette puissance est souvent très-considérable; mais souvent aussi l'épaisseur se réduit à quelques mètres seulement. Elles se lient alors à des marnes argileuses, dont les nuances plus sombres annoncent des dépôts de lignites. Quand elles ne sont pas liées avec celles-ci, elles reposent sur des formations d'eau douce et quelquefois même sur le terrain secondaire. Enfin, dans certains bassins, les marnes bleues recouvrent une masse composée de blocs et de cailloux roulés, appartenant à des roches primitives et de transition, disséminées dans des graviers ou des sables plus ou moins endurcis; mais jamais assez pour former des poudingues solides.

Les marnes bleues dont nous venons de parler, forment un dépôt très-considérable, qui s'étend dans le midi de la France, l'Italie, l'Allemagne, la Hongrie, etc. M. Brongniart regarde ce dépôt[1] comme parallèle à la première formation

1 Tableau des terrains, pag. 152.

marine du bassin de la Seine. Cette opinion est partagée par MM. Boué, Studer et plusieurs autres géognostes.

C'est à peu près à ces quatre systèmes de couches, dit M. Marcel de Serres, que se bornent les dépôts marins tertiaires du midi de la France, et peut-être même ceux des bassins méditerranéens; mais ils sont cependant accompagnés quelquefois de dépôts de lignites assez considérables pour être exploités. Il rapporte à cette époque presque tous ceux de la Provence et du Languedoc.

Enfin, il établit entre les différentes couches qui font le sujet de cette note, et celles du bassin de Paris, la correspondance suivante :

Bassin de la Seine.	*Bassins méditerranéens.*
Grès marins supérieurs.	Sables marins et grès.
Grès sans coquilles.	Calcaire moellon, etc.
Sables micacés.	Marnes bleues et marnes sableuses vertes.
Marnes bleues ou vertes.	Lignites marins.

Dans les tableaux des restes organisés fossiles qui accompagnent son ouvrage, M. de Serres cite un grand nombre d'espèces identiques avec celles recueillies par M. Desnoyers dans le terrain marin supérieur à la première formation d'eau douce du bassin de la Seine; des mammifères, des reptiles et des poissons marins; de grands animaux terrestres des époques diluvienne et palæothérienne viennent encore confirmer l'analogie.

Tous ces faits me portent à considérer les dépôts tertiaires, supérieurs à l'argile bleue subapennine dans le midi de la France, comme identiques avec ceux reconnus par M. Desnoyers dans la France occidentale et l'Angleterre. Je pense que la distinction en *bassins tertiaires méditerranéens* et *bassins tertiaires océaniques*, proposée par M. de Serres, ne peut être admise, non plus que le rapprochement qu'il fait entre les formations tertiaires méditerranéennes et celles du bassin de Paris.

NOTE III.

Dans la description du deuxième groupe tertiaire (p. 212), nous avons dit que plusieurs géognostes rapportaient à cette formation les *molasses* de la Suisse et leurs analogues. Ce rapprochement est maintenant admis par MM. Boué, Studer et Brongniart, qui considèrent aussi ces roches comme les équivalentes géognostiques des marnes bleues, qu'elles remplacent fort souvent : en sorte que le *groupe marin supérieur* du bassin parisien, les *marnes bleues subapennines* et les *molasses de la Suisse* appartiennent au même terme de la série géognostique.

Ces molasses occupent en Allemagne, en Suisse et en Alsace des étendues considérables : nous en avons à peine parlé dans la description de la troisième époque ; nous réparons ici cette omission.

La partie supérieure des molasses est ordinairement occupée par des poudingues (*gompholite*, *nagelfluhe* des Suisses), composés de cailloux roulés de roches diverses, réunis par un ciment calcaire ou de macigno. Ces poudingues paraissent être intimement liés à la molasse et alternent même avec elle.

Ils occupent d'immenses plaines, des collines et même des montagnes fort élevées, présentant généralement des croupes arrondies ; mais offrant aussi quelquefois des pentes très-abruptes. On y reconnaît à peine quelques indices de stratification ; ceux-ci sont plutôt des parties de la masse séparées par des lits de marnes argileuses que de vrais strates, et ils ne s'étendent jamais fort loin.

Ces roches ne renferment aucune substance métallique ni même minérale ; les restes organiques y sont excessivement rares.

Les gompholites se trouvent quelquefois assez solides pour être taillés et recevoir le poli.

Molasse. (*Macigno*, Brong.) C'est une roche composée de sable, de calcaire, avec un peu d'argile et de mica ; sa texture est grenue et sa consistance presque friable : elle ressemble quelquefois beaucoup à certains psammites (*grauwacke*) du terrain de transition. Cette roche forme, dans la Suisse et sur plusieurs points de l'Europe méridionale, des masses puissantes, étendues et composées d'assises très-épaisses, mais rarement bien distinctes. Elle renferme, comme couches subordonnées, du grès coquillier, du calcaire fétide, des marnes argileuses et des nodules calcaires plus durs que le reste de la roche, et qu'en Suisse on nomme *knauer*. On y trouve aussi des lignites en bancs très-épais, très-étendus et accompagnés de minces lits d'une marne calcaire dure.

Ce groupe est très-pauvre en espèces minérales : on y cite seulement du calcaire spathique et quelques cristaux de sélénite.

Les restes organiques sont des coquilles marines, assez abondantes dans les parties supérieures et moyennes; puis des lignites, des coquilles lacustres, des feuilles de palmiers, etc., dans les parties inférieures, où l'on rencontre aussi des os de l'époque palæothérienne.

Voici la liste des restes organiques, d'après l'ouvrage de M. Brongniart.[1]

Turritella terebra, triplicata, subangulata, Broc.; *Natica glaucina*, Lamk.; *Buccinum corrugatum*, Broc.; *Cerithium lima*, Broc.; *Murex rugosus* et *minax*, Sow.; *Pyrula ficoides*, *Ostrea virginica*, Lamk.; *O. edulina*, Sow.; *Pecten latissimus*, Broc.; *medius*, Stud.; *Meleagrina margaritacea*, Stud.; *Arca antiqua*, Lamk.; *Modiola elegans*, Sow.; *Cardium edulinum*, Sow.; *oblongum*, *hians*, *multicostatum*, Broc.; *Venus islandica*, Lamk.; *rustica*, Sow.; *Astarte excavata*, Sow.; *Cytherea convexa*, Brong.; *Mactra solida*, Linn.; *Panopea Faujasii*, Men.; *Mya mandibula*, Sow.; *Solen legumen*, Linn.; *Balanus perforatus*, Stud.

Parmi les reptiles M. Brongniart cite l'*Émyde de Suisse*, Cuv., et le *Testudo punctata*, Bourd.

---

1 Tableaux des terrains, tableau n.° V.

NOTE IV.

Sur les dépôts de minérai de fer en grains, d'après les observations de M. Voltz.

J'ai dit (page 190) que les minérais de fer en grains remplissant des fentes dans les calcaires du Jura, étaient rapportés par M. Brongniart à l'époque diluvienne; mais des observations récentes, et faites dans plusieurs contrées, tendent à prouver que ces dépôts appartiennent à une époque plus ancienne, probablement à la quatrième ou terrain secondaire.

C'est à l'obligeance de M. Voltz que je dois les observations dont l'exposé fait le sujet de cette note.

Suivant ce célèbre géognoste, la formation de fer en grains se compose d'un dépôt argileux dont la puissance atteint souvent 40 mètres, et qui renferme des minérais de *fer concrétionnés*, accompagnés de matières siliceuses de même structure. Les minérais sont ordinairement à l'état *pisiforme* (*Bohnerz*) ou bien *réniforme* (*Eisenmine*); et quelquefois ce sont des concrétions massives, géodiques, dont l'intérieur est tapissé de cristaux de quarz hyalin. Les concrétions siliceuses sont des jaspes en rognons présentant des couleurs variées, disposées par bandes concentriques et parallèles à la surface des rognons; et la forme de cette surface ne peut aucunement être attribuée au frottement qu'auraient éprouvé les jaspes transportés par les eaux; ou bien des silex qui parfois sont géodiques. Les minérais et les jaspes renferment çà et là dans leur intérieur des empreintes de coquilles marines ou des coquillages marins changés en minérai, et qui paraissent tous appartenir à des formations plus anciennes que la craie blanche. Par exemple, M. Thirria a trouvé un *hamite*, ce qui annonce le greensand, l'*ammonites planicostata* du lias, et M. Voltz le *pentacrinites tubercula* de la même formation. M. Thirria cite aussi la *terebratula laxus*, Schl., qui appartient au terrain de transition. Ces deux observateurs n'ont reconnu aucun fossile que l'on puisse rapporter à la craie ou au terrain tertiaire, et pas une seule coquille d'eau douce. Enfin, MM. Merian et

Walchnery ont trouvé plusieurs fossiles du terrain jurassique.

Les minérais concrétionnés en masses n'ont encore été observés que remplissant des fentes dans les calcaires du Jura; et ils les remplissent complétement, comme on l'a très-bien reconnu dans des anciennes exploitations situées près de Thionville (Moselle). Sur quelques points les minérais sont mêlés avec des matières argileuses, et prennent alors la contexture pisiforme.

Le gîte ordinaire des minérais pisiformes se trouve au milieu de couches argileuses et quelquefois sableuses, subordonnées dans de grandes assises argileuses. Ces dépôts remplissent aussi des crevasses et cavernes du terrain jurassique; ils se lient plus intimement avec les groupes supérieurs de cette époque qu'avec les inférieurs. Ordinairement les argiles des dépôts ferrugineux sont jaunâtres et coupées transversalement par des veines d'une argile blanchâtre. Quelquefois les bancs qui renferment le minérai sont rouges, plastiques et tendres; mais aussi l'argile s'endurcit au point de passer à une véritable argilolite. Les boules de jaspe se trouvent le plus souvent dans les couches qui renferment le minérai; mais il en existe aussi dans les couches voisines de celles-ci. Il arrive quelquefois que l'on observe des passages entre les concrétions siliceuses et les concrétions ferrugineuses. Dans plusieurs dépôts du département du Bas-Rhin, outre les substances que nous venons de citer, les couches argileuses renferment encore des rognons concrétionnés de *gypse albâtre* et des veines de gypse, soit fibro-laminaire, soit fibro-soyeux.

On peut rapporter à cette époque les gisemens de Gundershoffen, de Mietesheim, de Schwindratzheim, etc. (Bas-Rhin); le minérai s'y présente en nappes subordonnées au milieu de grandes assises argileuses, qui contiennent aussi du gypse. A Roppe et à Châtenois (Haut-Rhin) il existe des fissures remplies par les minérais. A Liel, duché de Bade, la formation ferrugineuse est recouverte par des assises de véritable molasse; dans les environs de Schaffhouse elle est recouverte par un calcaire d'eau douce. Enfin, à Autrey (Haute-Saône) le minérai se présente en nappes ou bancs subordonnés dans de grandes assises argileuses.

Les portions déposées dans les fentes et les cavités du terrain jurassique, outre les fossiles impressionnés dans le minérai, ou changés en minérai, renferment encore très-souvent des fossiles silicifiés provenant des roches environnantes.

Il arrive souvent que les dépôts de mine de fer en grains ont été remaniés par les eaux diluviales. Quelquefois la masse entière a été remaniée; d'autres fois c'est seulement la partie supérieure. On y trouve alors les fossiles du terrain diluvien, tels que des ossemens d'ours, d'éléphans, de chevaux, etc. Dans le département du Bas-Rhin la partie inférieure des roches est généralement intacte; mais le haut a souvent été remanié, et l'on remarque un passage insensible des argiles ferrugineuses dans leur état primitif aux marnes diluviennes dites *Lehm* ou *Leimen* dans le pays. Les assises inférieures de ce Lehm sont alors riches en minérai pisiforme, et elles renferment plusieurs coquillages terrestres: *Helix sericea*, *Pupa secalis*, *Succinea oblonga*, etc., qui vivent encore dans le pays.

Les minérais de fer remaniés par les eaux diluviales sont accompagnés de beaucoup de sables et de cailloux roulés; les grains métallifères se trouvent rarement entiers, mais ordinairement usés ou brisés. Aux environs de la Romaine et de la Charité (Haute-Saône) la formation ferrugineuse renferme une grande quantité de fragmens de silex d'eau douce, dans l'intérieur desquels se trouvent des *limnées*, des *paludines*, des tiges et des fructifications de *chara*.

Les célèbres mines de Saint-Pancré et d'Aumetz (Moselle) sont composées de minérais concrétionnés en grand, le plus souvent géodiques, rarement pisiformes, qui se présentent en fragmens anguleux ou en blocs plus ou moins arrondis, et qui renferment des impressions du *trigonia costata*, de grands *pecten*, d'*avicula*, d'*échinides*, de *polypiers*, etc. Ces fragmens sont disséminés dans des argiles sableuses remplissant des excavations, tantôt irrégulières et tantôt régulières, qui se prolongent sur plus d'une demi-lieue de longueur, dont la largeur dépasse 8 mètres et la profondeur va jusqu'à 40 mètres. Leurs parois latérales sont verticales, leur fond est fermé, en sorte qu'on ne peut pas les considérer comme des fentes remplies par des matières venues d'en bas. Ce sont des excavations dans le genre des grottes, mais ouvertes par le haut. Ces excavations se trouvent dans les parties les plus anciennes du terrain jurassique. Les mêmes argiles ferrugineuses couvrent tout le sol environnant; mais là les fragmens de minérais sont beaucoup plus petits, plus légers et d'une moindre qualité que dans les cavités.

Un grand nombre des gîtes de mines en grains de la Franche-Comté, soit en assises superposées, soit remplissant les fissures et excavations du terrain jurassique, proviennent de dépôts de fer pisiforme remaniés par les eaux diluviales; il en est de même de la mine des Rouges-trous à Châtenois (Haut-Rhin).

La formation qui nous occupe renferme ordinairement quatre espèces de fossiles : 1.° ceux du terrain jurassique voisin, et qui ont été silicifiés; 2.° ceux du minérai de fer dont le caractère est si énigmatique; 3.° ceux des silex d'eau douce; 4.° ceux du terrain diluvien. » On voit combien il » faut être circonspect, dit M. Voltz, pour tirer des conclusions » de la présence des fossiles. «

Les minérais des deux espèces de dépôts que nous venons de décrire, sont en général des hydroxides; quelquefois des hydrosilicates d'oxide ou d'oxidule. Ces derniers sont magnétiques; souvent ils ne paraissent être que des mélanges et non pas des combinaisons chimiques pures. On y trouve accidentellement du titane, ou de l'acide arsénique, ou de l'acide phosphorique, ou, enfin, de l'acide sulfurique; le minérai contient souvent beaucoup de manganèse, et quelquefois même c'est du manganèse presque pur. (Frétigney, Haute-Saône.)

Les mines de fer en grains sont très-communes dans la Franche-Comté, le Berry, en Alsace, en Brisgau, dans le Wurtemberg, et en Suisse, dans les cantons de Bâle, de Soleure, de Schaffhouse et d'Argovie. Cette formation existe aussi en Angleterre, mais elle n'y a pas encore été bien étudiée.

Dans toutes ces localités, excepté l'Angleterre, les mines de fer en grains sont exploitées avec avantage pour les hauts-fourneaux; le minérai qu'elles fournissent est ordinairement rès-fusible, et quand il ne renferme ni arsenic, ni soufre, ni phosphore, ni mélange de gypse, il donne un fer de première qualité.

L'âge relatif du terrain originaire des mines de fer en grains, semble d'après cela se rapprocher de celui du greensand. M. Voltz les a vus le plus souvent reposer sur le calcaire jurassique compacte, qui correspond au *Portland stone*, et quelquefois sur d'autres formations, le *lias*, le *muschelkalk*. Il n'a point eu occasion de les voir en contact avec la craie; mais il assure qu'ils sont souvent recouverts par les marnes diluviales (*Lehm*), et quelquefois par des formations tertiaires. Voyez à ce sujet les travaux de MM. Walchner et Thirria dans les *Mémoires de la société d'hist. nat. de Strasbourg*, 1.re livr.

NOTE V.

Sur la coïncidence qui paraît avoir existé entre les redressemens des couches de certains systèmes de montagnes et les changemens soudains qui ont établi des lignes de démarcation entre certains étages consécutifs des terrains de sédiment, par L. Élie de Beaumont.[1]

Sans chercher, quant à présent, à remonter dans les temps encore ténébreux, qui ont vu se former les dépôts dits *de transition*, il paraît permis d'assurer que depuis l'époque où nos latitudes ont présenté de si épaisses forêts de prêles et de fougères arborescentes, de lépidodendrons gigantesques, l'état de la surface du globe s'est composé d'une série de périodes de tranquillité plus ou moins analogues à celle dans laquelle nous vivons; périodes dont chacune a été séparée de la suivante par une révolution subite, violente et passagère,

---

1 Cette note a été rédigée par M. Élie de Beaumont lui-même; pour plus de détails voyez un mémoire du même auteur, intitulé *Recherches sur quelques-unes des révolutions de la surface du globe*, inséré dans les Annales des sciences naturelles, Septembre, Novembre et Décembre 1829, et Janvier 1830.

dans laquelle les couches d'un certain système de montagnes ont été redressées dans une direction déterminée.

1.° En étudiant la constitution géologique des Vosges, on reconnaît que les schistes argileux de transition et les grauwackes des environs de Villé et de Ronchamps avaient déjà été disloqués *avant le dépôt du système houiller*; système qui comprend le calcaire carbonifère et le vieux grès rouge des Anglais, et dont M. le professeur Sedgwick a également constaté la superposition discordante sur le système des grauwackes dans les observations qu'il a faites en Angleterre pendant ces dernières années. M. Herault a indiqué une disposition semblable à Litry (Calvados).

2.° Le Rhin de Bingen à Cologne traverse un système de montagnes dont le Hundsruck et les Ardennes font partie, et qui se compose principalement de couches de schiste argileux, de grauwacke, de calcaire et de grès houiller, dirigées à peu près de l'est-nord-est à l'ouest-sud-ouest. Les couches houillères inclinées des environs de Sarrebruck, sur la tranche desquelles s'étendent presque horizontalement les couches du grès des Vosges, faisant partie de ce système que M. Léopold de Buch a nommé *Système des Pays-Bas*, il est évident que le redressement des couches de ce même système a eu lieu entre le dépôt du terrain houiller et celui du grès des Vosges.

3.° Les couches de grès des Vosges dont se compose la longue falaise qui borde la plaine du Rhin, depuis les environs de Thann jusqu'au-delà de Landau, ne s'y trouvant couronnées en aucun point par les couches du grès bigarré et du muschelkalk qu'on observe si souvent à sa base, il est naturel de penser que cette même falaise a dominé d'une grande partie de sa hauteur actuelle la nappe d'eau sous laquelle se sont déposés le grès bigarré et le muschelkalk de l'Alsace, et par suite que la faille qui lui a donné naissance a été produite entre la période du dépôt du grès des Vosges et celle du dépôt du grès bigarré. Telle est donc la date des accidens du sol qui caractérisent le système que M. Léopold de Buch a nommé *Système du Rhin*, et dont fait partie la longue falaise dont je viens de parler.

4.° Les couches du calcaire oolithique, en s'étendant horizontalement sur le prolongement des couches houillères de Montrelais, de Mont-Jean, de Saint-George Chatelaison (Maine et Loire), redressées dans la direction nord-ouest, sud-est du système des côtes sud-ouest de la Bretagne et de la Vendée, montrent que les accidens qui caractérisent ce système remontent plus haut que la période jurassique, et la manière dont en un grand nombre de points (par exemple aux environs d'Avallon), les couches horizontales du lias et de l'arkose qui en dépend, viennent s'appliquer immédiatement sur les flancs de protubérances de roches anciennes, alongées dans la direction dont nous parlons, semble donner quelque probabilité à la supposition que ces accidens nord-est, sud-ouest, avec lesquels se grouperont peut-être divers accidens qui sillonnent le sol de l'Allemagne dans la même direction, tels que le Thüringerwald et le Böhmerwaldgebirge, auraient pris naissance immédiatement avant le dépôt du lias.

5.° L'Erzgebirge, la Côte-d'Or, le Pilas font partie d'une série d'accidens de la surface du globe qui coupent le méridien de Dijon sous un angle d'environ 45°, en s'étendant depuis les craies horizontales de la Pologne et de Dresde, jusqu'aux dépôts crayeux du midi de la France. Dans l'intervalle le dépôt jurassique tout entier est affecté par ces accidens, aussi bien que toutes les couches plus anciennes; mais le Plänerkalk et le grès de Kœnigstein, qui sont contemporains de la craie et du grès vert, ne s'en ressentent pas, et on remarque aussi qu'un dépôt contemporain de grès vert s'est formé dans les hautes vallées longitudinales du Jura qui se rattachent de proche en proche à ce même système. Il est donc évident que le système dont l'Erzgebirge, la Côte-d'Or et le Pilas font partie, a pris son relief actuel entre le dépôt du terrain jurassique et celui du grès vert et de la craie.

6.° On reconnaît par des observations du même genre que dans les chaînes des Pyrénées et des Apennins, ainsi que dans quelques petites montagnes de la Provence, les couches se sont redressées entre la période crayeuse et la période tertiaire. Ce système comprend la Grèce, les Carpathes, l'escarpement nord-nord-est du Harz, etc.... Les Alleghanys et les Gates paraissent s'y rattacher; en un mot, il se compose d'une suite de rides qui courent parallèlement à un fil qu'on tendrait sur un globe terrestre depuis Natchez sur le Mississipi jusqu'à l'entrée du golfe persique. Dans toutes ces rides la craie a été redressée et les couches tertiaires sont venues s'étendre à leur pied et dans leurs intervalles.

7.° La variation subite et considérable qui s'observe dans la nature des couches tertiaires, lorsqu'on passe du calcaire grossier au gypse à ossemens qui lui est superposé, étant rapprochée des analogies tirées des exemples précédens, semble conduire à rechercher quels pourraient être les accidens de la surface du globe qui dateraient de cette époque. Il me paraît très-probable que les hautes vallées de la Loire et de l'Allier, parallèlement auxquelles les masses volcaniques des Monts-Domes se sont alignés du nord au sud, la vallée dans laquelle la Saône et le Rhône coulent du nord au sud de Châlons-sur-Saône à la mer Méditerranée, le groupe alongé du nord au sud des îles de Corse et de Sardaigne, et divers autres accidens du sol qui sillonnent dans le sens des méridiens l'Italie, la Turquie et la Hongrie, auront pris naissance entre le commencement et la fin des dépôts qu'on nomme *tertiaires*, et auront peut-être commencé à se produire au moment du changement, par suite duquel le dépôt du gypse à ossemens a succédé à celui du calcaire grossier (je dis commencé, parce qu'on peut croire que les éruptions trachytiques se sont succédé dans ce système pendant un assez long intervalle de temps).

8.° Dans la partie occidentale des Alpes (de Marseille à Zurich) les couches secondaires et tertiaires se sont toutes également redressées en faisant avec le méridien un angle d'environ 26°, et un grand dépôt d'atterrissement s'est ensuite lentement accumulé sur les tranches des couches tertiaires verticales avant l'époque du transport des grands blocs de roches alpines qui sont venus le recouvrir lui-même à une époque postérieure. Si on tend un fil sur un globe terrestre du cap Nord de la Laponie au cap Blanc du royaume de Maroc, et si on le prolonge dans l'Atlantique jusqu'à la hauteur de Monté-Vidéo, il sera à peu près parallèle aux Cordillères du Brésil et de la Norwége, aussi bien qu'à une partie des chaînes de l'empire de Maroc, à la ligne générale de la côte d'Espagne, du cap de Gates au cap de Creuss et à la direction de la stratification dans la partie occidentale des Alpes (de Marseille à Zurich). Cette concordance de direction conduit à supposer que les divers accidens de la surface du globe qui la partagent ont pris naissance en même temps. La position des blocs transportés dans le nord de l'Allemagne annonce assez que les Alpes scandinaves se sont élevées, comme les Alpes de la Savoie, après le dépôt des terrains tertiaires; et du reste il n'est pas nécessaire que le transport des blocs du nord de l'Allemagne ait eu lieu dans la même révolution que celui des blocs du Jura, qui a été opéré à une époque plus récente encore que celle dont nous venons de parler.

9.° Les chaînes du Ventoux, du Leberon, de la Sainte-Baume, et quelques autres qui traversent la Provence de l'ouest-sud-ouest à l'est-nord-est, ont pris leur relief actuel après le dépôt de l'ancien terrain d'atterrissement posé sur la tranche des couches tertiaires dont j'ai parlé ci-dessus. En effet, cet ancien dépôt d'atterrissement se trouve redressé à 75° près du prolongement du Ventoux (à Mezel). Ces chaînes de Provence, dont quelques-unes sont si riches en dolomies, courent dans la même direction que la ligne de mélaphyres et de dolomies qui s'étend de Baveno et de Lugano à Predazo et à Bleyberg (en Carinthie), et parallèlement à la chaîne principale des Alpes du Saint-Gothard au Brenner. Ce parallélisme concourt avec quelques autres observations pour prouver que la chaîne principale des Alpes a dû prendre son relief actuel après le dépôt de l'ancien terrain d'atterrissement dont j'ai parlé, et au moment du transport des blocs qui couvrent la pente du Jura. On peut de proche en proche rattacher à ce système les chaînes des îles Baléares, celles de l'Espagne parallèles à la Sierra-Morena, l'Atlas, la partie orientale de l'île de Candie, les chaînes de l'Asie mineure, le Balkan, la chaîne centrale porphyrique du Caucase, le Paropamissus et l'Hymalaya. Toutes ces rides sont parallèles à un fil qu'on tendrait sur un globe terrestre depuis le royaume de Maroc jusqu'au coude que forme le Brahm-Putra à l'extrémité orientale de l'Hymalaya.

10.° L'apparition d'une chaine de montagnes qui, à en juger par les deux derniers exemples, a produit dans les contrées voisines des effets si violens, a pu, au contraire, n'influer sur des contrées très-lointaines que par l'agitation qu'elle a causée dans les eaux de la mer et par un dérangement plus ou moins grand dans leur niveau; événemens comparables à l'inondation subite et passagère, dont on retrouve l'indication à une date presque uniforme dans les archives de tous les peuples.

Si cet événement historique n'était autre chose que la dernière des révolutions de la surface du globe, on serait naturellement conduit à demander quelle est la chaine de montagnes dont l'apparition remonte à la même date, et peut-être serait-ce le cas de remarquer que la chaine des Andes, dont les soupiraux volcaniques sont encore généralement en activité, forme le trait le plus étendu, le plus tranché et pour ainsi dire le moins effacé de la configuration extérieure actuelle du globe terrestre.

Les divers systèmes de montagnes dont je viens de parler se ressemblent par leur disposition générale, qui consiste à présenter une série de chainons de montagnes courant parallèlement les uns aux autres dans une zone dont la longueur ne dépasse pas une demi-circonférence du globe terrestre. On croirait voir autant d'applications différentes d'une même formule, dans laquelle on aurait fait varier à la fois le temps et la direction, et on doit remarquer que la série formée par ces termes successifs étant *croissante*, rien n'indique qu'elle soit terminée. Il serait donc impossible d'assurer que la période de tranquillité, si stable en apparence, dans laquelle nous vivons, ne sera pas à son tour interrompue par l'apparition d'un grand système de montagnes.

TABLE DES MATIÈRES.

ERRATA.

Page 28, ligne 8, *au lieu de* celle, *lisez* celles.

Page 37, ligne 10, *au lieu de* ayale, *lisez* hyale.

Page 43, ligne 28, *placez* la virgule après partie et *supprimez* la après sortant.

Page 80, ligne 9, *au lieu de* telles, *lisez* tels.

Page 153, ligne 1.re, *au lieu de* la, *lisez* le.

Page 224, tableau, 2.e colonne, *au lieu de* fanatum, *lisez* funatum.

Page 260, ligne 15, *au lieu de* ces, *lisez* les.

Page 314, ligne 18, *au lieu de* en partie disséminés, *lisez* en parties disséminées.

Page 337, ligne 22, *au lieu de* Strophomera, *lisez* Strophomènes.

Page 347, ligne 1.re, *effacez* dans.

Page 347, ligne 2, *effacez* comme partie constituante des roches.

www.ingramcontent.com/pod-product-compliance
Ingram Content Group UK Ltd.
Pitfield, Milton Keynes, MK11 3LW, UK
UKHW020256230726
13925UKWH00001B/84

9 782016 168516